世界城市规划思想与实践史丛书｜曹康主编

国家自然科学基金面上项目（52278082）
中央高校基本科研业务费专项资金资助项目

理论之弦：欧美现代城市规划理论漫游

String of Theories：An Odyssey of the Modern European and American Urban Planning Theory

曹康 著

·南京·

内容提要

本书将物理理论与规划理论做了类比,借助弦与十维空间等弦论基本概念,通过剖析规划理论时空的创世之前、最初三分钟、第一次与第二次理论弦振等关键时段,回顾了欧美现代城市规划理论的演变。本书还建立了规划理论研究的坐标系以分析相关学者的研究体系,并以流派与学科轴、主题轴这两个坐标轴进一步度量了规划理论的变迁。

本书可作为城市规划、城市地理、公共管理、土地利用、城市社会学、规划史、城市史等相关专业的学者进行研究的基础参考资料,以及大专院校相关院系开设规划设计、规划理论、规划史、城市史等本科生及研究生课程的教学参考资料。

图书在版编目(CIP)数据

理论之弦:欧美现代城市规划理论漫游 / 曹康著
. —南京:东南大学出版社,2025.3
(世界城市规划思想与实践史丛书/曹康主编)
ISBN 978-7-5766-0882-3

Ⅰ. ①理… Ⅱ. ①曹… Ⅲ. ①城市规划—研究—欧洲 ②城市规划—研究—美洲 Ⅳ. ①TU984.5②TU984.7

中国国家版本馆CIP数据核字(2023)第182665号

| 责任编辑:孙惠玉 | 责任校对:张万莹 | 封面设计:王玥 | 责任印制:周荣虎 |

理论之弦:欧美现代城市规划理论漫游
Lilun Zhi Xian:Ou-Mei Xiandai Chengshi Guihua Lilun Manyou

著　　者:曹康
出版发行:东南大学出版社
出 版 人:白云飞
社　　址:南京市四牌楼2号　邮编:210096
网　　址:http://www.seupress.com
经　　销:全国各地新华书店
排　　版:南京布克文化发展有限公司
印　　刷:南京凯德印刷有限公司
开　　本:787 mm×1092 mm　1/16
印　　张:15
字　　数:375千
版　　次:2025年3月第1版
印　　次:2025年3月第1次印刷
书　　号:ISBN 978-7-5766-0882-3
定　　价:79.00元

本社图书若有印装质量问题,请直接与营销部调换。电话(传真):025-83791830

本书作者

曹康,女,湖南长沙人,浙江大学建工学院区域与城市规划系副教授,浙江省首届之江青年学者。兼任国际期刊《规划理论》(*Planning Theory*)(SSCI一区期刊)及《规划理论与实践》(*Planning Theory & Practice*,SSCI期刊)编委,中国城市规划学会城市规划历史与理论分会委员兼副秘书长,中国城市规划学会国外城市规划分会青年委员,浙江省地理学会理事兼人文地理委员会副主任。主持国家自然科学面上基金"中国境外规划项目的知识流动研究:历程·机理·效应"等2项、青年基金1项。发表学术论文70余篇,出版《西方现代城市规划简史》等专著与合著2部,合编《城市空间发展导论》等教材2部,《规划理论传统的国际化释读》等译著4部。学术成果曾获浙江省自然科学学术奖二等奖。

目录

总序 8
序言 9
前言 12

1 进入规划理论的时空 001
1.1 什么是规划理论？ 002
1.1.1 欧美语境下的规划理论 002
1.1.2 规划理论在中国与中国规划理论 003
1.1.3 规划理论的分类 004
1.2 物理、数学与规划之间的类比 005
1.2.1 物理假说：弦论与规划理论 005
1.2.2 数学参照：理论研究的坐标系 007
1.3 国外规划理论文集 009
1.3.1 1980年代 009
1.3.2 1990年代 011
1.3.3 2000年代 012
1.3.4 2010年代 013
1.3.5 研究者与研究载体 016
1.4 国内研究 017
1.4.1 翻译成果 017
1.4.2 独立研究成果 018

2 规划理论时空之外的高维世界 020
2.1 高维世界：规划理论的哲学世界 021
2.1.1 乌托邦主义、空想社会主义与无政府主义 023
2.1.2 社会主义与新马克思主义 025
2.1.3 技术至上主义与极权主义 026
2.1.4 现代性与后现代主义 027
2.1.5 理性主义：工具理性与交往理性 028
2.1.6 古典自由主义与新自由主义 031
2.1.7 功利主义与公平正义 033
2.1.8 实证主义与后实证主义 034

        2.1.9 实用主义与新实用主义 035
    2.2 高维世界：规划理论的相关领域世界 036
        2.2.1 建筑学与工程学 037
        2.2.2 经济学、社会学与地理学 038
        2.2.3 系统科学与复杂性科学 039

3 创世之前：规划先驱与早期规划思想 043
    3.1 时空背景 044
        3.1.1 19世纪的背景 044
        3.1.2 现代城市规划的诞生 045
        3.1.3 20世纪上半叶的背景 046
    3.2 十维世界：19世纪的规划先驱及其思想 046
        3.2.1 19世纪的城市问题及其调查与反思 047
        3.2.2 塞尔达与城市化理论 051
        3.2.3 奥姆斯特德与城市景观 052
        3.2.4 马塔与带形城市 054
        3.2.5 西特与艺术原则 055
        3.2.6 亚当斯与赫尔之家 056
        3.2.7 霍华德与田园城市 058
        3.2.8 格迪斯与集合城市 060
        3.2.9 加涅与工业城市 062
    3.3 十维世界：20世纪上半叶的规划思想 063
        3.3.1 社会思潮与学术动态 065
        3.3.2 规划中的分散思想 068
        3.3.3 规划中的集中思想 072
        3.3.4 城市文明思想 074
        3.3.5 社区邻里思想 075
        3.3.6 功能主义思想 076

4 最初三分钟(1940—1950年代)：规划理论研究的起源 080
    4.1 时空背景 081
        4.1.1 经济与政治态势 082
        4.1.2 社会状况 083
    4.2 高维世界：学术思潮与相关领域发展 084
        4.2.1 科学哲学：证伪与反证伪 084
        4.2.2 结构主义：从语言学到社会学科 086

    4.2.3 系统科学:系统论、控制论与信息论 ... 087
    4.2.4 计量革命与计算机的发展 ... 088
  4.3 弦的诞生 ... 090
    4.3.1 规划的芝加哥学派与理性决策 ... 090
    4.3.2 对理性决策的有限理性修正 ... 091
    4.3.3 规划教科书与物质综合规划观 ... 095
    4.3.4 物质综合规划观批驳 ... 097

5 第一次理论弦振(1960—1970年代):理性规划论及其崩解 101

  5.1 时空背景 ... 102
    5.1.1 经济与政治态势 ... 103
    5.1.2 社会动态 ... 103
  5.2 高维世界:学术思潮与相关学科发展 ... 104
    5.2.1 科学哲学:范式转换与科学研究纲领 ... 104
    5.2.2 建筑与文化研究:后现代主义 ... 105
    5.2.3 系统科学:耗散结构论、协同论与突变论 ... 108
    5.2.4 社会研究、城市研究与城市设计 ... 110
    5.2.5 环境保护与遗产保护 ... 114
  5.3 四种弦的振动 ... 116
    5.3.1 系统论、理性论与程序规划理论 ... 117
    5.3.2 倡导性规划与公众参与 ... 121
    5.3.3 规划中的棘手问题、批判政治经济学与新马克思主义 ... 124
    5.3.4 决策与实施,知识与行动 ... 127

6 第二次理论弦振(1980年代以来):迈向复杂性 132

  6.1 时空背景 ... 133
    6.1.1 经济与政治态势 ... 134
    6.1.2 社会动态 ... 135
  6.2 高维世界:学术思潮与相关领域发展 ... 136
    6.2.1 哲学:后结构主义与交往理性 ... 136
    6.2.2 复杂性科学:涌现与自组织 ... 138
    6.2.3 社会学:女性主义与结构化理论 ... 139
    6.2.4 信息化与数字化 ... 141
  6.3 高维世界:城市理论研究 ... 143
    6.3.1 城市等级、全球城市与城市尺度 ... 143
    6.3.2 城市管理主义、城市企业主义与城市管治 ... 145

　　　　6.3.3　新城市主义、紧缩城市与精明增长　　146
　　　　6.3.4　数字城市、智慧城市与人工智能城市　　148
　　6.4　弦的交响乐　　149
　　　　6.4.1　规划中的后现代主义　　150
　　　　6.4.2　沟通规划与协作规划　　152
　　　　6.4.3　规划中的女性主义与南北问题　　155
　　　　6.4.4　美好城市与正义城市　　157
　　　　6.4.5　非欧规划与不完备的规划逻辑　　159
　　　　6.4.6　规划中的后结构主义与复杂性　　161

7 规划理论研究的平行宇宙　　166
　　7.1　坐标系　　167
　　　　7.1.1　坐标轴及度规：时间、主题、流派、空间　　167
　　　　7.1.2　多轴及度规　　170
　　7.2　平行宇宙　　170
　　　　7.2.1　弗里德曼：流派轴　　171
　　　　7.2.2　霍尔：主题＋空间＋时间轴　　171
　　　　7.2.3　坎贝尔与费恩斯坦：主题轴　　172
　　　　7.2.4　奥曼丁格：流派轴　　173
　　　　7.2.5　希利尔与希利：时间＋主题＋流派轴　　174
　　7.3　主题轴及度规　　175
　　　　7.3.1　理想主义城市模型　　176
　　　　7.3.2　理性与科学　　177
　　　　7.3.3　左与右　　180
　　　　7.3.4　后与新　　181
　　　　7.3.5　规划师的地位与职责　　181
　　　　7.3.6　社会公正与各方利益　　183
　　　　7.3.7　他者：阶级、种族与性别　　184
　　7.4　走向 M 理论：规划理论研究面临的挑战　　186

人名中外对照　　188
书刊名中外对照　　201
文章名中外对照　　215
参考文献　　219
图表来源　　224
后记　　225

总序

　　规划理论与规划历史作为两种研究领域,其产生皆伴随着19世纪末、20世纪初出现的现代城市规划这一新生事物。其中规划理论研究的正式开展,美国规划理论学家弗里德曼、英国规划理论学家希利等认为可追溯到1940年代美国芝加哥大学城市规划研究生专业的开设。规划历史作为一种确定研究领域的形成,英国规划史学者彻里与澳大利亚规划史学家弗里斯通则分别认为是在1960年代或1970年代。但对于外延更为宽泛的规划思想与规划实践之历史的研究,其启示研究似可上溯至更早的年代,至20世纪初。欧美学者基于自身的文明传统与城市发展现实,在理论研究领域进行了基于欧美哲学传统与时代思潮的规划理论研究,在历史研究领域展开了大量针对殖民时期与20世纪的规划史研究。

　　时值21世纪,规划理论与规划历史的研究已经在世界各国、各地展开,从事这两个领域的学者的身份也变得全球化。欧美学者开拓的这两个领域,正在变成全球,尤其是发展中国家或南半球学者不断投身其中的事业。其中,规划理论研究呼吁来自南半球的或更多本地化的声音,也不断有极富创见的规划理论出现,为思考城市规划与空间规划提供了新的洞见。规划实践界——无论东方还是西方,在进行从城市规划到空间规划的转变,为规划实践研究提供了丰富的课题。这些新的思想与现象都值得以系列丛书的方式,去系统探索与梳理。

　　本丛书编纂的目的之一,就是回溯一个多世纪以来在城市规划、区域规划与空间规划等领域萌生的思想、涌现的理论、展开的实践,致敬前人智慧;目的之二,则是在新的历史观、思潮与实践下,展现最新的研究动态,一窥未来知识。本丛书将收录理论研究大咖的系统性思考与前沿理论学者的创新性发现,也将全面演示从城市起源至今的全世界各地区、各时代的规划实践情况。本丛书希望借助东南大学出版社这一优秀的出版平台,提供不同于传统的研究范式、视角与方法,发掘新的研究对象,助推规划理论与规划历史的研究多样性。

曹康
于浙江大学

序言

本书的书名《理论之弦：欧美现代城市规划理论漫游》以及本书作者曹康采用的弦论与十维空间的类比，让我想起德国艺术家基弗2019年底在伦敦举办的展览"超弦理论、神秘符号、命运三女神、戈耳狄俄斯之结"❶（Superstrings，Runes，The Norns，Gordian Knot）。

基弗的作品同本书一样涉及的都是理论上的连接。30个不同的玻璃柜子呈线状排列，依次陈列在伦敦艺廊的中央走廊上。每个超弦柜当中，在涂写于玻璃板上的爱因斯坦与威滕的代数方程与公式之后，都是不同颜色的电线构成的弦与结。有些玻璃柜内在较低处还放着斧子与金属网。在电缆、斧子与网构成的玻璃柜内的客观世界与玻璃板上的方程与理论材料之间，存在着显而易见的张力。玻璃柜象征着隐喻之中的张力、混乱与不确定的宇宙，让人联想到空间规划理论学者的所思所想。

基弗的戈耳狄俄斯之结的系列画作表现的是枝干、枝丫与藤蔓之间的病态缠绕——缠绕的线条折叠着碰触到一把实实在在的斧子，它或许是某种离开混沌的出路。规划理论是这样一把斧子吗？它是否为打破混沌的果断行动提供了可能性？

一幅题为"维尼齐亚诺的振幅"的作品，描绘了杆状线条被一堆网覆盖，顶上还有代数方程式。对像我这样缺乏理论物理基础的人来说这件作品太复杂了。维尼齐亚诺的振幅（得名于意大利物理学家维尼齐亚诺）被视为弦论的基础。振幅的概念有助于解释导致共形对称被发现的强相互作用粒子的物理性质。维尼齐亚诺列了一个数学表达式，它将高能（激发）状态下的质量值捕获为单个表达式的无穷极点。基弗的画作同时还隐隐指向积极的未来（视极点为休眠的藤蔓，其成熟的葡萄会被网所保护），也指向需要避免的危险与危机（网的收敛——或许是全球变暖与干旱）。

基弗的超弦令人想起德勒兹与加塔利同弦论的邂逅（Deleuze et al.，1987）——一个N维的弦，它构成了多向矢量发展的高原和节点❷。德勒兹与加塔利参考了黎曼在重数（multiplicities）❸方面的工作，将空间定义为一种分形的黎曼流形。这种局部的、不可抽象的空间聚合后，就成为某种拼凑物（或网状物）："并置的碎片构成的无固定形态的组合，能够以无限种方式连接在一起"。这是德勒兹与加塔利的平滑空间，与他们提出的规划的、格网的、计算的与控制的条纹空间形成对照。就像在基弗的艺术作品中一样，光滑空间的黎曼斑块遇到了欧几里得条纹。两者缺一不可，相互促进。"城市是重新制造平滑空间的条纹式的力量"。为了理解这种混乱的空间并进行有效实践，理论需要以特定环境为基础，而不是无差别仿制。

德勒兹和加塔利（Deleuze et al.，1994）认为艺术——如基弗的艺术，是"框架中的一点混沌，以形成一种组合的混沌"；科学——如空间规划，是"在坐标系中加入一些混沌并形成有参照的混沌"；哲学——如规划理论，与混沌作斗争,让无差别的鸿沟变得连贯起来。德勒兹和加塔利将三位"混沌之女"(艺术、科学和哲学)称为混沌子(chaoid),视其为思想或创造的形式。这些混沌子虽然不可化约,但它们在我们的大脑中结合在一起。

本书作者曹康很清楚科学同理论是相互参照的,我在其中还加入了艺术。作者指出,规划理论并无普遍接受的定义——没有万有理论❹。相反,理论之弦共同振动。然而,规划理论家知道如何弹奏这些弦吗?许多理论植根于历史,植根于北美和欧洲等与中国截然不同的文化背景之中。不过,它们影响了有关中国规划理论和实践的探讨。

作者曹康将量子物理学的十维世界映射到规划理论的"世界"上。超弦理论表明宇宙同时存在于十个维度之中。作为人类,我们只能感知规划理论家和实践者熟悉的前四个维度——长度、高度、深度和时间。然而,在弦论中,还有六个隐藏或蜷曲的维度,其中存在不同的可能世界,我们的大脑(膜)无法应对。本书提醒我们,在规划理论研究中有多个平行宇宙并存。

在弦论中,变化是恒定的。弦之间的每一次相互作用可能已经产生了其他多种活动,也可能产生了无数种可能性。我们要对隐藏在表面之下的各种假设和信念持开放态度,要批判和挑战那些过时的、性别歧视的、种族主义的和阶级主义的教条,要重视其他本体的认识论(例如许多第一民族❺的人民所具有的那种相关的、非二元的、时空能动性的特质),它们是新秩序得以形成的所在。做到这些的话,我们可能会开始以不同的方式振动理论之弦。

本书就像基弗的"超弦理论、神秘符号、命运三女神、戈耳狄俄斯之结"展览一样,其中的一切都是鲜活的。在基弗的玻璃柜里和他的画布上,电线、方程式和公式之间错综复杂的碰触创造出肌理、微妙的色调以及另外的感知。本书同样是多维度和多视角的作品,有微妙的文风与更多的主导思想的碰撞。我们可以从规划理论和城市主义的量子物理学中能够学到什么?空间规划的"弦论"会是什么样子的?(参见 Wassermann,2012)

中国正在经历的迅猛城市化造成许多复杂问题,需要空间规划理论家和实践者去理解与解决。本书研究了北美和欧洲现代规划理论的发展,为学生与从业者等提供了有益的依据。如果混沌子(根据德勒兹和加塔利的命名)是一个能动者,其目的与功能是将混沌诠释得可以理解与调和,那么本书就是一个混沌子。超越长度、高度、深度和时间这四个维度去思考与行动,这需要明确理论与实践回应的创新性,通过弦的不同振动来创造新的模式。

我以基弗的"超弦"展作为结尾,以与开头呼应。该展览揭示出将科学与神话错误区分的二分法,并以目眩神迷的方式演示了德勒兹与加塔利的科学、艺术和哲学的混沌子。基弗和规划理论都在与未来、与不易察觉的替代方案及其不可知的后果等问题作斗争。本书是一部具有启发性的著作,汇集了来自不同文化与历史的理论,揭示了它们之间的振动。本书论证了理论弦的振动与碰撞、接触、交叉、分裂与叠加,形成了新的实质性的力,即新的规划理论。万有理论是遥不可及的,但本书为读者提供了对国际规划理论的到位把握,这可能有助于规划师让他们的世界变得更美好。

琼·希利尔教授
澳大利亚墨尔本,皇家墨尔本理工大学城市研究中心

序言注释

❶ 重数(multiplicities),另外还有"多重态"和"多重性"两种译法。

❷ 节点,即戈耳狄俄斯之结,英文原文为 Gordian Knot。是由国王戈耳狄俄斯系在牛车上的非常复杂的绳结,用以将献祭给宙斯的牛车拴在神庙中。传说解开此结的人将成为亚细亚之王。其后亚历山大大帝用剑劈开了这个结。因而,西方谚语中以戈耳狄俄斯之结比喻棘手的问题,以斩断戈耳狄俄斯之结比喻大刀阔斧地解决问题。

❸ 德勒兹与加塔利撰有《千高原》一书。作者对高原的解释为"一个连续的、自振动的强度区域,它的展开没有任何趋于顶点的方位或外在的目的……我们将任何这样的多元体称为'高原':此种多元体可以通过浅层的地下茎与其他的多元体相连接,从而形成并拓张一个根茎"。此处采用了姜宇辉翻译的《资本主义与精神分裂(卷2):千高原》(上海书店出版社,2010年)的一书译文。

❹ 万有理论,英文原文为 Theory of Everything,指能够统一广义相对论与量子场论的理论,也被译为万物至理、万物理论。用《宇宙的琴弦》一书作者格林的话而言,即能够解释宇宙赖以构成的所有基本特征的框架。

❺ 原指加拿大境内除因纽特人和梅蒂人之外的原住民。

前言

> 类比是在两个表面上不同的事物之间发现抽象的相似性的能力。
>
> ——M. 米歇尔《复杂》

本书采用了类比的方法，用弦论研究宇宙诞生与进化的观点，来审视欧美现代规划理论的起源与进化。这种类比看似荒谬，但我作为一个宇宙起源的弦论假说支持者，感受到了宇宙演化与规划理论发展两者之间的共性，并认为弦论可以像解释宇宙演化一样解释规划理论的发展。当然，剥去弦论这层貌似高深的理论物理假说的外壳，这本书仍然是一本正正经经的、平平常常的规划理论研究著作。

本书书名的灵感来自日裔美国物理学家加来道雄的《超越时空：通过平行宇宙、时间卷曲和第十维度的科学之旅》，英文全名为 *Hyporspale: A Scientific Odyssey Through Parallel Universes, Time Warps, and the Tenth Dimension*。书名中的 Odyssey 是一个双关，本指《奥德赛》这部古希腊史诗，其中描写了希腊神话中的希腊英雄奥德修斯征战特洛伊后的十年艰辛返乡旅程。其后，该词被引申为"一段长途漫游或航程，其中充满了命运的变数"（a long wandering or voyage usually marked by many changes of fortune）。电影《2001 太空漫游》（*2001 Space Odyssey*）也使用了这个词。

我认为 Odyssey 这个词十分贴合规划理论研究近一个世纪以来的演变，因为规划理论本身命运的变数一直受到时空背景、哲学思想与相关学科发展的变动的影响。《宇宙的琴弦》的作者格林在书中写道："额外维度的几何决定着我们在寻常三维展开空间里观察到的那些粒子的基本物理性质。"规划理论之弦的性质，就是由它所在的四维时空以外的高维世界决定的。所以本书也花了大量篇幅来描述高维世界的几何，包括了时空背景、哲学世界与相关学科及领域的世界。但规划理论之弦不同的振动方式，以及理论之弦的碰撞、分裂、合并，会产生新的理论之弦，形成弦的交响乐。高维的几何与规划理论之弦可分别被视为规划中的理论和规划的理论。但我认为作为额外的维度，规划"中"的理论并不在规划之中，而是在更高的维度中。

此外，我还将不同的规划理论学者对理论演变的解释称为研究当中的平行宇宙。因为每位学者使用了各自的参照系以及相应的度规，因而形成了许多平行的研究空间或宇宙。理论之弦在各个平行宇宙中呈现出迥然不同的相互关联与发展路径。甚至在我的这本书中也存在三个平行研究宇宙，分别是第 2 章，根据哲学与相关学科建构的研究宇宙；第 3 章至第 6 章，从时间维度进行的建构；第 7 章，从主题维度进行的建构。第 1 章与第 7 章还回顾了其他理论研究学者的坐标系、度规与创立的平行研究宇宙。

类比类型的著作的巅峰是美国认知科学家侯世达的《哥德尔、艾舍尔、巴赫》（1979 年）。顾名思义，侯世达在书中将数学、艺术与音乐进行了类比——一篇对话关联于一支巴赫的对位乐曲，对话内部还有结构性双关。类似的奇妙作品还有巴尔扎克的短篇小说《人生的开端》，其中也运用了大量音、形均相似的双关语。

霍金在《时间简史》中写道："当我最近写一部通俗著作时，有人提出忠告说，每放进一个方程都会使销售量减半。"但愿我在已经十分晦涩的规划理论上粗暴叠加理论物理假说的做法，不会让这本书的销量减半再减半。

1 进入规划理论的时空

> 大道至简,衍化至繁。
> ——《道德经》

> 只要我有定理!
> 我就能轻易找到论据。
> ——黎曼

> 如果我能够在一千年后醒来,
> 我第一个问题将是:黎曼猜想被证明了吗?
> ——希尔伯特

弦论认为，在人类所处的四维宇宙外有一个蜷曲的六维宇宙，两个孪生宇宙是十维宇宙大爆炸时分裂而成的。四维时空的许多性质，是由其孪生的六维宇宙决定的。这是弦论有可能统一广义相对论与量子力学的理论基础，也是理解规划理论的一个好视角。本书在研究规划理论的演变时，日益感觉到规划理论发生演化的这个世界或时空，与规划理论时空之外的另一个由其他的理论、思想、概念构成的世界如同四维与六维两个孪生宇宙，是密切关联的。许多很难理解的规划理论的概念与推论，放入高维世界去理解时就变得浅显易懂。所以本书尝试用简单的类比法，以弦论所理解的宇宙创生和发展的过程，来解析欧美现代城市规划理论的形成、发展与演化。在描述规划理论本身所处的时空以外，也着重分析了规划理论以外的高维世界，它是由哲学世界和相关领域世界组成的，是理解规划理论由来、内涵、逻辑等的前提与文脉。

本章首先探讨了规划理论这一术语的内涵。然后探讨了物理假说与规划理论之间，以及数学参照与规划理论研究之间的类比关系。最后概述了国外规划理论论文集与国内的近期研究成果，以此回顾 1980 年代以来欧美规划理论研究的进展。

1.1 什么是规划理论？❶

1.1.1 欧美语境下的规划理论

何谓规划理论？迄今为止并没有一个得到普遍认可的统一定义。弗里德曼在《规划理论再访》一文中指出，对规划理论"仅有的共识是，它是研究者之间的一个共同代码，但无法对其性质达成一致并下一个确切定义"。坎贝尔与费恩斯坦在其主编的《规划理论读本》（1996 年）一书的首版序言中写道，"规划理论是政治经济学和知识历史学的交集点"，"规划理论就是一系列的学术争论"。这本教材得到美国 31% 的规划理论课程采用，可以认为代表了欧美主流规划界的看法。两名编者将规划理论的核心问题界定为讨论"在资本主义政治经济和各种政治体系的约束下，在发展好的城市与区域方面，规划能起到何种作用"，指出了政治经济背景对于规划工作的决定性影响。英国规划理论学者希利与希利尔则在其编写的三卷本《规划理论中的批判文集》的序言中指出，规划理论的核心是对思想和概念感兴趣的人之间的辩论与对话，从中产生的思想和概念能够而且（或）应当影响规划实践活动。从这些论述可以发现，欧美规划理论家们力求使规划理论融入不断更新、完善的人类知识整体，因此规划理论必然随时代变化而动态演化，不可能有终极的范本理论。

欧美规划理论不仅是规划工作的理论指导，而且是该时期整个学术界宏观政治经济学理论的一部分，是高维的欧美哲学思潮在城市研究中的映射，具有学术性及人文性。例如，弗里德曼在其《公共领域的规划》（1987

年)一书第 2 章"两个世纪的规划理论概览"(Two Centuries of Planning Theory：An Overview)中把规划的理论根源分成四大传统：(1) 政策分析(包含系统工程、新古典经济学及公共管理学三条主线)；(2) 社会学习(以科学管理为主线)；(3) 社会改革(包含社会学、制度经济学、实用主义三条主线)；(4) 社会动员(包含历史唯物主义，乌托邦及社会无政府主义等激进流派)。这样的分类把规划理论演化融入到哲学、经济学、社会学、政治学等人文学科的演化中，以强调规划理论的学术、人文本质。又如，英国规划理论家霍尔在其《明日之城》一书的第 1 章中就明确表明，该书写作目的是关注历史上那些致力于城市愿景的思想家、他们对城市的愿景理念以及不同愿景对城市的影响。作者要展现的是规划背后的政治经济问题，超越了一般讨论空间形态的规划著作。

回顾欧美规划学科的演化可以发现，其规划理论也曾与当时当地的政治经济实践直接相关，具有相当的政策性，例如 1960 年代美国民权运动时期出现的倡导性规划理论。但是美国的城市规划的基本工作是制定地方性公共政策，因为美国分权体制下各地差异巨大，所以很难建立一个覆盖各地情况的政策性理论。故而规划理论研究渐渐趋向相对抽象、以价值观导向、以工作模式为主的方向。在当代，欧美规划理论对规划实践的指导更多是间接性的——通过对年轻规划师的培养，通过规划组织如美国规划学会(American Planning Association，APA)、美国规划师协会(American Institute of Certified Planners，AICP)、美国规划院校联合会(Association of Collegiate Schools of Planning，ACSP)等制定的行业规则(例如规划师守则、规划院校认证标准等)及召开的行业会议，把主流规划理论中的价值观推介到年轻规划师当中，使年轻规划师在工作中能够——至少部分地——体现这些价值观。规划理论与规划实践只有间接性关系的后果是，规划理论对地方规划决策的影响也是间接而次要的。由于地方规划目标主要由当地居民参与，由地方议会及政府决定，故规划理论对规划实践的影响更多体现在规划过程中而非规划结果上。

1.1.2 规划理论在中国与中国规划理论

规划理论一直受中国规划界关注。有学者对理论的定义、运用以及欧美规划理论的演变做过较深入研究。虽然规划界对中国规划理论的含义尚无明确而公认的定论，但张庭伟在《转型时期中国的规划理论和规划改革》(2008 年)一文中提出的见解"如果把规划理论理解为指导规划实践的价值观、准则和工作程序，则中国规划师早已有一套自己的规划理论"，可视为当前对中国规划理论含义的最佳表达。如前所述，如何定义规划理论本身就受到不同国家自身特点的影响，因此不应该用欧美规划理论模式来"校核"中国规划理论。其他非西方国家的规划学者如美籍印度裔规划学者茹依也提出了相似的观点。所以，有欧美规划理论、规划理论在中国与中国规划理论的差别。曹康与希利尔在其于2013年为《规划理论》期刊的特辑《规划理论在中国与中国规划理论》的导言中已明确指出,"规划理论在中国"是中国引进的(欧美)规划理论。

作为规划工作的指导及核心,规划理论必须直接为城市发展的实践服务,所以中国规划理论具有政策性,同时也体现出应用性和实践性。表现为中国规划的理论研究与政府决策的互动关系上:一方面规划研究的结果可能反馈到政府决策机构,成为制定或修改决策的依据,尤其是在地方层面;另一方面政府对城市发展的指导性意见也影响着理论研究的基本导向。当然,部分规划理论也反映了研究者个人的价值观以及他们受到的欧美现代规划理论的影响。

中国规划理论研究的现状与欧美国家的情况不同。欧美规划理论学者主要分布在高等院校,关注得更多的是学术建树而非实践应用。加之由于欧美国家的规划学科大多隶属于社会科学,理论研究的参照系是整个社会科学理论研究趋势,所以规划理论研究更多是学术性的而非应用性的。由于国情特色,中国学者不太关注抽象的"纯"规划理论——即法鲁迪所说的"规划的理论"(theory of planning),讨论规划自身的运作机理及社会作用的文章较少。故学术维度的规划理论对诸如经济学、社会学、政治经济学等其他社会科学的影响有限,反而是受到这些社会科学的影响。大部分中国规划理论的研究属于法鲁迪所说的"规划中的理论"(theory in planning),即具体的规划工作理论,包括对政策的阐述及运作研究。在实践中,由于中国城市建设量大,迫切需要的是实用的而非抽象的规划理论,以便指导大量项目的建设。这也导致拿来主义式的理论应用,即将欧美经典的或最新的规划理论部分地引进,有时甚至只是采用了欧美理论的术语而摒弃了其理论内涵。但是理论研究局限于政策阐述与具体应用,客观上影响了规划理论的学理性以及对社会科学的贡献。在一定程度上,过于强调中国规划理论的特殊性也会影响中国规划对世界的贡献及交流。

1.1.3 规划理论的分类

目前世界上普遍接受的规划理论分类是法鲁迪提出的实体性理论(substantive theory,即规划中的理论)和程序性理论(procedural theory,即规划的理论)的划分。此后一些学者对此分类进行了拓展与细化,区分出第三类甚至第四类规划理论。

例如美国规划学者伍尔夫在《假说、解释与行为:城市规划案例》(1989年)一文中提出,除了上述两种理论以外,还应该有一类解释性的规划理论(explanations)。E. 亚历山大则在《规划方法》(1992年)一书中区分出四种规划理论,除法鲁迪的两种理论外还包括了界定性理论(definitional theory)和规范性理论(normative theory)。美国规划理论学者亨德勒在《规划伦理》(1995年)一书中综合了伍尔夫与E. 亚历山大的观点,提出了规划理论的三分法。除了规划中的理论[或称基于实体的理论(subject-oriented theory)]为规划工作提供知识基础和规划的理论(或称程序性规划理论)讨论规划过程问题(即怎样用最佳方式化知识为行动)以外,她的第三类理论是"为了规划的理论"(theory for planning),或称规范性理论(normative theory),探讨规划究竟是什么,它如何适应社会经济文脉。

而具有批判精神的弗里德曼则在《为何做规划理论》(2003年)一文中表明,第三类理论应该是"有关规划的理论"(theory about planning),也即批判性理论。它是用批判的眼光检验规划实践的理论,也是立志于彻底改变人们对规划的看法与立场的理论(表1-1)。

表1-1 规划理论分类的不同见解

理论家	第一类	第二类	第三类/第四类	
法鲁迪	实体性理论	程序性理论	—	—
伍尔夫	实体性理论	程序性理论	解释性理论	—
弗里德曼	实体性理论	程序性理论	—	批判性理论
E.亚历山大	实体性理论	程序性理论	界定性理论	—	规范性理论
亨德勒	实体性理论	程序性理论	—	—	规范性理论

1.2 物理、数学与规划之间的类比

本书在第2—6章将物理学中的弦论与规划中的理论研究进行了类比。第7章用数学方法中的坐标系及其度量类比了不同的理论研究视角与框架。

1.2.1 物理假说:弦论与规划理论

> 额外维度的几何决定着我们在寻常三维展开空间里观察到的那些粒子的基本物理性质,如质量、电荷等。
> ——格林《宇宙的琴弦》

1) 引入原因

本书第2—6章涉及规划理论演变分析的三种叙事方式或分析框架,并引入物理学中的弦论假说来解释这三种方式。这些章节涉及规划理论的"物理世界"的建构,依据的是物理学的理论与假说。引入弦论是出于以下两个原因。

第一,引入弦论,是因为弦论与规划理论有奇妙的共鸣。

弦论产生于1960年代,并于1980年代、1990年代分别爆发了两次超弦理论革命,导致新一代理论出现。规划理论研究出现于1940年代,并于1960年代、1990年代分别出现了两次理论危机,同样导致新一代规划理论

出现。

第二,引入弦论,能让复杂的现象在理解上变得简单。

弦论被提出是为了解决广义相对论与量子场论❷无法统一的问题。该问题甚至被比拟为物理学家的圣杯,任何学者都想追寻与求得。广义相对论作用于宏观世界,研究引力,由爱因斯坦奠基;量子场论作用于微观世界,由狭义相对论与量子力学构成,奠基者和贡献者包括20世纪几乎所有的最著名的物理学家。量子力学研究除引力以外的另外三种力——电磁力、强核力(或强相互作用)与弱核力(或弱相互作用)。这四种力是目前已知宇宙中的最基础的力。量子场论通过标准模型统一三种力的同时,却"创造"出多达61种基本粒子,十分烦琐与复杂。并且,标准模型完全无法用于描述引力。标准模型越完美,和引力、和宏观世界之间的沟壑就越深。不过,经过几代物理学与数学家的工作,发现如果将粒子、力等理解为弦,那么在更高的维度上——具体说是11维——可以很好地统一这两大物理学理论体系。弦论认为万物皆弦,它是没有厚度、只有长度的一维实体,尺度在 10^{-35} 米左右,即普朗克长度。所有的物质与力都来自同一个基本单元——振动的弦。本书将规划理论类比为弦,并引入高维世界的概念,是希望简化规划理论研究。

第三,引入弦论,能更好地解释理论相关性问题。

弦论认为,人类所处四维时空以外的多余维度的几何形态与大小,在深刻影响着人类这个时空或宇宙的基本物理性质(格林,2018)。规划理论研究中一直存在规划中的理论和规划的理论这一对共轭概念。每当学者想阐述清楚规划理论,就会不可避免地带出哲学、社会学、经济学、地理学、设计学科等领域的相关思想、理论与术语。正因如此,法鲁迪的规划的理论与规划中的理论的分类才会如此深入人心。本书希望通过将两种理论研究分别类比为四维时空与蜷曲的六维空间,来说明两者的相互关系。

2) 引入方式

本书引入的是简化版弦论,主要采用了高维世界与弦这两个术语。弦论认为宇宙具有11维,但可近似视为10维。大爆炸之前的原始宇宙是10维。在大爆炸后,其中的三维空间加一维时间构成的四维时空极度延展,形成了人类所处的宇宙;而多余的六维则蜷曲为一个普朗克长度❸的超小尺度空间。虽然蜷曲的高维宇宙在尺度上与常规宇宙差了几十个数量级,但按照弦论,高维的尺度反而影响低维的性质。如果将规划理论研究构筑的时空或宇宙理解为四维时空,那么规划中的理论则处于高维世界当中。

大爆炸之后的三分多钟内,在四维宇宙中分化出了四种基础力以及稳定的原子核,是宇宙最基础的物质组成。规划理论研究出现时也形成了重要的理论与分析基础。根据弦论,这些粒子与力都是振动的弦的表达。四维宇宙中虽然所有的弦都绝对相同,但弦的振动大小(振动模式的能量)决定了基本粒子的质量,从而也决定了粒子的引力作用(格林,2018)。在规划理论研究时空当中,是理论之弦的振动及碰撞、接触、交叉、分裂、叠合等在形成新的物质或力,也即新的规划理论。

弦论自1960年代出现以来,已经经历了1980年代和1990年代的两次超弦革命,从玻色子弦论发展到五种超弦论再到今天的M理论❹,其中牵涉非常多的理论物理概念与假说。而如今所说的弦论一般指第一代超弦理论或第二代M理论,为简化起见本文仍称弦论。在上一节当中已经分析过,规划的理论其实也有继续细分的各种观点。但本书只采用了弦论的基本概念。相关物理学基本概念与本文术语的对应关系如表1-2。

表1-2 物理与规划术语对照表

物理术语	规划术语	解释
十维世界	早期规划思想研究	规划理论研究出现前,此时只有早期规划思想,无规划的理论与规划中的理论的区别
创世之前	规划理论研究出现前	19世纪与20世纪上半叶的城市规划思想发展时期
最初三分钟	规划理论研究的出现	1940年代规划理论研究出现的时期
高维世界	规划中的理论研究	学术思潮与相关领域发展
四维时空	规划理论时空	规划理论研究所形成的一个学术领域
弦、弦的振动、弦的交响乐	规划的理论	规划的理论及其生成与相互关系,包括理论间的传承、影响、批驳等
时空背景	时代文脉	理论形成与演变的政治、经济与社会文脉
平行宇宙	各类理论研究体系	规划理论学者建构的各类并存研究体系

本书有关于弦论的知识主要参考了三部著作——加来道雄的《超越时空》、加来道雄与汤普森合著的《超弦论》与格林的《宇宙的琴弦》。其中第一部与第三部基本上是每一个试图了解弦论的人的必读科普书。有关于宇宙大爆炸及宇宙诞生后最初三分多钟的知识主要参考了温伯格的《最初三分钟》。

1.2.2 数学参照:理论研究的坐标系

1)引入原因

本书第7章涉及规划理论学者观察理论演变的方式,以及他们建构的相应观察框架或研究体系。这里观察与分析的对象并非理论本身,而是理论时空——规划理论研究领域,即其他学者怎么做研究。用物理学来类比的话,就是理论时空怎么用数学工具来度量与表达。第7章节涉及理论研究体系的架构与分析,依据的是数学概念。引入是出于以下三个原因。

第一,理论物理假说的建构严重依赖数学与几何学知识。

物理学可大致分为理论物理与实验物理两类。在很多情况下理论物理当中的假说或推论很难通过实验来证明或证伪,因为需要巨额资金建造仪器设备以及巨大的能量来运转。所以理论物理经常要依靠数学工具来推演。牛顿的经典力学用欧几里得几何学就可以描述;而爱因斯坦的广义相对论需要广义黎曼几何;超弦理论的描述则需要量子几何,这些几何又分别对应于相应的度量空间。可以说没有相应的数学以及几何学的发展,就没有或者几乎很难有相应的理论物理学的发展。爱因斯坦的广义相对论正是因为有了黎曼几何才得以发展起来。所以,对空间的几何度量至关重要。就规划理论研究而言,对不同学者构建的研究体系的分析,即研究宇宙的坐标系及其度规也非常重要。

第二,客观存在多种规划理论的分析框架。

物理学中,平行宇宙虽然是一种尚未证实的假说,但却是包括弦论在内的许多宇宙起源假说都在分析的内容。例如,霍金利用量子力学的观点将宇宙视为一个量子粒子,则宇宙将呈现为一组包含无限多平行宇宙的宇宙波函数,人类所处的宇宙出现概率最大。在弦论当中,由于弦方程有数百万个可能的解,这意味着有数百万个可由弦论在数学上产生的可能宇宙(加来道雄,2009)。规划理论研究中也存在类似现象。由于规划理论只是规划理论研究者使用的共同代码,对其所指、边界、特征等都没有共识。不奇怪每一个研究者心目中都有一个规划理论的研究宇宙存在。在这些宇宙中规划理论之弦是一样的,但是由于学者选择的宇宙维度在数量与度规上都不一样,呈现出来的弦的振动也有差别。这样,就表现出多个理论研究平行宇宙的共存。本书想在这些理论研究中找到一点点共性,如果不是共识的话。这个共性就是理论研究者建立的度量整个规划理论研究时空的坐标系及其度规——在一般的文本当中这个坐标系被称为分析框架。很明显,"框架"这个词的所指其实也是一个空间概念,无论它有几个维度。

第三,测度因尺度差异而采用不同的工具。

物理学中在不同的尺度下,采用的度规有很大差异。以长度的测量为例,天文尺度时采用的是光年或利用变星,其实已经与时间概念相关联。而在量子尺度上长度已无法测量,因为观测本身就会影响到被测量的物体,需要通过能量与动量的概念来思考(里德雷,2018)。类似情况也出现在观察规划理论研究宇宙的坐标系中,即使是同样的坐标轴其度规也因人而异。例如在时间轴上就体现为不同学者的分期观点不同。有关于时间及时间的相对性,已经在近年来历史学研究的时间转向中有许多表达。

2) 引入方式

度量需要用到相应的坐标系与测量标准。本书主要采用坐标系及度规两个概念,既用来说明本书建构的理论演变分析的三种叙事方式或分析框架即研究宇宙的数学度量,也用来说明部分学者研究体系的度量(见第7章)。

坐标系也称参照系,是用于度量一个点的位置的数学系统。在一个坐标系中有以下几个要素,并存在与理论研究体系的相应关系。(1)坐标轴的维数。常见的有笛卡尔两轴平面坐标系和三轴立体坐标系。除此之外，地理当中用于在地球表面定位的经纬度也是一种坐标系，属于特殊的两轴曲线坐标系。规划理论学者建立的研究框架以单轴居多，时间是最常见的分析参照。但也有两种甚至三种参照综合而成的体系。(2)坐标轴的性质。笛卡尔坐标中常见的有长度轴、时间轴等，在规划理论当中也有时间、主题等几种分析参照。(3)需要进行度量的物体。通常是点，但也可以是复杂的形状。在本书中是规划理论研究。(4)用以度量物体位置的标量、矢量、张量、度规等❺。鉴于矢量、张量等的约定俗成的含义，本书采用"度规"一词，因其不但是黎曼空间的张量，本身还带有测量标准的含义。一个坐标轴可以有数种不同的度规。相关术语对照如表1-3所示。

表1-3　物理、数学与规划术语对照

数学术语	规划术语	解释
研究宇宙	理论研究体系	由研究视角、观点、方法等构成的一套研究体系，因不同的学者而不同
坐标系	研究体系分析，分析框架	对理论研究体系的分析
坐标轴	单一研究视角、分析参照	分析理论研究的单个视角，如时间、空间、主题、流派、研究者等，可进行组合
度量	研究、分析、测量	利用坐标系研究理论体系
度规	视角分析、研究框架分析	单一研究视角或研究体系的建立依据、标准

本书有关于坐标系及其测量的知识来源于里德雷的《时间、空间和万物》。

1.3　国外规划理论文集

不少欧美规划理论学者认为规划理论诞生于1940—1950年代(Faludi,1987; Friedmann,1987; Hall,2002;希利尔等,2017)。但直至1970年代法鲁迪编纂《规划理论读物》，才开启了学者系统编纂规划理论论文集的传统。此外他还出版了《规划理论》(1973年)，它是1970年代最具影响力的规划理论专著。两部书开拓了规划理论专著的出版之路，自1970年代末起一系列规划理论论文集得以出版，集中反映了规划理论的发展动态。从类型来看，规划理论文集有两种：其一是大会论文集，如1996年出版的《探索规划理论》由1987年和1991年两次规划理论研讨大会的会议论文组成；其二是论文精选集，如同年由坎贝尔与费恩斯坦主编出版的《规划理论读本》。

1.3.1　1980年代

1970年代末以来有三部论文集面世(表1-4)。1970年代以来巨变的政治形势反映在思想领域——尤其是规划理论界,使得于1978年出版的《1980年代的规划理论》一书中充斥着变革的意味——几乎每一部分的标题都包含"变动"二字,表现出理论研究者们对时代气息变动的敏感。书名本身也反映了文集的特征——对未来十年内规划理论动向的一种探索。为此,文集希望首先能够把规划理论中的百家之言归结为几种主要流派;继之建立一种能够容纳所有最新思想的理论平台,并在这一平台上概括每位撰稿人的论述包容;最后做出简短评述以反映所收纳文章的实质,及理论与实践中预计的发展方向和变化速率。文集认为,规划理论在孕育时期主要受到四种思潮的影响——物质发展、经济控制、社会责任和政策制定,并因此产生了四种主要的规划理论分支:物质规划(physical planning)、经济规划、社会规划和公共政策规划。除上述规划客体问题以外,规划理论也关注规划主体问题,即规划师和对规划师的训练与培养——规划教育。

表1-4 1980年代左右的规划理论论文集

时间(年)	编者	论文集名称	主要内容
1978	伯切尔;斯特利布	《1980年代的规划理论》	变动的物质规划——环境规划的职责;变动的社会规划——社会敏感度的实际应用;变动的公共政策规划——宏观规划对地方控制;变动的经济规划——国家规划,需求对供给加重;规划师是什么,做什么,他们如何为任务做准备
1982	帕里斯	《规划理论批判读本》	对纯粹规划的评判;规划师作为城市管理者;资本主义城市化与国家;马克思主义批判;抉择与矛盾;未来
1982	希利;麦克杜格尔;托马斯	《规划理论》	规划理论的边界;在规划领域建立理论的标准;在各种立场之中建立联系;理论与实践之间的关系

四年后出版的《规划理论》是1981年4月在英国牛津召开的"1980年代规划理论大会"的论文集。与会者多为欧洲学者,还有少量以色列、非洲学者,但没有美国人,因此体现的是欧洲尤其是英系规划理论的历史回顾及未来展望。30篇会议论文中有16篇被收录。编纂的方式是开放性的,选取的标准是:"对共同评价规划理论做出贡献";"发人深省";"能够反映会议期间出现的首要议题"。编纂者认为程序规划理论(Procedural Planning Theory,PPT)是1970年代的主导理论,其对立面是以政治经济学分析(尤其是新马克思主义)为首的各种批判学派。而到了1970年代末、1980年代初,随着程序规划理论霸权地位的崩溃,涌现出或承袭,或反对程序规划理论的六种理论立场或范式,使规划理论的发展呈现出多元化状态。

《规划理论批判读本》同样出版于1982年。与上前面两部文集不同的是,它并非一部应时之作。编者希望通过提供一系列论文,帮助学规划的学生更好地理解规划,并建立起带有批判性质的规划观。不过文集仍在结尾处对未来进行了预测,认为将进入一个城市规划在资本主义国家重要性下降的时代。结合当时的政治局势——国家对经济的宏观控制力下降、自由主义抬头,编者做出这样的预测是毫不奇怪的。

1.3.2　1990年代

1990年代出版了两部论文集(表1-5)。同样由新泽西州立大学城市政策研究中心组织出版的另外一部论文集《探索规划理论》,表现出与1980年代不同的特色。《探索规划理论》由两次探讨规划理论的大会论文组成。第二次会议由于主办方有欧洲的学会,使这部论文集的基础较之前几本更为宽泛。但它并非一部小而全的理论纵览,对于经典的一般性理论,文集把它们作为论述的文脉放入参考文献;对于目前仍难以驾驭的主题,文集采取了回避政策;而当前引发争论的理论焦点则是文集的重心所在。尽管囊括在几个主要的标题之下,编者仍希望保持文集的多视角和多面化。所以,即使在每一部分前后都有编者的评论,每一篇论文的独立性仍大于其共性。与近20年前的《1980年代的规划理论》中归纳了理论的四大主流相比,1990年代的这部文集只总结了理论研究的四项共识:理论是一种宽泛的措辞形式、要公开写作、要调和能动性与结构、要关注行业惯例(practices)与从业者。这种编纂特点不仅是1990年代规划理论的不确定性与缺乏共性的反映,也是1990年代以来的多元化社会影响下的表现。文集的第一部分仍然尝试对规划理论的界域进行描述,剩下的四篇可分为两个派别,分别从交往实践与理性论角度阐述对本部分主题的看法。这种编纂安排或多或少说明了1990年代规划理论界的现状:理性规划论退场之后的大混乱。论战一方仍希望延续理性主义传统,另一方则把交往实践推上了理论探讨的舞台。

表1-5　1990年代的规划理论论文集

时间(年)	编者	论文集名称	主要内容
1996	曼德尔鲍姆; 马扎; 伯切尔	《探索规划理论》	构想规划理论的领域;规划师的范围;规划对决与计划;知识的状态与使用;道德规范的状态与使用;构想规划过程
1996	坎贝尔; 费恩斯坦	《规划理论读本》	20世纪规划理论的基础;规划:辩护、批判与新方向;规划类型;行动中的规划:成功、失败与战略;探讨性别;道德规范、职业道德与价值等级

同于1996年问世的《规划理论读本》将具有启蒙性质的初期规划思想

放在论文集之首。由于主要面向美国读者,该论文集带有较为鲜明的美国特征——如编者将城市美化运动作为规划的启蒙思想,所以并不十分适用于欧洲乃至全球的城市规划专业的学生。此外,论文集受同时期学术思潮影响较大。例如,论文集六个部分也可视为六种规划理论分类,其中女性主义占了其一,因为女性主义对规划理论的影响是1990年代探讨的重点之一。对于无法收录的重要文献,1996年版《规划理论读本》采用了在补充阅读中列出文献名录的方式。因此,上述《探索规划理论》与同年出版的《规划理论读本》在编纂方向上有着本质区别,一部是前沿性求索,另一部是经典性读物。

1.3.3　2000年代

步入21世纪的头十年有两部论文集出版(表1-6)。《规划的未来》一书在序言中即指出当前的规划理论是由诸多理论立场形成的复合体,其中以后实证主义为首,还包括新实用主义、后现代主义趋势和新自由主义等规划思想流派。协作规划❻在21世纪仍然是规划理论舞台上最活跃、最有影响的角色。由于论文集的主旨是理论联系实际,在组织上也紧扣这一思想。论文集同时亦指出规划理论界的多极态势。编者之一的奥曼丁格于同年还出了一部与近30年前法鲁迪的名著同名的专著——《规划理论》,已于2017年出了第三版,并由中国规划学者刘合林于2022年翻译出版。

表1-6　2000年代的规划理论论文集

时间(年)	编者	论文集名称	主要内容
2002	奥曼丁格;琼斯	《规划的未来》	规划思想与观念;规划实践与界面;规划运动与常规
2008	希利尔;希利	《规划理论中的批判文集》	规划事业的基础;政治经济学、多样性和实用主义;规划理论的当前发展

2008年,《规划理论》期刊主编希利尔和《规划理论与实践》期刊的高级编辑兼欧洲规划院校联合会创始人希利受艾什盖特(Ashgate)出版社之邀,共同编纂出版了一套三卷的规划理论论文集,名为《规划理论中的批判文集》,与25年前帕里斯的那部书名类似。这套论文集是艾什盖特出版社一系列以"……中的评论文集"为名的出版物中的一套。由于1996年出版的《探索规划理论》由《规划理论》期刊的创刊编辑之一的马扎编纂出版,因此作为其现任主编的希利尔教授继承了前任马扎编纂出版理论文选的传统。文集分三卷,分别以"规划事业的基础""政治经济学、多样性和实用主义""规划理论的当前发展"为每一卷的标题,从中可以看出编者放眼过去、着眼未来的编辑意图。文集编纂的主要目的,是将20世纪以来影响过规划探讨的文献集中起来,通过这些不同时期、不同立场的影响深远的思想,

来揭示规划的性质、目的和规则。编者首先拟定了一个文献列表,再请具有不同地域及研究背景的各年龄段的学者从中挑出他们认为是重要的文献,同时也可将自己认为重要,但未在列表中的文献补充进去。论文选取最主要的标准是 critical❼,所以也会选择对于当时主流的规划思潮持疑问或否定态度的文章。这样,读者在阅读当中会建立自己的判断,从而能够最大限度地减少编者自身思维及研究定式的影响。文集编纂的另外一个特点,是它比以往的论文集都更关注女性规划学者的观点,这集中体现在第 3 卷第 3 部分。而由于两位编者都是女性学者,或许这更有利于她们做到这一点。此外,也特意选取了一些不易获取的早期经典文献,使学生和研究者能够直接接触原文,而不是只能见到间接的引述。文献最后能否被收录,还与版权获取、文献类型(期刊文章抑或自书中摘录)、以及文献本身的篇幅等因素有关。

可以看出,在 21 世纪初的规划理论是多极还是单极这一问题上存在异议。尽管都认可沟通/协作规划的重要地位,但奥曼丁格与琼斯等人无疑持单极的观点,即沟通/协作规划是当前规划理论思潮的核心,其他流派都站在维护或批判它的立场上;而坎贝尔与费恩斯坦等人则认为沟通行为并未得到大多数人的认同从而成为新的规划范式。在对近期及当前规划理论趋势的刻画方面,《规划理论读本》第二版与《规划的未来》颇为不同。《规划理论读本》中比较重视的起源于美国的新城市主义运动,《规划的未来》中却很少着墨,亦并未把之归为一种重要的理论流派。究其原因,一是两部书的编者一为英国、一为美国;一是在美国实用主义的影响力更大,与规划实践息息相关的新城市主义自然受到更为广泛的关注。这种实用主义观深深刻印在《规划理论读本》中,编者力求在信息时代与知识经济时代的现实背景下预测规划理论及方法论的发展。与之相比,《规划的未来》的思辨性更强,但抽象的哲学韵味也更浓郁。

1.3.4　2010 年代

到了 21 世纪的第二个十年,规划理论研究的发展进入到一个初步总结的阶段,集中表现于 3 部规划理论研究大家的论文自选集、评论集或精选集、1 部集合多名规划理论著名学者的自传集与 2 部出版社理论研究手册的面世(表 1-7)。

表 1-7　2010 年代的规划理论论文集

时间(年)	编者	论文集名称	主要内容
2010	希利尔;希利	《阿什盖特规划理论研究指南》	来自空间规划实践观的概念性挑战;对空间规划理论的概念性挑战;对复杂性下的空间规划的概念性挑战

续表 1-7

时间(年)	编者	论文集名称	主要内容
2011	弗里德曼	《叛逆》	10 篇作者精选论文
2014	琼斯；菲尔普斯；弗里斯通	《规划幻想》	城市与规划的历史；伦敦的发展与成长；空间规划；连通与流动；全球化的城市化；独特的联合理念
2015	希利尔；梅茨格	《联结》	规范的视角；场所与实践(规划发展关系；场所是如何产生和改变的；做规划工作)；转型过程
2017	哈塞尔斯伯格	《直面规划思想》	导言；16 篇自传；结语
2018	贡德；马达尼普尔；沃森	《劳特累奇手册：规划理论》	当代规划实践；手段/方法如何塑造规划；网络、流、关系与制度

三部精选集及所涉理论学者分别为弗里德曼的《叛逆》、霍尔的《规划幻想》和希利的《联结》，其中弗里德曼的文集为自选集。弗里德曼通过内省和自我反省，以《叛逆》全面回顾了自己的学术发展道路。他之所以用"叛逆"来概括他的规划理论观，与他对正统思想的批判态度、持续创新的精神以及他的基于社会动员(social mobilization)传统的乌托邦主义与无政府主义信仰有很大关系。弗里德曼的学术道路可分为四个阶段，每个阶段都有他重点关注的规划研究议题。它们分别为规划理论研究产生时期对另一种发展模式的探索；理性决策论后的乱局下对规划知识与行动之间的关系的深入解读；全球化下的城市竞争时期对美好社会与美好城市的诠释；新型民主发展时期对规划理论的重温。

《规划幻想》则是诸位学者对霍尔毕生所涉研究议题的评论文章的集结，这些评论者当中不乏费恩斯坦、巴蒂、奥曼丁格、法鲁迪等规划理论研究大家。霍尔本人是规划研究畅销书《城市与区域规划》的作者，原版曾修订到第六版，国内 1970 年代就曾翻译引进第一版，后又于 2014 年引进了第五版。他同时还是国外学生的规划理论必读书《明日之城》的作者，可以说是从理论到实践的百科书式的学者。因而这本评论集的内容分为了六个部分，所涉内容十分广泛。

《联结》的编纂目的，则是通过追踪希利在过去 40 年的学术与职业生涯的轨迹，以评论、回顾与反思她长期以来的学术思维。正如《联结》一书的标题所示，该文集旨在为理论与实践之间的鸿沟架起一座桥梁，从而将学术界与规划从业者、学术界与专业界联系起来；这本身就是希利长期以来一直关注的问题。这是"联结"一词的第一个含义。文集三个核心部分当中，第 2 部分"规范的视角"旨在解决一些常见基本问题，例如规划规范、价值观和道德规范。第三部分"场所与实践"包括两节。第 1 节"规划发展关系：场所是如何产生和改变的"从制度的角度解决了空间的物质生产(即土地和房地产开发)问题。第 2 节"做规划工作"解决了规划实践问题,这是规划研究中永恒的命题之一。第四部分"转型过程"讨论了规划在过去与未来之间的变化和转换——塑造未来和促进希望,以及规划理念在"地方和机构之间穿梭"时的变化。"联结"的第二个含义,是指希利贯穿过去几十年的想法在书中被连接和组织起来;其第三个含义,则指希利与同事之间的相互影响,例如她的合著者与读者,又如那些发展了她的思想和理论的人。

学者自传集《直面规划思想》(2017 年)则涉及 16 位规划理论领域的大家,分别是弗里德曼、P. 马尔库塞、霍尔、马扎、法鲁迪、希利、施马克、英尼斯、尼德汉姆、阿尔布雷切特、昆兹曼、哈格、巴蒂、阿尔特曼、福雷斯特、霍克。编者在前言中表示该自传集的编纂目的是厘清过去半个世纪以来,规划理念是如何萌芽、发展,并在时空中流传的。尽管每名学者都有自己的研究背景、专长、经历等等,但都围绕空间规划的本质、目的与过程这三个要素展开他们的个人回溯,并关注规划理念在不同时期、背景和情境下的有效运用。因此,这部自传集成为迄今以来第一部以人(研究者)而非物(理论)为中心展开的规划理论史著作。

此外,出版规划研究专著的两大出版社——艾什盖特与劳特累奇各出版了一部规划理论研究手册,主编者也都是《规划理论》期刊的前后主编。所以这两部手册是目前较权威的规划理论百科全书,其中包含了不少规划理论的最新研究动态。《阿什盖特规划理论研究指南》由阿什盖特出版社出版。该出版社是 1967 年创建于英国的国际性学术研究出版社,与世哲出版集团(SAGE)和泰勒弗朗西斯出版集团(Taylor & Francis)下的劳特累奇出版社同为规划研究出版方面的权威出版机构。此外,世哲集团和泰勒弗朗西斯集团还是规划研究期刊的两大发行机构,《规划理论》期刊就是世哲集团发行的。

《阿什盖特规划理论研究指南》严格来说是有关于空间规划理论的手册,不过空间规划的内涵要大于城市规划。论文集的三个主题词为实践、理论与复杂性,构成论文的三个部分。但正如编者在文集标题与各部分标题当中一再强调的"概念性挑战",两位编者认为 1973 年法鲁迪的《规划理论》面世后 40 年业已过去,规划已从传统的城乡规划拓展到空间规划。范围大大增加的同时,它也来到了一个十字路口,需要而且已经出现了针对实体性与程序性规划理论变革的新思路。同时,也需要对不确定性、冲突与政治复杂性进行重新理论化。为此,需要迎接规划的悖论、规划价值观、规划与实践之间的关系、权力、规划伦理等的概念化和理论化挑战。

《劳特累奇手册:规划理论》则是英国劳特累奇出版社出版的一系列学术研究手册中的一部,与规划研究相关的还有《劳特累奇手册:国际规划教育》(2021 年)、《劳特累奇伴侣:南半球规划》(2017 年)等。手册的主编之一贡德是继希利尔之后的《规划理论》期刊主编。《劳特累奇手册:规划理论》不仅记录了规划与规划理论在过去 1/3 个世纪中经历的深刻变化,还旨在引介当代规划理论前沿和新出现的理论迹象,向读者展示规划理论未来发展的潜在方向。手册包括三个部分共26篇论文:第一部分提供与当代规划多样化实践相关的理论理解和批判性观察;第二部分利用多种知识视角来考虑如何在规划中构建意义和价值;第三部分对构成规划基础的当代和新兴结构及功能进行了理论化,考虑了构成规划框架的网络、流程、关系和制度,以及这些框架造成的内在后果。三位编者与《阿什盖特规划理论研究指南》的两位编者都认为规划理论处于变局之中,前者将其形容为后殖民主义、后现代主义与后政治背景下的规划理论的"景观"发生了变化。对这一变化带来的挑战的思考集中反映在第三部分当中。此外,为面向不同国家的国际读者,编者也尽量做到了最大程度的国际化,这体现在论文作者与选题的国际化方面——力求囊括北半球以外的部分地区学者提出的规划理论及研究这些地区的理论。诚如编者在导言中所言,这部手册确实为读者提供了一幅规划理论知识的既定状态以及最新探索范围的清晰视图(Gunder et al.,2018)。

1.3.5 研究者与研究载体

规划理论在近一个世纪的演化过程中,其研究者也在随之发展。由于城市规划理论不仅是城市规划思想家与理论学者的理论、规划师的实践认知,也包括非规划界人士对城市规划问题的探讨,所以规划理论研究者的范围也是宽泛的,并不局限于规划学者,也不局限于城市规划或空间规划学科或行业领域。城市规划本就具有跨学科性质。当城市规划由规划师手中的完美图纸转变成为提高城市生活质量而做的一系列措施、手段和政策时,这一性质得到加强。不断有相关专业、行业人士步入城市规划领域,在协助规划实践的同时丰富了规划思想。除专职人员以外,规划人员的来源还包括建筑师、城市设计师、工程师、地理学者、经济学者、运输专家、环境专家、统计分析专家等(LeGates et al.,1996)。

当然,规划理论的研究主体是规划学者,尤其是规划理论学者。他们与规划从业者具有行会组织一样,也有自己的研究团体。欧美几个主要的规划学术研究团体如美国的规划院校联合会(ACSP)、英国的皇家城市规划学会(Royal Town Planning Institution,RTPI)和欧洲的欧洲规划院校联合会(Association of European Schools of Planning,AESOP),分别是美国、英国和欧洲的规划学术与教育最主要的研究组织。欧美规划理论学者大都活跃在这些组织当中,或是其创始人之一,或在其中担任要职。这加重了规划理论在所有规划研究门类中的重要性。

规划理论研究的载体主要是专著与期刊论文。期刊方面,马扎于1988年创办《规划理论》期刊并任主编,并于2002年更名为现用名。希利则创办了《规划理论与实践》期刊。两者是目前仅有的带"规划理论"一词的两部期刊,也是规划界理论探索的核心刊物。此外,上述规划研究、教育及行业机构也有各自的期刊。美国规划院校联合会创办了《规划教育与研究》,英国的皇家城市规划学会办有《规划理论与实践》,欧洲学派协会与《欧洲规划研究》联办。这些期刊也都是规划理论研究成果发表的重要平台。

1.4 国内研究

1.4.1 翻译成果

1978年以后,二战以来的部分影响较大的欧美规划理论、方法通过各种方式被介绍到中国。早期被翻译介绍的不仅有规划的理论,也有规划中的理论。其中规划的理论有霍华德的田园城市思想、规划的系统方法、渐进式规划、辩护式规划、创新式规划(即弗里德曼的互动式规划,transactive planning)。

规划中的理论,在城市与区域研究方面有美国城市学者芒福德的系列专著、格迪斯的城市复杂性研究、巴蒂的新城市科学(the new science of cities)。城市研究与城市理论方面,因为社科学者的努力而被大量翻译引进,如早期的芝加哥学派学者的著作,以及近年来涌现的学者如吉登斯、佐金等人的著作。地理学的经典与最新研究成果也不断被引入中国,如列斐伏尔、哈维、马西、索亚、博任纳等。当然,用学科来框定这些杰出学者的研究是一种僵化思维。他们以城市、区域、全球、地方、空间、场所等为研究对象,研究身份与研究成果都是跨学科的。

1980年代以后,中国学者翻译引进的欧美城市规划理论研究的部分译著如表1-8所示。

表1-8 1980年代以来中国翻译出版的部分国外规划理论著作

时间(年)	著者	书名	译者	出版社
1980	—	《城市规划译文集1》	中国建筑工业出版社城市建设编辑室	中国建筑工业出版社
1983	—	《城市规划译文集2》	中国建筑工业出版社城市建设编辑室	中国建筑工业出版社
1993	霍华德	《明日的田园城市》	金经元	商务印书馆
2000	阿尔伯斯	《城市规划理论与实践概论》	吴唯佳	科学出版社
2006	N.泰勒	《1945年后欧美城市规划理论的流变》	李白玉;陈贞	中国建筑工业出版社
2009	霍尔	《明日之城:一部关于20世纪城市规划与设计的思想史》(第3版)	童明	同济大学出版社

续表 1-8

时间(年)	著者	书名	译者	出版社
2010	芒福德;D. L. 米勒	《刘易斯·芒福德著作精粹》	宋俊岭;宋一然	中国建筑工业出版社
2012	格迪斯	《进化中的城市:城市规划与城市研究导论》	李浩;吴骏莲;叶冬青;马克尼	中国建筑工业出版社
2013	布鲁克斯	《写给从业者的规划理论》	叶齐茂;倪晓辉	中国建筑工业出版社
2016	麦克洛克林(又译麦克罗林)	《系统方法在城市和区域规划中的应用》	王凤武	中国建筑工业出版社
2017	希利尔;希利	《规划理论传统的国际化释读》	曹康;刘昭;孙飞扬;潘教正	东南大学出版社
2018	希利	《协作式规划:在碎片化社会中塑造场所》	张磊;陈晶	中国建筑工业出版社
2019	桑亚尔	《关键的规划理念:宜居性、区域性、治理与反思性实践》	祝明建等	译林出版社
2020	英尼斯;布赫	《规划顺应复杂:公共政策的协作理性简介》	韩昊英	科学出版社
2022	奥曼丁格	《规划理论》(原著第三版)	刘合林;聂晶鑫;董玉萍	中国建筑工业出版社

期刊方面,《国际城市规划》期刊于 2004 年第 4 期、2005 年第 5 期、2006 年第 5 期、2008 年第 3 期和 2011 年第 2 期分别翻译介绍了霍尔、弗里德曼、卡斯特尔、希利和萨森的代表性论文。此外,《城市规划》《地理译报》《城市规划学刊》《规划师》等也刊载过一些论文译文和资料汇编,介绍欧美规划理论和实践、评述欧美城市规划著作。

1.4.2 独立研究成果

除翻译成果以外,有关于欧美现代城市规划理论,国内学者还有为数众多的独立研究成果。专著成果中,郝娟的《西欧城市规划理论与实践》(1997 年)以英国的城市规划思想、体系、编制方法与实践为主。张京祥的《西方城市规划思想史纲》(2005 年)对自古希腊以来的欧美城市规划思想进行了综述。孙施文的《现代城市规划理论》(2007 年)分为五个部分,其中:第三部分论述"规划中的理论",也就是与城市规划相关的其他学科的理论;第四部分为"规划的理论",即规划学科自身的理论;第五部分阐述了近 10 年来的理论发展新趋势。

此外,近年来也有一些论文集的编纂。曾编纂《城市读本》(首版于 1996 年出版,第七版于 2020 年出版)的美国学者勒盖茨与中国规划理论学者张庭伟、田莉一起编纂了中文版的《城市读本》(2013年)，其中的第六部分为"城市规划理论"。《国际城市规划》编辑部也精选了部分刊发论文，先后出版了两卷《国际城市规划读本》，有关于规划理论研究的论文散见于其中。

近年来期刊刊发论文方面，就欧美规划理论的性质、内涵、特征方面，国内学者进行了相关综述与剖析。对各时期涌现的规划理论，主要研究了欧美规划思想先驱(如霍华德、格迪斯、芒福德)的思想、1960年代的戴维多夫的倡导性规划、阿恩斯坦的公民参与阶梯等；1970年代的理性主义规划论及新马克思主义规划理论；1980年代的后现代主义规划、新自由主义或新右翼规划；1990年代生态与可持续思想下的规划、交往/沟通/协作/联络性规划、规划中的女权主义；21世纪以来的韧性城市及其规划、规划与复杂性等等。总体而言，由于中国规划理论研究自21世纪以来也有长足进展，学者的研究焦点和精力也逐渐从研究国外理论向探索本国理论转变。但这已超出本书的论述范围。

第1章注释

❶ 本节内容改编自曹康与张庭伟于《城市规划》期刊上发表的《规划理论及1978年以来中国规划理论的进展》(2019年)一文。

❷ 量子场论的核心是杨-米尔斯场理论，由杨振宁与R. 米尔斯提出，亦称标准模型。量子场论统一了除引力之外的其他三种宇宙基础之力。

❸ 普朗克长度是由德国物理学家普朗克提出的一个常数，记为h，以描述量子的大小。普朗克长度约为1.6×10^{-35}米。

❹ M理论认为，万物不再仅仅是由一维的弦构成的，还可以有更高维的组分，被称为p膜。由于11维时空是由10维空间+1维时间构成的，所以$p<10$。p分别等于0、1和2时，分别对应于点(粒子)、弦和膜。M理论还认为人类所处的宇宙是一个三膜，在已知的四种基本力当中，除了引力以外，其他三种力都是三膜上的开弦——弦的两端被固定在膜上无法逃脱。唯有作为闭环的引力是例外，可以不被膜束缚，并作为人类探索高维世界的工具。此外，M理论还将宇宙起源理论从大爆炸理论修订为循环宇宙论。

❺ 标量(scalar)也称纯量、无向量、数量，是只有数值而无方向的量，例如温度、时间、体积等。矢量(vector)也称向量，则既有数值大小又有方向，如加速度、力矩等。张量(tensor)是由标量、向量构成的多线性函数，其阶数与其所度量的空间的维数有关，表现为坐标空间的轴的数量。则第零阶张量为标量(0维)，第一阶张量为矢量(1维)，第二阶张量为矩阵(matrix)(2维)。由于这些量都是数量，所以可以用线性代数来计算。在适用于广义相对论的黎曼几何当中，一般采用度规张量(metric tensor)；在适用于弦论的量子几何中采用的是量子几何张量。

❻ 协作式规划，英文原文为collaborative planning，也译为协同式规划、合作规划。

❼ critical一词在西方文献中，可译为批判的、批评的、评判的、评论的等，但似乎都未能传神地传达出这一词汇的确切含义。一般来讲，critical指从正反两面，多个角度，辩证地辨析问题。

2　规划理论时空之外的高维世界

> 我越思考语言,
> 就越为人是否能真正相互理解而感到惊异。
> ——哥德尔
>
> 我们宇宙的空间结构既有延展的维,也有蜷曲的维。
> ——克莱因

如果将规划理论理解为四维时空或流形,按照弦论,这个时空的性质是受六维世界的几何决定的,则规划理论的时空想要被彻底理解,就需要站在更高的维度上才行。本章从两个角度分析规划理论研究时空的高维世界——哲学世界与相关领域世界。在分析时尽量将相关内容归并在一个标题下加以讨论。这样做的一方面是因为弦论本身就是尝试统一粒子与力、相对论与量子场论的假说,统一与简化一直是它的特征。另一方面也是因为21世纪的学科发展趋势是融合与跨学科,不仅学者的研究是基于多学科与用于多学科的,学者的身份也如此。本章第2节的三大领域群正好体现了规划理论研究出现前、出现至今以及未来的三类主要影响领域。

2.1 高维世界:规划理论的哲学世界

如果把哲学理解为在最普遍和最广泛的形式中对知识的追求,那么,哲学显然就可以被认为是全部科学之母。

——爱因斯坦《物理学、哲学和科学的进步》(1950年)

20世纪以来,在哲学与科学领域产生了两个颠覆人类传统观念的伟大成就。其一是爱因斯坦的相对论,颠覆了经典牛顿力学的静止时空观,代之以四维时空流形。时间与空间都成为相对,是连续的统一体。其二是奥地利逻辑学家哥德尔的不完备定理(theorem of incompleteness),或称不完全性定理。哥德尔于1931年发表了《论〈数学原理〉及有关系统中的形式不可判定命题Ⅰ》一文,提出了他的第一与第二不完备定理。该定理的基本含义可概括为:任一公理体系总有一条定理用此体系无法判定,也即完备性与一致性二者不可得兼。它造成几千年来坚不可摧的数理逻辑的破灭。至此,时空的绝对性和逻辑的绝对性都被推翻,人类的思想因此产生了巨变——美国科学哲学家库恩❶称之为范式转换(paradigm shift)。它是数百年乃至上千年才会发生一次的质变。任何学科领域几十年出现一次的变化并不能冠之以范式转换。

从哲学上的变化到规划理论的波动常常存在时滞。以相对论与不完备定理来说,规划要到20世纪中叶以后,才能从认识到实践上逐渐体现这些20世纪上半叶在哲学与科学领域的颠覆性变化。具体体现有三方面,其一是对规划的客体——城市及空间的时空相关性的认知;其二是时间相对性对规划这种未来指向的活动的影响;其三是规划理性逻辑遭遇到的一次次挑战。

作为全部科学之母,哲学对城市规划思想与理论影响巨大。就欧美的城市规划思想与理论而言,其扎根于数千年的欧美社会发展变迁及哲学思想传承中——古希腊与罗马文明的哲学思想、基督教神学思想,甚至是更早的古代西亚和北非地区的城市规划理念等。不过,对欧美现代城市规划理论具有决定性影响的,是产生于启蒙运动、美国独立战争、法国大革命、欧洲工业革命等沃壤之中的资本主义思想,坎贝尔与费恩斯坦也在其《规划理论读本》的序言中强调了这一点。

在这一共性之外,是欧美规划理论的一些个性差异。首先,部分哲学传统的影响具有地域差异,例如实用主义传统作为美国哲学的代表之一,对美国规划理论学者的影响就比对欧陆的大。所以,霍尔(Hall,2002)认为可以从地域上将欧美规划理论为两派——英美派(Anglo-American group)和欧洲大陆派(Continental European group)。其次,多数规划思想和理论具有不止一种哲学传统与理论根源。规划理论的这一混血特质,使得具有部分同源哲学传统的规划理论之间的差异性可能也很大。最后,哲学传统本身也在经历代际发展演变。20世纪下半叶出现的许多冠以"后""新"前缀的这些思想,其本身可能就是在批判前一代思想传统的基础上发展起来的。受其影响,规划理论在代际更迭时也常采取批判的方式。

可以对部分哲学思想对规划理论的影响做初步梳理(表2-1)。其他一些哲学传统,如女性主义、后结构主义等对规划理论的影响放在了本书之后的相关章节中,因其与当时的时代背景的结合更密切一些。此外,还有一些最新的哲学或社会思潮,如后政治、后殖民主义、后人类主义等在部分篇章有少量涉及。

表2-1 部分哲学传统及其在欧美现代城市规划思想与理论上的体现

思想传统	思想特征	规划思想影响
乌托邦主义、空想社会主义、无政府主义	整体性构建、社会公正、理想化原则;无政府、自治、协作	田园城市思想、格迪斯区域规划思想、理想主义城市模型
社会主义、新马克思主义	社会与经济大系统、国家的作用、资本主义制度对空间与城市的影响	新马克思主义规划论、规划中的政治经济学思想
技术至上主义、极权主义	专家技术论;权威主义、独裁主义、精英主义	理想主义城市模型、设计导向的规划、理性综合规划
现代性与后现代主义	现代性、盛期现代主义、后现代	规划中的现代与后现代
理性主义	规律性、理性的行为模式与指导原则	系统规划论、理性规划论、程序规划理论、沟通规划
古典自由主义、新自由主义	放任自流、自由竞争;收缩国家干预	反规划、反开发、新自由主义规划论
功利主义、公平正义	效益最大化、效益之合理性;正义即公平	规划的效益与成本;倡导规划、正义城市
实证主义、逻辑实证主义、后实证主义	现实、有用、可靠、确切、肯定的普适原则	系统规划论、理性规划论
实用主义、新实用主义	以知识为工具,获得实际效果;把事情搞定	分离渐进主义、规划决策与实施;协商规划、讲故事

2.1.1 乌托邦主义、空想社会主义与无政府主义

> 乌托邦本身就是一个自成一体的世界,它可以分成许多理想的联邦,所有的社会群体都聚集在让人自豪的城市里,勇敢地追求着美好的生活。
> ——芒福德《乌托邦的故事》❷

乌托邦一词是拉丁文 Utopia 的音译,由希腊文 ou(no, not,无)和 topos(place,处所)两个字根组成,意即"没有的地方"。乌托邦思想源远流长,最初代表着人们对美好家园和生活环境的一种希冀,后引申为不实际的、理想的社会和政治改良计划。乌托邦思想作为社会理论的一支,通过把一些理想化概念与价值观托付于某一想象中的国度或社会,借以阐明理想家的社会思想和观念。从公元前约 300 年古希腊哲学家柏拉图的《理想国》到莫尔的《乌托邦》,再到 19 世纪末霍华德的《明天:一条通往真正改革的和平之路》(表2-2),都可说是乌托邦思想的产物。但霍华德与前人的区别在于,多数先辈的乌托邦带有空想或理想性质,即使付诸实施也常常会失败或推广力度有限。而霍华德不仅是思想家也是实践家,他的田园城市理论不仅在世界各地广泛实践,其影响也穿越时间直至今日。

表2-2 千年来的乌托邦作品

时间(年)	作者	作品
公元前约300	柏拉图	《理想国》
1516	莫尔	《乌托邦》
1532	拉伯雷	《巨人传》
1619	安德里亚	《基督城》
1627	F.培根	《新大西岛》
1637	康帕内拉	《太阳城》
1648	戈特	《新索莱马》
1656	哈林顿	《大洋国》
1672	达莱	《塞瓦兰人的历史》
1760	罗奇	《吉凡蒂亚》
1772	迈尔西耶	《2500年传略》
1788	贝林顿	《卢卡的冒险》
1795	斯宾司	《斯本索尼亚情景》
1817	欧文	《给新拉纳克村民的新年致辞》
1829	傅立叶	《法朗吉》
1845	卡贝	《伊加利亚旅行记》
1848	白金汉	《国家罪恶与实践性救济》
1864	本帕顿	《幸福殖民地》

续表 2-2

时间(年)	作者	作品
1872	勃特勒	《埃瑞璜》
1886	莫利	《理想联邦》
1888	贝拉米	《回顾》
1889	海尔卡	《自由之地:社会期盼》
1891	W. 莫里斯	《乌有乡消息》
1898	霍华德	《明天:一条通往真正改革的和平之路》
1901	蒂里翁	《诺伊斯特里亚:个人主义乌托邦》
1905	威尔斯	《现代乌托邦》
1906	W. 哈德逊	《水晶时代》
1919	克拉姆	《设防之镇》
1920	里士满	《民主:真或假》

产生于 19 世纪的空想社会主义也被称为乌托邦社会主义，代表人物有法国哲学家傅立叶、威尔士企业家欧文、法国贵族圣西门等人。空想社会主义者大多看出并批判资本主义社会的问题与弊端，还尝试提出并实践具有空想性质的理想社会及城市模式以取代充满弊端的资本主义社会及城市。傅立叶认为资本主义社会中的竞争是不良性的、不道德的，人类社会需要合作共赢。所以他提出的空想社会主义模型——法朗吉（phalanstère）——是一种 1 000 余人合作经营的共同体，是其和谐社会建构的基层单元。在这个个人利益与集体利益一致的地方，成员共同出资、按劳分配。傅立叶在法国的吉斯进行了社会宫（Le Familistère）的实践，将法朗吉从空想推向实践。社会宫的建筑形态影响了柯布西耶。欧文是合作社制度、八小时工作制的倡导者，消灭私有制的呼吁者，提出了将农业与工业结合的理想工业方案。他于 1824 年在美国印第安纳州购买了一块土地，进行新和谐公社（New Harmony）的实验，但两年后失败。

除了霍华德的思想外，乌托邦思想在城市规划思想中的体现还包括规划思想家们对理想城市的构想。这些构想主要集中在 20 世纪上半叶，其提出者当中不少是建筑家。对他们而言，理想城市既要充分体现技术的力量与美感，又要具有最开明的社会公正（Fishman, 1982）。因此，可以把规划思想中的乌托邦传统称为规划的理想主义传统（idealism tradition），把加涅的工业城市、赖特的广亩城、柯布西耶的光辉城市等称为理想主义城市模型。弗里德曼在《公共领域的规划》中提出以非殖民化、民主化、自我赋权等为基础的激进规划模式（radical planning model）——一种农村城市共同发展（agropolitan development）的模式，其思想根源亦可追溯至空想社会主义者圣西门及其他乌托邦思想、空想社会主义思想的提出者。弗里德曼认为这些思想家的思想源于民众并得到民众支持，通过社会运动及与政党联合来改变社会现状。进行激进规划是为了改变既有的权力结构和实现社会转型,规划师作为行动者必须通过对话等媒介来调和转型理论与激进实践之间的矛盾。

无政府主义传统可追溯至美国殖民初期,温思罗普即在最早的英国殖民地之一的马萨诸塞建立起清教徒殖民地,是为无政府自治领地的例子。无政府主义运动兴盛于19—20世纪,代表人物是法国的普鲁东❸和雷克吕❹、俄国的巴枯宁❺和克鲁泡特金❻等人。无政府主义社会既非资本主义也非社会主义社会,是一种基于人与人之间自愿协作基础之上的自治联邦,那种协作关系单纯到甚至可以在动物世界中找到(Hall,2002)。雷克吕曾参加1870年的巴黎公社,流亡瑞士时接触到普鲁东的思想,遂成为无政府主义者并终其一生不曾改变。克鲁泡特金继承巴枯宁的衣钵,试图建立一条脉络清晰的科学的社会理论。他分析了欧洲12世纪农村的社区和城市里的同业公会(guild)、互助会(fraternity)、教友会等自治团体,并认为当时的城市就是由这些组织联合起来的自由城邦。由于他对人类固有道德的信任,他声称互助而非达尔文所谓的物竞天择,才是自然与社会进化的根本法则。无政府主义兴盛之时正值现代城市规划诞生之际,对当时的规划思潮及实践都有影响。霍华德的田园城市、格迪斯的区域规划思想及莱特的广亩城设想等都蕴含着无政府主义思想。

2.1.2 社会主义与新马克思主义

> 现代社会主义是近代自由主义的自由运动的彻底的继续发展,它克服了由资产阶级的财产利益决定的对近代自由主义概念的限制和歪曲……社会主义要使所有人在一切生活领域的自由成为现实。
>
> ——迈尔《社会民主主义导论》

社会主义传统源自诞生于19世纪的各种社会主义思潮和运动。在对资产阶级与工人阶级之间不平等的不满,以及对普遍共享的自由、平等与民主的要求之下,形成社会主义思潮。马克思、恩格斯等学者的研究,使其从最初的模糊观念发展到系统的理论。有两派社会主义思潮影响较大。第一派是改良主义的社会主义,代表人物有早期的拉萨尔和晚期的伯恩斯坦,对规划思想与理论影响有限。第二派是马克思与恩格斯的社会学理论,也被称为马克思主义,对规划理论影响深远。

社会主义传统在规划理论界的最大影响莫过于1970年代产生的新马克思主义规划理论,或称政治经济学理论。政治经济学是一种经济学理论,考虑积累与分配以及国家在这一过程中的作用。理论奠基人是古典经济理论的代表斯密,他在《国富论》中关于劳资关系的论述启发了日后马克思的工作,其后所形成的马克思主义方法论是一种基于历史唯物主义的政治经济学的方法论。批判政治经济学是1970年代以来首先出现在法国的一种地理学与社会学思潮及理论,其中马克思的社会理论是其中的主要组成部分(希利尔等,2017)。但因被法国、美国等马克思主义学者重新诠释,因而被称为新马克思主义。

2.1.3 技术至上主义与极权主义

城市规划在过去很长时间内都从属于建筑学科，许多在城市规划方面有杰出贡献的人士都是建筑师或工程师。工程学科中的技术至上主义（technocracy）对城市规划有相当大的影响。在这一思想传统下，技术专家认为自身具备了外行不具备的解决问题的专业技能，可以利用技术成就和个人能力来解决问题。而这种技能也成为专家地位的象征，从而使这种技术至上主义传统演变成专家技术论❼。此外，技术至上主义还与乌托邦思想混合，产生了混杂的技术乌托邦主义传统（technocratic utopian），又称技术决定主义（technocratic determinism）。例如，柯布西耶的城市规划思想就对技术进步十分敏感，并试图利用先进技术为城市发展创造新的可能性，是典型的技术至上主义。此外，日本建筑师丹下健三的新陈代谢主义（metabolism）、索莱里的巨型城市摩天楼设想等由于其空想性也带有乌托邦性质。

早期的技术至上主义表现为将交通技术、建筑技术、工程技术等技术作为解决工业革命后城市问题的主要工具和手段，规划师成为城市蓝图的绘制者。1960年代以后随着计算机及信息技术的发展，该时期的技术至上主义将重点放在信息及其通信技术对空间、场所、区域及城市的影响上（于涛方等，2001）。当时主流的系统论与理性规划观也因其忽略价值承载与政治内涵，进一步助推了技术主义的流行，规划师则成为系统分析员。从1960年代的倡导性规划到1990年代的沟通规划都强调规划师的交流、沟通与协商能力，视这些能力为规划师不可或缺的技能。这些能力建立在由德国哲学家哈贝马斯❽提出的交往活动理论引申出来的一系列交往原则之上，技术至上主义传统因此仍蕴含在规划理论当中。

技术至上主义由于包含（技术）精英主义与个人主义，从而与极权主义（authoritarian）相关联。极权主义从正面翻译可为权威主义或精英主义，从反面翻译则为独裁主义。正如该词具有两面性，这一传统体现在城市的规划上也会产生两种截然不同的后果。正面的例子是19世纪在奥斯曼规划之下的巴黎和塞尔达设计的巴塞罗那，如今几乎成为豪华壮丽和宏伟规划的典范。在现代城市规划诞生之初，受到建筑学传统的影响，不少城市规划都是杰出的个人规划师的作品。甚至20世纪中叶阿伯克隆比的大伦敦规划也可以看成是个人规划成果的展示，而这些都与规划师的权威性有关（童明，1998）。反例则是希特勒的德国、墨索里尼的意大利、弗朗哥的西班牙等独裁专制政体滥用之下的城市规划实践（Hall, 2002），如希特勒的柏林、墨索里尼的罗马和塔兰托（Taranto）、弗朗哥的马德里。在这些负面例子中，极权主义传统可视为从古代的君王，到现代的法西斯分子，甚至是右翼保守主义政府，其政治意识形态在建成环境上的体现（Burtenshaw et al.，1981）。

上述案例表明，极权主义规划传统的特点是权力高度集中于个人或独裁集团。决策时或许不会考虑大的时代、社会、经济、文化和物质环境，而是从个人或集团的主观意识或私利出发。积极意义上，这样减少了长时间的协商和可能的扯皮；消极意义上，独断专行往往会对城市原本的肌理产生破坏。极权主义传统影响之下的城市在平面上常具有规则、对称的几何布局形式。这种布局手法在欧洲从文艺复兴、巴洛克到19世纪浪漫主义时期都十分典型。其中17—18世纪的欧洲巴洛克时代被称为宏伟设计的时代，雷恩❾的伦敦、路易十四在建筑师勒沃协助下设计的凡尔赛宫都是这一时期宏伟设计下的作品。19世纪的奥斯曼在巴黎改建的主要出发点之一是炫耀与虚荣之心（Burtenshaw et al.，1981），这常常是宏伟规划的主要动机之一，也是极权主义的表现之一。受巴黎改建影响，还产生了维维安尼的罗马、约瑟夫一世授权下的奥匈帝国首都维也纳、林德哈根（Lindhagen）的1866年斯德哥尔摩方案等。至20世纪时，极权主义的影响已大大缩小。但在法西斯时代又在德国与意大利死灰复燃。

2.1.4 现代性与后现代主义

现代性（modernity）一词最初出现于五世纪，词源是拉丁文modernus，有现代、当前之意，当时用来表示与以前的时代有所区别的新纪元。现代主义中的现代性萌芽于16世纪的文艺复兴及宗教改革时期，发展于18世纪的启蒙时代，成熟于19世纪以来的产业革命及资本主义政治经济制度建立的时期，已经演化了500年。启蒙时代以来形成的理性主义、经验主义、科学、普遍主义（universalism）、进步思想、个人主义、宽容、自由、人性的均一和现世主义（secularism）等思想都被认为可用来提高人类自身的状况，都是现代性原则得以建立的基石。

现代性原则是现代主义的核心。现代主义思想与浪漫主义、民族主义等共同经历19世纪，但它的辉煌在20世纪。20世纪初，现代主义思想就作为最为进步的理想而为欧洲和美国的先锋分子接受，因为其核心原则——现代性原则在于反传统（anti-tradition）。这一原则如同印度教的克利须那神像❿一样碾碎所有（Giddens，1990），其本质是要割断与过去的一切联系。20世纪的很多美术、音乐和文学流派将这一本质体现得淋漓尽致。现代性原则相信所有事物都注定要解体、取代、转变和/或重塑；其唯一能确定的就是不确定性，并倾向于全然的混沌状态（哈维，2003）。

现代性本身就包含矛盾、短暂、分裂、斗争、破坏等思想，这其实与试图否定现代主义的后现代主义提倡的异化与多元化并不矛盾。而且，认为现代主义的特征是要与传统和历史割裂开来，这似乎有些牵强，因为任何一种意图取代传统的新的意识形态都具有这样的特征。若想试图超越，就要或多或少地否定原有。因此，分析现代性的本质要在现代主义思想进入稳定时期之后——对于现代主义来说是二战以后的盛期现代主义时期;当然也不能用衰退时期的特征作为其代表。

后现代思潮是20世纪后半叶以来影响最深远的社会思潮之一,出现在建筑、文学等诸多领域。思潮的核心是后现代主义思想,与现代性原则关联紧密。思潮产生的背景是1960年代的激进运动。彼时美国大学生反越战,欧洲和美国青年则对社会的物质主义进行抨击,寻求更理想主义的目标和更彻底的社会公正(斯特恩斯等,2006)。这些运动并不以推翻现有政权为目的,而是以对传统、经验和现有的一切的极端否定为特征,应和了现代性原则之核心的反传统性。所以,与其说后现代确立了一种新的体系,不如说它是对旧体系的批判、一种否定之否定的螺旋式上升,因为它重申了被现代性原则所否定的概念。虽然现代主义有早期、盛期的区别,但后现代主义否定的多为现代主义所谓的一致、普遍、理性等原则,但这只是现代性的一方面。对现代性的批判可追溯到马克思的理论,20世纪上半叶德国社会学家韦伯⓫对工具理性的批判也是经典的现代性批判之一。后现代不过是许多翼图反叛与变革现代性原则的思想之一。

后现代既可被视为一种社会理论,也可被视为一个时代(Allmendinger,2002)。然而由于其批判性大于创建性,一些学者如哈贝马斯不认同后现代构成了一个全新的、独立于现代以外的时代,而更愿意使用晚期现代(late-modern)一词,表明当前社会仍然处于现代主义阶段中,只是变成了相应于早期的晚期。现代与后现代之间更多的是连续性而非差别,可以把后者视为前者内部的特定危机(哈维,2003)。也有一些学者认为,"后"的前缀造成了一种线性的、渐进的历史发展错觉,而后现代其实是批判这种历史进化论的。晚期现代与后现代有两个共同点:其一,承认社会是复杂的,且这种复杂性具有愈演愈烈的趋势,其二,科学理性主义左右着其他思考与认知的方式,其自身并不是客观的(Allmendinger,2002)。两派的区别在于,晚期现代派认为在纷繁芜杂之中可以找到共性,这需要通过交往理性来做到(Giddens,1990)。而后现代派如法国思想家利奥塔则认为这种复杂性是如此之大,以至于根本不可能达成什么共识,任何期望找到普适准则的行为都是一种误导(Lyotard,1986)。地理学家哈维既是新马克思主义者也是后现代主义者,他连同其他后现代地理学家如索亚等人,通过后现代地理学影响了后现代规划理论(Hillier et al.,2010)。

2.1.5 理性主义:工具理性与交往理性

现代城市规划于19世纪末、20世纪初诞生伊始,其思想内核就与理性主义的发展紧密联系在一起。这是因为理性主义认为目的和手段之间存在因果关系,因而通过理性分析可找出相应手段来达到理想城市的状态。理性规划中的种种理性思想可自18世纪的启蒙时代上溯到中世纪晚期,直至古希腊时期(Camhis,1979),主要有三个来源。

第一,古希腊朴素的哲学思想,即追求真理和认识真理的方法需要"合乎理性的思考和行动"(所罗门,2004)。古希腊与中世纪时期的古典理性常表现为唯理论,一种绝对理性——相信通过哲学推理,人的理性能够解答最根本的哲学问题。

第二,欧洲18世纪的启蒙运动。启蒙时代萌发的自由竞争学说和个人主义或利己主义思想,及因中产阶级崛起而形成的合理的、科学的、客观的等价值观念,同传统的以教会为代表的神秘主义信仰及贵族意识之间的对抗,是20世纪理性规划的思想源泉(Camhis,1979)。16—17世纪诞生的近代科学在18世纪时普及开来,而启蒙运动在科学知识和科学精神的传播方面起了举足轻重的作用。启蒙思想家认为理性是衡量一切事物的尺度和准绳,只有理性才能保证人类社会的进步。启蒙运动是理性思想发展的分水岭,人们不再单纯依赖既有的传统如希腊罗马思想、基督教神学与哲学等,而是更多靠自身的力量去寻求真理。古典理性的代表人物柏拉图认为理性的典范是数学和演绎逻辑,而启蒙时代的牛顿则认为观察和理性可以同时使用。这样一来,理性的解析从单纯的唯理论走向了唯理论与经验论的综合。启蒙运动产生了一些至今仍影响世界的思想观念,例如:人类社会同自然界一样都有规律性,都能用科学方法去认知并进行理性的系统论述;这些规律和知识可以被用来指导行为实践,形成一套普适的、理性的行为模式;科学方法是进行所有研究的唯一有效方法❷,任何科学与生活的难题最终都能解决等等。这些观念为后世提供了科学研究事物的方法,即理性思想。这也是启蒙时代被称为理性时代的原因。

第三,韦伯发展起来又为20世纪中叶的芝加哥学派壮大的理性理论。19世纪以来理性主义逐渐作为一种价值观念深入人心,理性与现代化成为不可分割的整体。早在20世纪初韦伯即把理性过程视为现代化过程的核心,并极具创见地将理性分为形式理性(formal rationality)与实质理性(substantive rationality),前者考虑方法与效用,而后者考虑结果与评测。

> 一种形式上的合理应该称之为它在技术上可能的计算和由它真正应用的计算程度。相反,实质上的合理,应该是通过一种以经济为取向的社会行为的方式。
>
> ——韦伯《经济与社会》

形式理性与实质理性是韦伯在理性研究上的基础概念,而更广为人知的应用层面的概念是工具理性(instrumental rationality),也称目的理性或技术理性或科学理性。形式理性是韦伯在分析经济领域的问题时采纳的概念,而工具理性则与韦伯所定义的社会活动类型相关。与工具理性对应的概念是价值理性(value rationality)❸,韦伯认为在现代化进程中,只求以何种手段达到效益最大化的计算行为——工具理性,压倒了追求道德、目的、价值等目标的行为——价值理性。理性实际上成为技术与程序的合理性,人类对本来是手段的工具理性的效率作为目的来追求,在享受了它所带来的物质丰裕之后,反而丧失了根本目的。工具理性在现代的霸权地位的背后,是自启蒙时代起的对形式逻辑、科学准则与定量化的一贯尊崇,而与此同时,道德、伦理、目的、价值等非理性(或感性)观念却被压缩和边缘化。在资本主义已臻成熟的20世纪,理性思想已经发展到走出启蒙时代的理性,而步入一个新的物化的阶段。

理性思想在欧美的发展可分为四个阶段,其含义一直随着时代而发生波动(图2-0)。近代以来的理性思想发展出三个分支,其主要流派(中间一支)考察主体的合乎逻辑的行为,从而发展出两组概念:形式与实质理性;工具与价值理性。它们又与实用主义和博弈论等结合,产生实用理性和策略理性❹等概念。但这一流派的缺陷在于只关注主体(个体或群体内部)行为的完全合理性,不能与现实有效接轨。

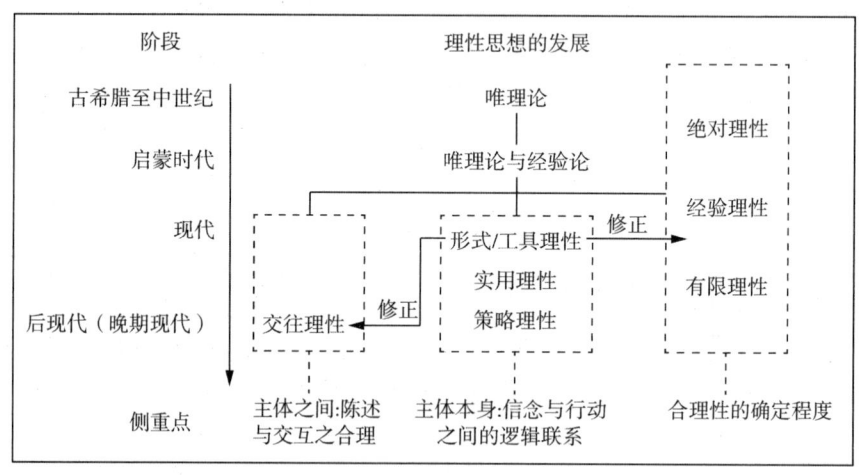

图 2-0　理性思想的发展与归类

有鉴于此,又分别发展出两支修正的流派。其一是有限理性,考虑合理性的确定程度,它一直是经济学与社会学科关注的焦点课题,其对应概念是无限理性或完全理性。有限理性的主要倡导者美国计算机科学与心理学家西蒙把不完全信息、处理信息的费用和非传统的决策者目标函数作为有限理性的核心内容。受有限理性思维影响,美国政治学与经济学家林德布鲁姆于1950年代提出的分离渐进主义(disjointed incrementalism),美国社会学家埃齐奥尼于1960年代提出的混合审视(mixed-scan)模型。

其二是交往理性,建立在批判理论(critical theory)与辩论理论(argumentation theory)的基础上,探讨主体之间的陈述与沟通的合理性。后现代或晚期现代理性思想即以交往理性的崭露头角为特征。韦伯提出工具理性的概念以来,学者围绕该主题进行了激烈的讨论与批判,如与韦伯同时代的匈牙利哲学家卢卡奇。而对工具理性进行最为激烈批判的是法兰克福学派❺的学者,如 H. 马尔库塞❻、霍克海默、阿多诺等。该学派第二代领军人物哈贝马斯系统提出了工具理性的替代方案。在对现代主义思想进行分析与批判时,哈贝马斯同法国哲学家利奥塔走了不同的道路——利奥塔追求异质性,主张完全摒弃理性原则,提倡不可知论(Lyotard,1986);而哈贝马斯则提倡同一性,认为理性原则可以进行修正(Habermas,1987)。因此利奥塔被归为后现代派,而哈贝马斯则被认为是晚期现代派(late-modernist)。哈贝马斯认为,理性不仅是主体与客体各自的理性,还意味着主体之间(intersubjective)的理性,即人们之间的交往。它通过话语建立一系列人们共同遵守的规则。因为只有符合与至少其他一人达成相互理解的必要条件时,某种事物才是合理的,因此必须以交往理性来弥补工具理性的不足。他的学说极大地影响了1980年代晚期以来的规划理论走向。

工具理性、有限理性和交往理性都对规划理论产生了重要影响。理性思想与规划方法各阶段发展的对应可总结如表2-3。虽然在后现代思潮崛起之时理性主义遭到质疑与批判,然而它的影响力不可能马上消解,许多规划思想内核之中仍有着潜在的理性主义传统。

表2-3 理性思想与规划理性三阶段发展

分类	理性思想		规划方法论	
	提出者	内容	代表人物	内容
工具理性	韦伯;曼海姆	主体本身的理性:技术与程序合理、效益最大化	迈耶森与班菲尔德;M.韦伯;戴维多夫;法鲁迪	理性决策理性规划论程序规划理论
有限理性	西蒙	决策者信息处理及预测后果能力有限	林德布鲁姆;埃齐奥尼	分离渐进主义混合审视模型
交往理性	哈贝马斯	行为主体之间的理性	希利;英尼斯;福雷斯特	协商规划、协作规划参与/对话/协商/协作的规划

2.1.6 古典自由主义与新自由主义

古典自由主义产生于17—18世纪,其发展伴随着工业革命与资本主义的发展。古典自由主义思想的形成,与自由主义之父兼英国哲学家洛克、卢梭、杰斐逊、边沁等人的学说有关。古典自由主义在经济上奉行斯密的放任自流原则,政治上主张个人先于国家而存在、个人私产及利益不受侵犯。由于古典主义涉及在经济领域是国家还是市场(个人)掌控,而城市规划和或空间规划又与国家调控资源的职能有关,所以与规划及规划理论的发展大致呈负相关性。

20世纪上半叶,战时的特殊情况使得国家宏观调控是欧美国家的主基调,自由主义之说一时遇冷。但在1940年代,英国经济学家哈耶克❶曾从技术与政治两方面反对国家规划。他在《通往奴役之路》(1944年)一书中指出,技术层面上说,即使是最开明的官方机构也不可能搜集到并处理使决议足够合理的所有信息与知识。而在市场经济体制下,信息与决策分散于由市场运作与引导的许多企业和组织之中。政治层面上说,中央化的规划会导致独裁。因此他主张市场第一位,城市的发展应由市场而非国家力量来引导。国家对市场的干预要远小于战时水平,国家与政府只在某些方面起有限的作用。尽管他的本意是针对中央经济规划,但这些表述使他有时被误认为是反规划的。而在他看来,城市规划的作用是弥补土地市场的不足之处。哈耶克的论断触发了重振自由主义传统的呼吁,并一直回荡在社会民主意识形态占统治地位的战后几十年间(Powell, 1969),并最终于1970年代末成为压倒性的呼声。当时爆发了经济危机与通货膨胀,经济发展迟缓是为了维持福利社会的巨额财政赤字,这也使得民众对社会民主政策产生了不信任。持自由主义观的人认为,1970年代出现的经济问题是由于国家的过多干涉导致官僚主义,从而压抑了私人企业的活力、竞争和效率。自由主义随后于1980年代在欧美国家全面复苏。美国政治学者福山甚至撰书《历史的终结与最后的人》(1992年),称这是历史的终结,因为自由民主标志着人类意识形态变革的终点。

1980年代兴起的自由主义被称为新自由主义,以与经典自由主义相区别。除哈耶克以外,罗尔斯⓲、美国哲学家诺齐克、经济学家 M. 弗里德曼的学说也助推了新自由主义思想的形成。例如,M. 弗里德曼在其1962年出版的《资本主义与自由》一书中提倡小政府主义,即令政府的角色最小化、让自由市场运作,以此维持政治和社会的自由。诺齐克在1974年出版的《无政府、国家与乌托邦》一书中对国家与政府扮演的角色表达了类似的观点,认为国家的职能过多过大会侵犯个人的权利。所以,新自由主义原则包括市场机制的首要性、私有化、公司自由与财团自由、国家缩减对经济的干预、自由市场经济化等。自由主义的支持者还把自由竞争市场机制与个人自由及个人责任联系在一起,认为市场对于自由来说是必需的,因为它可使个体具备最大限度的自由和选择余地。自由鼓励创造,这会使生活方式更富于趣味和变化、发明性和创新性,在环境变化时更为灵活(Sorensen et al., 1981)。推崇市场导向竞争机制的新自由主义,与强调国家权威性且厌恶民主的保守主义同属右翼意识形态。由于民主被认为会威胁到极端自由主义主张的私权,且自由主义与保守主义都认为国家扮演着社会保障和制定法律秩序的角色,所以两者结合形成新右翼思想,并通过1980年代以来以撒切尔与里根为首的英美两国政府的政治主张而影响世界。

就对1980年代以来城市规划与规划理论的影响而言,自由主义的影响更大一些⓳。虽然两者从本质上讲都对规划持敌视态度,这一意识形态之下的规划与土地利用控制只能对市场起辅佐作用,排除市场作用的故障并促进市场发展(Sorensen et al., 1981)。城市发展由具有自由竞争性质的市场引导,而非由国家调控。极端见解甚至主张解散和废除现有规划体系,认为再好的分区制也不如没有分区制,正如再好的审查制度也不如没有审查制度。而温和一点的观点仍建议保留一定程度的规划,或主张削减地方控制而把主控权移交给中央。政府反规划,民众则反开发。美国在1980年代创造了邻避(Not In My Back Yard,NIMBY)一词,指反对在自己的住宅或社区周围建设不受欢迎或有不好环境影响的项目,如监狱、垃圾处理站等。邻避的呼吁下开展了相应的市民运动,进一步发展到维护住区环境品质、反对开发的呼吁上。

与保守主义和新自由主义相应,为了解决1970年代以来欧美国家出现的经济问题,奉行社会主义的学者发展出了市场社会主义(market socialism)理论。代表论著如英国经济学者诺夫的《可行的社会主义经济》(1983年),勒格兰德与埃斯特林编纂的《市场社会主义》(1989年)、D.米勒所著的《市场、国家和社区:市场社会主义的理论基础》(1989年)等。

2.1.7 功利主义与公平正义

> 主宰英国的现代规划的核心原则……可以在一部书中找到——杰里米·边沁的《道德与立法原理导论》。
>
> ——利奇菲尔德《规划过程评估》

功利主义传统的来源是英国哲学家边沁❷。他在1789年首版的《道德与立法原理导论》中强烈反对了18世纪的社会秩序观念——认为社会秩序能建立在人类利益自然和谐的基础上。边沁主张,一个社会要想具有合适的功能,就需要一种组织原则,它既要承认人类基本的自私性,又要强迫人们为了社会大多数人的利益而牺牲自己一部分的利益,这种原则即功利主义(勒纳等,2003)。当一项行为能实现"最多的人的最大的幸福"(the greatest good of the greatest number)时,它就是正当合理的。由于任何事物都要按照其是否对社会有用这一标准来进行衡量,因此边沁的功利主义是一种旨在增进公共利益的学说。但是,边沁还发明了一套衡量行为所带来的"快乐与痛苦"的方法,他称之为"带来幸福的微积分学"(felicific calculus),用当代的话来讲即效益与成本。这将效益与衡量成本的金钱挂钩,导致其功利化,也使边沁的学说遭到批判。功利主义的另一代表人物穆勒❷在《论自由》❷中肯定了边沁的思想,并进一步明确了最大幸福原则,即一个人的行动应当在理智范围内始终以增加所有人的最大幸福为目标。此外他还区分了两个层次的幸福,即高层次的道德上的幸福与低层次的物质或肉体上的幸福。

英国规划学者利奇菲尔德在《规划发展经济学》一书中提出了规划资产负债表(Planning Balance Sheet,PBS)的概念,是对边沁的功利主义的效益成本分析方法在规划中的运用。他认为任何土地利用与开发中,开发商的开发资产负债表都要有规划师或规划当局编制的规划资产负债表相配合。这种效益成本方法量化规划的成果,并在不同的规划方案(或计划)

中进行评测与取舍,但是它忽略了规划的价值观取向和政治意识形态问题(Taylor,1998)。

由于功利主义思想存在一些问题,例如负担成本的人很可能不是获利的人。这引发了对公平分配(distributive justice)和社会公正的讨论,其中包括罗尔斯的正义论以及诺齐克的资格理论。罗尔斯于1958年撰文的标题"正义即公平"是他为他的自由社会所设想的正义理论,也被称为平等自由主义(egalitarian liberalism)。他于1971年出版的《正义论》一书可能是探讨公平及正义问题的研究中引述最多的,其中详述了他的正义理论。罗尔斯的出发点是想提供功利主义的效用最大化原则的备选,他认为功利主义自19世纪以来一直主导欧美政治思想传统。罗尔斯构建了一个社会契约思想下的自由社会,对公民作为自由和平等之人的基本权利与自由进行了描述。它有两个特征:其一是公民拥有平等的基本权利并在平等的经济体系中公平地合作;其二是公民会有不同世界观的社会。很明显,这样的自由社会的四个特征是平等、公平、自由与差异。罗尔斯还认为自由社会的最低道德标准是合法行使民主政治权力,而最高标准是正义。根据四个特征及最高原则正义,罗尔斯围绕公民自由和平等,以及社会应该公平的理念,将正义构建为公平,并认为这种正义即公平的原则应该优先于功利主义原则。为此,他提出了正义即公平的两个指导原则:其一是平等自由原则(the principle of equal liberty),即每个人都与其他所有人一样,都有不可侵犯的权利去要求基本自由权。其二是差异原则(the difference principle),即社会与经济上的不平等要满足两个条件,一个是在机会均等原则(the principle of fair equality of opportunity)下职位向所有人开放;一个是应让社会最底层(或最弱势的人)获得最大利益。

诺齐克是罗尔斯在哈佛大学的同事,但两人在正义问题上的观点相左。诺齐克在1974年的《无政府、国家与乌托邦》一书从自由意志主义的角度出发反驳罗尔斯的公平即正义的观点。两人的主要矛盾点集中在罗尔斯的差异原则上,该原则在利益分配上保护了最贫穷、最弱势的人。但诺齐克认为物资或利益的分配只要是经由人与人之间的自由自愿贸易的,且物资(财产)的持有是正义的,那么这种分配就是正义的。有关于持有正义,诺齐克提出了三条原则,即获取正义、转让正义与持有不正义的矫正原则。

社会公正(或公平)问题也是城市规划思潮中最受关注的问题之一。哈维和费恩斯坦都探讨过社会正义与城市,或正义城市(just city)问题,对之有较详细的研究。

2.1.8 实证主义与后实证主义

实证主义传统由法国哲学家孔德[28]于1830年代开创,英国的穆勒和斯宾塞也是代表人物。这一传统宣称唯一有现实价值的知识是实证或科学的知识。孔德把世界历史划分为三个阶段：神学—虚构阶段、形而上学—抽象阶段和科学—实证阶段，认为当前已处在第三阶段。所以，应摒弃传统的存在论思考和抽象的逻辑推演，借用自然科学的研究方法，把研究对象限定在经验范围和科学可实证的范围内，并坚持所有的真理都来自经验或对物质世界的观察（勒纳等，2003）。该传统探求一系列普遍的方法论原则或程序的论断，能够适用于所有自然和社会科学。该传统希望在真实（实证）而非假想知识或神话的基础上把人类生活系统化，把认知建立在经验主义和确定无疑的观测上，力求揭示真理和事物之间的相互联系。

实证是实证主义的中心概念，也是实证方法得以建立的基础，其要点如下：(1) 现实而非幻想；(2) 有用而非无用；(3) 可靠而非可疑；(4) 确切而非含糊；(5) 肯定而非否定。实证主义的这些特点是同神学和形而上学的特点直接对立的，它注重实际而否定抽象的思维。实证主义的发展可大体分为四代。第一代即孔德的社会实证论。第二代是经验实证论，发展时期为 19 世纪下半期至 20 世纪初，以马赫、阿芬那留斯为代表。第三代是 20 世纪上半期的逻辑实证主义，由维也纳哲学家维特根斯坦（1889—1951 年）与英国哲学家罗素创立，后得到以石里克和卡尔纳普（1891—1970 年）为主的维也纳学派的发扬光大。逻辑实证主义以经验为根据，以逻辑为工具进行推理，用概率论来修正结论。逻辑实证主义者把哲学贬低为发现真理（与物质环境中的事实相协调）的工具，作为回答问题和解决问题的手段。哥德尔的学说影响了逻辑实证主义的建立。第四代是后实证主义。它聚焦于语言，并利用语言来生成意义，与依赖客观证据和事实的实证主义很不相同。

对规划理论的影响上以第三代逻辑实证主义与第四代后实证主义为主。1940—1960 年代出现的一系列依靠科学方法进行决策与规划的理论，如理性决策、戴维多夫的规划的选择理论等，都是基于逻辑实证主义。因为这些理性决策的核心是科学方法，而科学方法狭义上是一种逻辑实证主义，其核心是科学定律以及利用经验对假设的验证（希利尔等，2017）。20 世纪末以来，影响规划理论的主要是后实证主义（post-positivist）。在构建理论框架上，协同规划和后现代规划理论都很明显利用了实证主义（Allmendinger，2002）。

2.1.9 实用主义与新实用主义

实用主义传统是实践性哲学体系，于 19 世纪由美国哲学家皮尔斯[24]、詹姆斯[25]和杜威[26]等人创立，一直在美国的哲学发展中占据主导地位。实用主义在早期试图站在中间立场上调和经验主义和理性主义，并建立实用主义的真理概念。鉴于其实践性，实用主义表现为一种思维方式和生活准则，与其他哲学传统不太相同。这一传统关注人类的现实生活，而对抽象和无直接实际价值的理论则表现出不予重视的态度。

实用主义传统在20世纪深刻影响了美国社会对民主、公共政策与规划的认识。美国的规划在实用主义传统下,奉行"把事情搞定"(getting things done)的观念,制造可观、可感的切实成效(Healey et al.,1982)。规划被视为一种实践性很强的活动,其基础是解决问题并让事情发生(Forester,1989)。美国1950年代兴起的视规划为科学的社会管理的各种规划理论——理性决策、林德布鲁姆的渐进主义、埃齐奥尼的混合审视等——都出自实用主义哲学(希利尔等,2017)。由于实用主义传统注重实效,讲究实际运用与常识性解决办法,研究政策、策略在实施过程中的问题,评测各种可能性和困难等,从而解决问题并促使预定目标实现。因而,实用主义在规划上的应用还包括弗里德曼对规划编制与规划实施之间关系的探讨。该探讨批判了对规划的实际执行情况忽略和不予重视的规划理性论,强调要更多关注规划的实施。不过,实用主义在美国以外的欧洲地区影响有限,因为在那里批判思维、结构与后结构主义的影响更深(希利尔等,2017)。

哈里森在《规划的实用主义姿态》(2002年)一文中总结了实用主义与规划相关的几个特征:(1) 实用主义可为规划师提供反省自身及其行动的观察角度;(2) 规划不是在寻求揭示现实,而是为我们所理解的实用性目标而服务;(3) 实用主义关注规划实践,这重新引起了在规划实践中对微观政治的兴趣;(4) 实用主义集中于选择和或然率,而非强调道德伦理审议的抽象基础主义(foundationalism)。

1990年代实用主义复兴,代表人物有美国哲学家罗蒂、帕特南等人。新实用主义被称为实用主义的后现代版本,具有批判本质。福雷斯特在美式新实用主义的基础上引入德系的哈贝马斯哲学,指出多方参与的民主有系统性滥用的现象,所以福雷斯特将自己的立场称之为批判实用主义(希利尔等,2017)。他在从沟通规划到协商规划的思想转变中,明确了自己新实用主义的规划观,即需要在日常实践中就实际问题进行协作,找到认可与尊重价值观差异的途径。同为批判实用主义者的美国规划学者霍克认为规划理论发展的基础是规划者的参与实践与经验总结。他在《规划与权力的实用主义探析》(1996年)一文当中表示,规划师是实践的叙述者,可以通过倾听、共享经验等方式发现问题,并将对问题的认识结合在规划制定中。倾听也是福雷斯特强调的规划师重要技巧之一,而叙述则是美国规划学者斯罗格莫顿所倡导的"讲故事"(story-telling)技巧的核心。斯罗格莫顿认为,规划是一种关于未来的有说服力的故事讲述,能够帮助人们想象与创建可持续的场所。

2.2 高维世界:规划理论的相关领域世界

索伦森在《规划已经成熟:自由主义观》一文中指出,规划没有内生性(endogenous)的理论,需要借助或引申其他学科领域的理论建造自己的理论架构。这种借用在规划思潮的发展过程中屡见不鲜,因此英国的皇家城市规划协会也在《规划院校手册》(1996年)中规定学生必须具备"哲学、科学和社会科学里的传统及它们对规划思想的影响"这方面的知识。

城市规划在中国被归为工程学科领域,但在欧美则隶属于社会科学领域。这是因为城市既是人类最大、最复杂的人工产物,也是人类社会的物质空间载体,必然带有物质的、工程的、社会的、思想的多重特征。鉴于城市的高度复杂性,对城市的解析也可以从多个学科的视角进行,由此产生了城市经济学、城市地理学、城市社会学、城市生态学等多门交叉学科。而城市规划作为跨学科最多的学科之一,其指导思想与理论受到了建筑学、工程学、经济学、社会学、地理学、系统科学及复杂性科学等诸多学科发展的影响。

本书将上述学科归为三大类,其中建筑学与工程学最早影响城市规划,因为早期的规划师大都出身于这两个学科。而经济学、社会学与地理学(甚至还包括政治学)则是因持续对城市问题乃至空间问题保持关注,而成为19世纪至20世纪上半叶的城市规划思想,以及20世纪中叶以来的城市规划理论与空间规划理论不断汲取灵感的源泉。系统科学和复杂性科学与上述两大类学科群相比出现得最晚,但因与规划理论研究几乎同步出现于1940年代,反而与规划理论的发展同步,甚至在21世纪以来有影响后来居上之势。

2.2.1 建筑学与工程学

历史时期以来,建筑对城市规划就有不可磨灭的影响。欧洲历史上著名的城市规划思想及实例,有不少是由建筑家提出和设计的。如古希腊建筑师希波丹姆、古罗马建筑师维特鲁威、文艺复兴时期意大利建筑师阿尔伯蒂等都提出了有影响的城市规划思想或模式。近现代以来,在欧洲,在规划师职业于20世纪初出现前,建筑师与工程师是规划师队伍的主要来源。在美国,建筑师与景观建筑师(landscape architect)是主要来源。

建筑与规划在20世纪上半叶中充满了互动。20世纪的现代建筑四位大师都与城市规划的发展密切相关。其中尤其是柯布西耶,在城市规划领域提出了许多极具创新的思想。他在世界各大洲都有规划方案实践,包括欧洲的法国(巴黎)、非洲的埃塞俄比亚(亚的斯亚贝巴)、阿尔及利亚(阿尔及尔),以及南美洲的巴西(里约热内卢)、亚洲的印度(昌迪加尔❷)等,虽然落地实施的有限。此外,20世纪出现的功能主义和现代主义建筑设计思潮,对规划思想也有重大影响。20世纪下半叶时也有建筑师提出了具有深远影响的城市研究思想与城市设计思想,如C.亚历山大的"城市并非树型"、美国建筑师卡尔索普等人提出的新城市主义(New Urbanism)等都影响了规划领域与规划理论研究。时至今日,仍有很多规划师是建筑设计专业出身。

工程学尤其是市政工程对城市规划的促进，在19世纪、20世纪上半期主要表现在城市交通方面。城市交通自19世纪以来发展迅猛，相关研究也不断涌现。例如，德国为了住宅区内行人的安全，于1920年代开始实行人车分离，研究先驱是詹森。在美国，汽车普及之下斯坦因首创了人车分离和尽端路（cul-de-sac）设计原则。在英国，屈普提出了辖区（precinct）概念，即利用城市干道系统把城市划分为大的街区，每个街区内部都配备各种公共服务设施以减小区间交通流。这样，屈普与美国的斯坦因一样，成为解决汽车发展与城市规划之间矛盾的先驱。

交通技术的发展也带动道路设计与城市交通规划，极大影响了城市规划的发展和规划理论的形成。1954年R. 米歇尔和莱普金合作撰写了《城市交通：土地利用的函数》一书，首次明确了土地利用模式与交通行为之间的数量关系，加上1950年代发展起来的交通需求预测模型及系统论，城市交通规划这一分支学科应运而生。随后，研究把交通与土地利用之间的空间互动模型研究扩大到商业、工业和住宅领域，并在控制论和计算机辅助设计的帮助下推动城市物质规划体系在1960年代发生巨变。城市被当作包含一系列特殊空间子集的复杂系统，规划则是用以调控和检测这一系统的连续过程的系统性规划。这诱导了系统规划理论和程序规划理论于这一时期的提出。20世纪末以来，数字化、大数据等新技术同样首先被应用于城市交通领域，也将带给规划研究与理论研究新的启发。

2.2.2 经济学、社会学与地理学

经济学当中的古典自由主义、20世纪上半叶的凯恩斯主义以及20世纪晚期的新自由主义学派都对城市规划及其理论有影响。以凯恩斯主义为例，它是英国经济学家凯恩斯[28]提出的经济学理论的总称，以凯恩斯于1936年出版的《就业、利息和货币通论》一书为建立的标志，核心在于国家干预和宏观经济政策。他是改良主义者，认为经过改善的资本主义（即摒弃自由放任的经济政策代之以国家调控）能够使经济有效且合理。而城市规划正是需要通过国家、通过政府对各类资源进行宏观调控和预先计划，以期达到预期的目标。就此而言，凯恩斯的学说与城市规划的本质有许多共同点。美国的战时总统罗斯福[29]在其新政（New Deal）中采用的一些经济政策与凯恩斯的观点不谋而合，而战后的欧美各国更是奉凯恩斯宏观经济理论为圭臬，欧美的经济也因而保持增长势头达20余年。这段时间正是城市规划在20世纪当中发展的黄金时期，现代城市规划理论研究的正式产生也是在这一时期。

1970年代以来的新一轮以滞胀为特征的经济衰退，使原本坚定奉行凯恩斯主义的英美两国都在1980年代坚定地走向了新自由主义道路。与之相应，也出现了新自由主义的规划思潮。不过到了21世纪以后，尤其是2008年经济危机以后，新自由主义又遭到摒弃，凯恩斯主义以后新自由主

义之名卷土重来,继续在世界经济舞台上发挥作用。城市规划理论领域也受到波及,集权和分权的平衡、政府力和市场力的平衡、经济增长和社会发展的平衡成为受后新自由主义影响的规划理论的三个焦点问题(张庭伟等,2009)。

城市社会是社会学研究的主要对象之一,并有相应的分支学科城市社会学。它起源于19世纪晚期,由于当时的工业城市带来的严重的城市问题与社会问题,经典社会学家开始关注城市。他们试图解释工业革命如何将欧美的小乡村或前工业城市在短时间内改造为巨大的、看起来混乱不堪的大城市(马休尼斯等,2016)。由于这些难于解决的问题,不少早期社会学家对城市的现状与未来持悲观观点,但近期的社会学研究则倾向于认为城市是一种中性现象。早期欧美社会学家如齐美尔、韦伯、本雅明等人的学说与思想在很大程度上影响了规划理论学者看待城市的视角与方式。20世纪早期对规划理论影响最深的社会学学派恐怕非芝加哥学派莫属。其后在整个20世纪,社会学家对城市内的更新再建、移民问题、住房问题的关注与相关研究成果,都启发了规划理论学者的工作。20世纪末的英国社会学家吉登斯的结构化理论(structuation theory)影响了英国规划学者希利的协作规划、场所建构等理论。

地理学尤其是人文地理学与城市地理学,关注人与地的相互关系及互动。而城市规划则关注(空间)资源的布置与调配及其对城市居民的影响。两者对人与自然、人与非人的关注存在大量重叠,所以不足为奇,地理学的理论常常在城市规划或空间规划领域中找到用武之地。二战后,德国地理学家杜能的农业区位论、德国地理学家克里斯泰勒的中心地理论、德国经济学家廖什的一般区位论等德国的区位理论开始与新的人文地理相结合,引起了方法论上的变革。即不仅是去描述地球表面各类区域的不同属性,而是利用逻辑实证主义原则建立一系列可以被事实验证的空间分区假设,城市规划界也很快吸收了这一成果。其中,克里斯泰勒的中心地理论影响了对城市体系内部结构的分析以及城市规划领域的空间分析与空间科学的建构。二战以后地理学领域爆发的计量革命或量化革命中,空间分析是核心之一。哈维认为代表了实证主义在城市研究中的全盛时期,并导致实证主义城市地理学一度主导城市规划。新马克思主义地理学于1960年代以后逐步兴起,并受到了法国哲学家列斐伏尔的影响。他以空间的生产理论而闻名于世,主要关注并分析城市为资本主义社会运行与维持而发挥的作用。卡斯特尔则与哈维等人一起,推动了规划理论的政治经济学或批判经济学流派的形成。

2.2.3 系统科学与复杂性科学

在A.盖茨等人为《自然》期刊诞生150周年所作的《〈自然〉的可及范围:狭窄的成果有着广泛的影响》(2019年)一文中,他们利用引用可视化方法对科学网(Web of Science,WoS)中的数千万篇科学文章数据进行了分析,并得出以下结论:(1)WoS认可的学科数量从1900年的57个增加到1993年的251个;(2)《自然》上涉及学科范围更窄的论文常有比平均水平更广泛的学科引用,这是因为具有高度影响力的成果往往基于深厚的专业知识(文章标题的含义);(3)跨学科正在成为常态。随着研究人员数量、科学文献和知识的不断增长,科学研究正越来越多地跨越学科边界。

这种研究细分领域数量不断增加,但领域之间的相互影响也在增加的趋势即跨学科趋势❸。这种趋势是从20世纪的系统科学提出后而日益明显。系统科学指从系统的角度观察研究客观实在的一门学科,只关注系统内部的要素及其相互关系、系统的结构、行为,而不关注这个系统是社会系统、生物系统还是机械系统。所以系统的观念及各种理论(老三论、新三论)被大量学科采纳。20世纪晚期以来,随着对系统的认知深化到复杂系统,对其研究的综合性更强,已远非单独学科所能完成与胜任。不过,当前研究复杂系统的复杂性科学主要有几个支柱学科:生命科学、计算机科学、数学、物理学、通信科学。其中生命科学的研究,尤其是进化或演化(evolution)方面,很有可能成为复杂性研究的最大突破点。

格迪斯可能是城市研究领域最早意识到进化观念重要性的人,对此巴蒂及马歇尔在《城市的进化:格迪斯、艾伯克隆比与新物理主义》(2009年)一文当中做出了识别与肯定。后者亦出版了《城市·设计与演变》(2008年)一书,以探讨进化中的城市以及规划的进化范式,其中包括五条进化主义原则❸。当然,进化思想由于仍在探索,目前对规划理论影响有限。但将复杂性引入规划研究与理论研究的工作,已经由德罗、希利尔、英尼斯、波图戈里等多位学者在十多年前展开。

第2章注释

❶ 库恩(1922—1996年),科学史家、历史主义学派最主要的代表人物。主要哲学著作有《科学革命的结构》(1962年)、《量子物理学史料》(1970年)、《必要的张力》(1977年)、《黑体理论和量子不连续性》(1978年)等。

❷ 此处采用了梁本彬与王社国的译文,书名全名为《乌托邦的故事:半部人类史》(北京大学出版社,2019年)。

❸ 普鲁东(1809—1865年),法国无政府主义者。"财富即偷盗"(Property Is Theft)是其名言,他认为只要不是占有过多财产,个人财产所有是自由社会的基本保障,如此社会可为一个分散的、无阶级等级系统的联邦政府提供存在的基础,人类道德水平的发展将最终消灭政府和法律存在的必要性。

❹ 雷克吕(1830—1905年),法国地理学之父。编纂了19卷《地理大全》(1875—1894年),并著有6卷《人类和地球》(1903—1905年)、《法国地理学导论》(1905年)等。

❺ 巴枯宁(1814—1876年),俄国无政府主义者和政治理论家。因其革命活动曾被关进监狱,后来被流放到西伯利亚。他于1861年逃亡伦敦,并在那里反对马克思的学说。巴枯宁的无政府主义理论被认为是马克思共产主义政府的对立。

❻ 克鲁泡特金(1842—1921年),俄国无政府主义者和政治哲学家。信奉"无政府型的共产主义,没有政府的共产主义——自由的共产主义",认为改善人类现状的方法是合作而不是竞争,著有《生计论》(1892年)、《田野、工厂与作坊》(1899年)、《互助论》(1902年)等。他对俄国和英国的无政府主义运动产生了很大的影响。

❼ 技术论,英文原文为technocracy,或译技术统治论。

❽ 哈贝马斯(1929年出生),德国当代著名的哲学家、社会学家和思想家。他继承和发展了康德哲学,为启蒙进行了辩护,称现代性为尚未完成之工程,提出了著名的交往理性理论,对后现代主义思潮进行了有力的批判。他同时也是欧美马克思主义法兰克福学派第二代的中坚人物。

❾ 雷恩(1632—1723年),英国建筑师,曾设计过50多座伦敦教堂,最著名的是圣保罗大教堂(1675—1710年),他还主持了伦敦自1666年大火之后的规划重建。

❿ 克利须那神像(Juggernaut):在印度东部普利进行的一年一度的游行中,神像被载于巨车或大型马车上,善男信女甘愿投身死于其轮下。所以克利须那神被喻为骇人的毁灭力量,或是要将其道路上的每样阻碍碾碎的一种势不可挡地向前移动的力量。

⓫ 韦伯(1864—1920年),德国经济学家、社会学家,社会学三大奠基人之一,社会学的现代分析方法的先行者。代表作如《基督新教伦理和资本主义精神》(1904—1905年)。

⓬ 当时的科学方法指通过客观的观察及推理从而得到认知并总结出规律。

⓭ 工具理性、价值理性这两个概念源于韦伯所区分的二大类、四种社会行动类型。理性的社会行动,即工具取向和价值取向;非理性的社会行动,即传统取向及情感取向。

⓮ 策略理性(strategic rationality),又称战略理性,是哈贝马斯提出的三种理性概念中的一种,其他两种是工具理性和交往理性。它同工具理性一样都是主体自身行为的合理性测度,所不同的是一个对人,一个对物:策略理性在衡量对手行动可能性与利弊得失的基础上做出自身的决策;而工具理性通过计算控制和改造物质世界的有效度来制定决策。

⓯ 法兰克福学派的名称来源于1923年创办的法兰克福大学社会研究所。学派并非一个严格的学术组织,而是由德裔或犹太裔血统的哲学家与社会学家组成的松散团体,以批判精神及奉行左派或马克思主义思想为特征。第一代学者包括阿多诺、H. 马尔库塞、霍克海姆、弗洛姆等人,第二代的核心有哈贝马斯、芬伯格等。

⓰ H. 马尔库塞为德裔美国政治哲学家,其社会批判作品还有《爱欲与文明》(1955年)。

⓱ 哈耶克(1899—1992年),出生于奥地利的英国经济学家,因在能源最佳配置理论方面的研究而获1974年的诺贝尔经济学奖。

⓲ 罗尔斯(1921—2002年),美国当代哲学家,代表作为《正义论》。

⓳ 关于自由主义还是保守主义在新右翼思想中影响更大,有两派观点,一派认为自由主义更大,另一派则持相反观点。

⓴ 边沁(1748—1832年),英国作家、激进改革者和哲学家。他反对君主制,提倡普选制,系统地分析了法律和立法,并建立功利主义学说。成名作为《政府片论》(1776年),代表作为《道德与立法原理导论》。

㉑ 穆勒(1806—1873年),英国哲学家及经济学家,尤以其对经验主义和功利主义的阐释而闻名。其著作甚多,有《逻辑体系》(1843年)、《政治经济学原理》(1848年)和

《妇女的从属地位》(1869 年)。
㉒《论自由》于 1859 年出版,严复译为《群己权界论》。
㉓ 孔德(1798—1857 年),法国哲学家,以实证主义创始人闻名。他还使社会学成为系统的科学。
㉔ 皮尔斯(1839—1914 年),美国哲学家、数学家和科学家。他是创建实用主义的科学家之一,且对逻辑学的发展做出了很多贡献。
㉕ 詹姆斯(1842—1910 年),美国心理学家和哲学家。作为机能心理学的创始人和实用主义创始人,他提出的思想指导行为观点极大地影响了美国人的思想。著作有《信仰的意愿》(1897 年)和《宗教经验种种》(1902 年)。
㉖ 杜威(1859—1952 年),美国哲学家,教育家,是哲学实用主义的倡导者,通过生搬硬套实践经验的广泛基础抵制传统的教育方式。
㉗ 昌迪加尔,英文原文为 Chandigarh,印度北部城市,旁遮普邦和哈里亚纳邦首府。
㉘ 凯恩斯(1883—1946 年),英国著名经济学家,对古典经济学理论进行了扬弃,被誉为可与斯密和马克思比肩的伟大经济学者。
㉙ 罗斯福(1882—1945 年),他于 1933 年就任美国总统,一改其前任胡佛总统的自由放任(laissez-faire)经济政策,开始实施新政以缓解经济大萧条对国内经济的冲击,新政主要实施在货币、金融、财政、产业部门,主要措施是宏观调控国家经济、实施社会保障计划、加大公共工程建设力度及增强人们购买力,以期复兴经济和维护国家政治制度,它是一种国家垄断资本主义,但是它却未能解决大规模失业问题。
㉚ A. 盖茨等人在文中定义了多学科(multidisciplinarity)与跨学科(interdisciplinarity)两个概念。多学科性指独立的学科聚集在一起但又保持各自的独特性,表明了期刊的学科广度。跨学科性的意义在于整合,即文章参考文献中灵感来源的多样性,以及一篇文章在跨学科扩散其影响时这些学科的多样性。
㉛ 此外采用了陈燕秋等人翻译的《城市·设计与演变》(中国建筑工业出版社,2014 年)的译文。

3 创世之前:规划先驱与早期规划思想

> 就算是在重大发现之间的黑暗时期,
> 其实思想仍在持续演化,
> 会在不知不觉中改变过去的信念。
> ——勋伯格

> 要想把自己的时代看清楚,必须站得远些进行观察。
> 要站得多远呢?
> 很简单:远到看不清克里奥佩特拉的鼻子就行了。
> ——加塞特

> 我们了解过去但无法控制它。
> 我们控制未来但无法了解它。
> ——香农

通常把 1898 年 10 月霍华德爵士出版其经典力作《明天：一条通往真正改革的和平之路》作为现代城市规划思想诞生的标志，把 1909 年❶作为现代城市规划学科及专业诞生的标志。不过，城市规划思想早在 19 世纪的资产阶级工业革命和城市化进程中就开始萌芽了，已有一些欧美思想家与实践者在探讨城市的发展与城市问题的治理等问题。霍尔称这些先行者为规划先驱，希利尔与希利则称之为激发灵感的先驱（希利尔等，2017）。20 世纪上半叶出现的城市规划思想有两个锚点：思想锚点上是乌托邦主义，即建立一个美好人居地的梦想。活跃于这一时期的规划先驱霍华德、格迪斯和芒福德三人一脉相承，都倡导社会无政府主义，都认为应对城市与区域进行全盘的、循序渐进的分析，都提出了理想的城市模型。技术锚点则是建筑学、市政工程学等设计、工程学科，这使得早期的城市规划思想（尤其是建筑学、工程学背景的思想家提出的）具有浓郁的完美性、理想性。

本书将 20 世纪中叶以前的时期称为规划理论研究"创世之前"。在弦论的宇宙起源猜想中，这时的宇宙是一个十维的没有分裂的原始宇宙。所以，本书将 19 世纪先驱们的创见与 20 世纪上半叶承上启下的规划思想统称为原始的、早期的规划思想而非规划理论，它们都是 20 世纪中叶形成的规划理论的重要根源。

3.1　时空背景

对于 1940 年代出现的规划理论研究而言，其最重要的背景是于 19—20 世纪之交在欧美国家出现的新兴行业及学科——现代城市规划。这一新兴的行业、学科又是在 19 世纪对工业城市问题的发现与解决中酝酿而生的。20 世纪上半叶的世界动荡格局为欧美国家的国家宏观调控创造了条件，也为以建筑师、工程师为主的城市规划思想家提出规划思想创造了条件。

3.1.1　19 世纪的背景

欧美现代城市规划的产生，以自 18 世纪以来的启蒙运动、法国大革命、产业革命和城市化进程为宏大背景。启蒙运动为现代规划思想的萌生奠定了哲学基础，法国革命则做了政治制度上的准备，工业革命提供了经济与技术上的支持，而城市化准备了研究的本体——城市规划正是为了解决现代城市的问题并创造一个更好的居住、生活、工作环境而产生的一门学科。

在兴盛的 19 世纪欧洲民族主义的驱动之下，1850—1870 年间建立了一些民族国家如美国、意大利、德国。汤因比在《人类与大地母亲》一书中将其称为现代意义上的"自然、正常、合法、标准的政治单位"。欧美民族国家的建立推动了资本主义继续发展，产生了一个个必要的经济单位，也拉开了国际政治和经济竞争的序幕(勒纳等,2003)。竞争同样波及思想界,促进了规划先驱及其规划思想的出现。

19世纪末20世纪初的欧美社会充满了激荡与流变,一切传统都受到了现代主义浪潮的冲击。在这个短暂的时间段里,认知与表达世界的方式有了根本性转变(哈维,2003)。建筑上,现代派建筑借助新型建材与施工技术向古典主义挑战。音乐上,出现了勋伯格反叛巴赫的十二平均律的无调性音乐(十二音音阶)以及斯特拉文斯基与巴托克的原始主义音乐。美术上,立体主义、达达派、野兽派等各种先锋派别层出不穷。文学上,乔伊斯创立了意识流,电影中出现了蒙太奇手法。数学上,非欧几何学冲破了几千年来统御几何学领域的欧几里得几何学的观念,从而使空间的绝对性化为乌有。物理上,爱因斯坦的相对论打破了时间的绝对性,并把时空联系在一起,提出了时空四维流形(manifold)的概念。这一切都共同指向同一个时代特征——激进的现代主义,其最大特征就是不固定。它挑战唯一的可能表达方式,代之以多变的视角,正如立体主义美术派所表现的那样。所以早期的规划思想也多变而无固定模式,尽一切可能创新是其最突出的特征。而20世纪中叶的盛期现代主义则将所有的流变都固定下来,形成了所谓的现代主义原则——普适、一贯、连续、统一,等等。在这种盛期现代主义的理性思维下形成的规划理论如系统规划论则带有理性色彩。

3.1.2 现代城市规划的诞生

任何具体的日期都只含有近似的成分,因为这个变化过程是由许多单个发展线索组成的。

——阿尔伯斯《城市规划理论与实践概论》

现代城市规划的诞生时间有诸多不同的说法。意大利建筑史学家贝纳沃罗认为,现代城市规划于1830—1850年首先出现在英法这两个工业革命已经取得长足进展的国家。而更多的学者倾向于把现代城市规划的开端定位于19世纪末20世纪初,其中英国人把霍华德发表《明日的田园城市》第一版的1898年,美国人把伯纳姆完成《芝加哥规划》的1909年,作为这一历史性的时刻(Levy,2000)。

也许可以放弃标定标志事件与时间点的传统做法,用发展线索或性质的变化与时间段来标定现代城市规划的诞生。如果视1898年的事件为现代城市规划诞生的思想标志,1909年的事件为实践标志,则可以一个时间段——19世纪末至20世纪初,或者更确切一点,是1890年代至一次世界大战爆发前的1/4个世纪——作为现代城市规划的起点。现代城市规划的诞生伴随着这样几类发展线索或性质变化:规则法治化、术语规范化、组织专门化、期刊学术化、人员专职化和交流国际化。

同时,欧美在界定现代城市规划诞生时间上的差异,表明欧洲与美国的现代城市规划还是有一些本质区别。欧洲是力求消除城市底层的缺陷,所以欧洲的城市规划在性质上是工人阶级联合政府干预导向的。而美国是在竭力融合移民与美国本土文化,所以美国的规划和住房政策是房地产价值联合中产阶级(或中等收入者)导向的(Hall,2002)。但随着美国经济与政治实力及在国际舞台上权重的日益增强,源生于美国的思想与价值观念逐步开始和欧洲的传统抗衡,也开始影响欧洲。这一趋势在20世纪20—30年代开始萌芽,20世纪下半期愈发变得势不可挡。

3.1.3　20世纪上半叶的背景

这是一个国际主义与民族主义之间、普遍主义与阶级斗争之间始终潜伏着各种紧张关系的时代,是他们被加强到了绝对的和不稳定的矛盾的时期。

——哈维《后现代的状况》❷

从1914年到1945年欧美经历了两次世界大战的洗礼,中间20年的战间期还爆发了经济危机与随后的大萧条。每次世界大战都是一个分水岭,战争的洗礼中断了某些传统,另外一些得以延续;而战后的新形势又催生了一些新的传统。两次大战造成了社会发展不同程度的中断,如果说一战是欧洲的内战,部分牵涉其他洲的结盟国家;二战就是全人类的浩劫。这些政局变化都影响着社会思潮和规划思想。

1929年10月美国纽约股票市场崩溃引发了巨大的金融危机。危机迅速自美国蔓延至欧洲,形成世界性的经济危机,最终波及实体经济并造成大范围经济萧条,史称大萧条(the Great Depression)。为应对大萧条,美国罗斯福总统采取了新政,英国进行了国家尺度上的经济规划,总体上都是利用国家宏观调控功能来处理经济问题。罗斯福新政对城市规划的意义在于,它不仅给城市与区域规划带来全新的实践,而且还将管治(governance)思想全面导入城市—区域的发展,推动了城市—区域规划理论与方法的创新。城市—区域的政策与规划被视为拯救经济危机的重要力量。

世界范围的战争对整整一代人造成了不可磨灭的负面影响。一战后,中产阶级的部分价值观破灭,战间期的文学作品中那些挫折失败、孤独压抑、愤世嫉俗的主题对此有大量反映。但胜利一方的协约国却情绪高涨,认为其胜利将推动世界实现民主,自启蒙时代与工业革命以来累积起来的进步观得到了进一步的强化。然而,1920年代末以后丝毫不容乐观的经济形势很快打破了这种幻想,阶级之间的、民族之间的各种矛盾因经济衰退而激化,其结果是欧洲的反犹情绪和几个极权国家的兴起。

3.2　十维世界:19世纪的规划先驱及其思想

对19世纪城市问题的解答,不同的思想家提出了迥异的想法。这些想法没有正误之分,只有是否适合时宜,是否能够在那个特定的时空环境下更好地解决问题的差别。

这些先驱分布于欧美诸国,各自所提出的思想从产生之初就是相互影响的,且交流面广、交流量大。英国吸收外来规划思想中最大的来源是德国,英国城市规划专家艾伯克隆比曾评论说,在实现现代城市规划方面德国比其他任何国家做得都好。19世纪末、20世纪初这段时间里,在向整个欧洲推广德国创新方面,德国当时的规划界领军人物施都本功不可没。譬如英国改良家霍斯福尔受德国城市扩展思想的影响写了名噪一时的著作《民众住房与环境的改良》(1904年)。而德国也从英国那里得益颇多,比如德国人也到英国来考察住房情况,英国城市学家霍华德的书被翻译引进德国。而在法国,19世纪中叶奥斯曼的巴黎改建规划的巨大成功加上认为自身的城市文化更为优越,使得法国不怎么情愿接受外来的城市新思想。这些因素造成法国在现代城市规划运动中的相对滞后,但各国的影响最后还是丝丝缕缕渗入法国。

3.2.1　19世纪的城市问题及其调查与反思

> 在1820—1900年间,大城市里的破坏与混乱情况简直和战场上一样……工业主义,19世纪的主要创造力,产生了迄今从未有过的极端恶化的城市环境。
>
> ——芒福德《城市发展史》❸

19世纪的一些欧美国家对当时的城市问题及解决途径都高度关注。在解决城市问题方面,最具创新能力的是那些经济充满活力、城市巨大且生长迅速、具有高效政府机构的国家和地区——虽然也有例外情况,这其实是由工业化、城市发展和自由主义政治意识形态居于主导地位等几方面因素推动的(Ward, 2002)。

1) 19世纪城市问题的原因及体现

> 不断增长的人口不断向大城市集中。由于人类的大多数仍处于贫困之中,因此城市增长的主要形式便是寄生性的贫民区的增加。
>
> ——汤因比《人类与大地母亲》

19世纪城市问题滋生,突出表现在该时期出现的新的城市类型——工业城市中,尤其是中下层阶级工作、生活的区域。这些城市问题的根源有以下几点:其一,城市原有的以农业文明为主的框架结构无法接纳工业革命带来的新功能;其二,城市人口的快速增长;其三,工业化在增加财政收入的同时也加速了城市部分地区的贫困程度,由此引发了工人阶级恶性循环般的贫困化。19世纪工业城市的问题是如此严重,以至于到了19世纪末,一家英国报纸的社论评价说如果写《神曲》的但丁在19世纪末的伦敦贫民窟住一住的话,他的《地狱篇》都要"增色"不少。这样的城市问题并不仅仅发生在伦敦,其他几个在19世纪畸形发展的特大城市如巴黎、柏林、纽约也存在同样的问题。19世纪的城市问题主要集中在五个方面——城市结构、居住条件、公共设施、卫生情况、道德状况。

第一,城市结构。工业化下城市的快速发展和缺乏规划造成了城市空间结构的紊乱。尤其是新发展起来的城市和老城的工业新区,建筑毫无章法、街道狭窄弯曲,这简直成了19世纪城市的特色。

第二,居住条件。工业城市住满了工人的贫民区是城市住房问题的集中体现,最大的特点是住房拥挤、缺乏或没有卫浴设施、通风采光条件极差。在伦敦,一个八口之家住在一个房间的情况是很常见的。这种情况反而导致设计出每套只有一个房间,共用盥洗设施的公寓,并出现大量联排式、大杂院式、"背靠背"式的廉价住宅,形成工人和下层中产阶级住区的单调、丑陋的景象(Sutcliffe,1981)。过度拥挤造成的住房问题在英国其他城市也很普遍,而贫困又使人们无力改变现状,进而产生恶性循环。此外,供广大工人阶级租住的新房的供应不足和上涨的租金也加剧了这一循环。城市居住条件下降和质量恶化与城市人口暴增及贫困则有直接关系。

第三,公共设施。19世纪的城市中普遍缺乏公共设施。从供人们休憩娱乐的园林绿地、文化设施到交通设施和最基本的市政基础设施,都极度匮乏。交通设施严重不足使得工人只能住在靠近工厂的地方,而那里通常居住条件极差。市政基础设施是使城市有一个干净、整洁、卫生的环境的基础保证。但由于这些设施的建设严重滞后,导致19世纪工业城市普遍卫生状况不佳、城市景观品质恶劣。

第四,卫生情况。工业生产导致城市的空气、土壤、水体都被生产时排出的废水、废气、废渣所污染。高强度、长时间的劳动及恶劣的饮食等都使工人的身体素质下降,容易感染疾病。而高密度和缺乏卫生设施的居住环境又使得流行性疾病易于传播,上下水设施不健全使得由水源污染而引发和传播的疾病如霍乱和伤寒成为高发疾病,造成很高的死亡率,并导致城市人口平均寿命很低。这些城市问题致使城市人口身体状况下降,以至于到19世纪末20世纪初时,征募新兵时城市人口不合格的比例要远高于乡村地区(Hall,2002)。

第五,道德状况。城市贫民窟的问题不仅体现在城市基础设施和居住环境的极端恶劣上,极度的贫困也造成了疫病流行、罪恶横生和道德沦丧。犯罪现象如偷窃和卖淫滋生在这些地区,并蔓延到城市的其他地区如中产阶级居住区。并且,工人住区也缺少能够让社会进步的文化制度环境(Sutcliffe,1981)。

2) 对问题的调查

这些城市问题以及由此引发的社会动荡,引起了19世纪下半叶欧美国家不少有识之士的深思,并且引发了从知识界到实践界的广泛关注。在知识界,在19世纪基于统计分析数据和大量田野工作的"经验主义"城市社会学研究方法下,有不少调查研究城市下层居民(工人阶级、贫民、黑人)

生活状况的杰出著作面世。

在英国,布思及其小组于1885年至1897年间对伦敦的城市贫困问题进行了调查——首先是针对素有贫民窟代称的伦敦东区(East End),继而是全城。他按照收入的高低对城市区域施以不同颜色,统计得出伦敦贫困线❹下的居民在30%—35%。截至1903年,他发表了多篇专题论文并出版了17卷调查报告,定名为《伦敦市民的生活与工作》(1902—1903年)。其现代性的大规模社会观察技术是一项创举,其成果在社会学、城市研究、公共管理、政策研究、社会调查、人口统计学和地理学等领域都堪称经典之作。

除布思外,英国社会改革家贝尔夫人对米德尔斯堡(Middlesborough)的工人进行了调查,并出版了《在工厂》(1911年)一书。身为工厂主、规划师和建筑商的郎特里也是社会研究的先驱,他对约克郡的研究成果集结在名为《贫困:城市生活研究》(1901年)的系列著作中。

在美国,里斯❺的《另一半如何生活》(1890年)及其续篇《穷人的孩子》(1892年)、《与贫民窟斗争》(1902年),利用照片和散文的方式对纽约下东区在20世纪前后骇人听闻的居住状况进行了描述。里斯主要调查的地方是纽约的桑本德(Mulberry Bend)的地区,3平方千米的区域内住了30万打工者。该书在公众中引起了极大反响,在其后20多年里掀起了一场调查社会状况以及与贫困做斗争的热潮。调查主体包括宗教组织、慈善团体、研究者、社会服务者和记者等等,这自然对住房与社区改革是强大的推动力。1892年美国国会拨出2万美元用于调查每一个人口超过20万的城市其贫民窟的状况,这是联邦政府第一次意识到国内严重的城市居住问题。美国劳动部部长也于1894至1895年间组织人员进行了对城市贫民窟的调查。由于受资金限制,只调查了巴尔的摩、芝加哥、纽约和费城这四座城市,并参照了欧洲城市为"劳动人民"提供住房的经验。至19—20世纪之交时,美国全国已经处于一场轰轰烈烈的住房运动之中。

恩格斯早在1845年就发表了《英国工人阶级的生活状况》一书,堪称城市社会学具有开山意义的名著。美国类似的关于中下层民众状况的专著有哈佛大学首位黑人博士、美国社会学家杜波依斯1899年的《费城黑人:社会研究》,它调查研究了北美城市中非洲移民的生活情况。他主要依据亚当斯调查芝加哥以及布思调查伦敦贫民窟的方法,全面调查了费城黑人的生活——发展史、阶级结构、教育、职业、家庭生活、健康保健、与白人的关系等——尤其是第七区的黑人。他把当地的黑人家庭按收入和居住等状况分为四个等级。他发现大部分黑人是良民,只有少数黑人才会违法犯罪,而一直以来的观念都错误地认为黑人就等同于犯罪阶层。他疾呼这种错误观念应当改变,并提出社会问题、贫困与犯罪的根源在于历史条件、社会环境与社会条件,而非遗传因素(古德菲尔德,2018)。

3) 对问题的反思

这一时期对城市问题的反思主要集中在对城市生活的批判上。并且,世纪之交时社会的不安定和潜在的动荡可能,以及对现实的忧虑与担心,也反映在当时的各种文献中,如学者的专著、文学家的作品和报纸媒体的评论等。

在批判城市方面,欧洲反思的是巨大的社会转型、前后社会的对比。德国历史学家斯宾格勒❻在其名著《欧美的衰落》(1918年)中明确表明了对于城市的巨大吞噬与破坏力量的担忧。德国社会学家滕尼斯出版其名著《社区与社会》(1887年),英文名为 *Gemeinschaft and Gesellschaft*❼,他在书中提出了社区和社会的概念。其中社区基于传统的农业乡村,那里人人相互熟稔,社会关系建立在亲友联系和传统的价值观与职责上;而社会则基于正式的、没人情味儿的关系、官僚体系、法律和秩序。很显然,社区和社会正是工业革命前后欧美社会的写照——前者是前工业社会,后者是工业社会。法国社会学家涂尔干则提出了失范(anomie)的概念来描述新的城市化了的社会那种无规范(normlessness)和匿名(namelessness)的状态,因为从乡村来到城市时,许多人丧失了自己的个人特质和归属感。美国社会学家沃思《作为一种生活方式的城市主义》(1938年)一文则对前、后工业社会的生活方式进行了比较,并从社会学角度将城市定义为"一个规模较大、人口较为密集的、各类有差异的社会个体的永久定居场所"。这些思想都传达了工业化使人类丧失了某些东西的观点,尤其是那种包含在传统的联系密切的村庄中的稳定感和安全感。

大西洋另外一边的美国则表现出对城市发展负面效应的普遍顾虑与害怕,部分是源自美国的第三任总统杰斐逊所倡导的反城市的杰斐逊主义❽,部分也是因为认为欧洲城市的不良发展对美国会有不好影响❾。这些最终反映在两点担忧上:其一,城市是国家的寄生虫;其二,移民破坏了美国种族的纯净性和社会的和谐(Hall,2002)。这种根深蒂固的反城市主义,一直贯穿于欧美的城市规划思潮发展中,由此引出了一支批判、反思性的规划理论流派。

4) 解决问题的思路

虽然这些问题在欧洲与北美的城市中都非常突出,但两个地区处理问题的思路与措施却是不同的。欧洲国家尤其是英国,在处理住房和公共卫生上问题上投入了更多的精力,而美国则把重心放在城市秩序的建立,即表现在建筑、城市艺术和景观之上(Ward,2002)。这导致在不同的国家和地区出现了目标不同的但都以解决城市问题为本的运动——英国的卫生改良运动和美国的城市美化运动。20世纪的城市规划,正是产生于对这些复杂的情感——维多利亚时期中产阶级发现了城市社会底层的存在之后,部分同情、部分恐惧、部分厌恶——的回应之中(Hall,2002)。

这一时期的各界学者也提出了很多想法,有对比研究的、分析原因的、想解决问题的,也有预测未来的。除了用以美学为基准的规划实践来解决城市问题以外,不少学者从经济(税制、管理)、卫生等角度,对问题的解决之道进行了多方探讨。

美国社会活动家乔治在其《进步与贫困》(1879年)一书中提出了激进的利用(土地)单一税制彻底消除贫富差距的观点,因为"土地平等地属于所有人,土地价值产生于所有的人,应由所有人享有"。而地租由自然及社会决定,而非由土地所有者的努力决定,所以征收单一税是出于公平和效率原则。他进一步提议对土地租金收入课以100%的税,这会产生足够的收入以供给当时的各级政府。地租的多少与土地的产出、附加价值等完全无关,只与土地的面积有关。乔治声称这是为了不打击开发土地的农场主或资本家的积极性,因为他们的做法"会使整个社区受益"。乔治的愿望当然是好的,但这种极端的做法显然不够现实。乔治的思想激发了另一位美国改革家、记者豪伊。他于1905年出版了广为传阅的《城市:民主的希望》一书,倡导扩大改革过的市政府的活动范围,从而消灭贫困和其他社会问题(Sutcliffe,1981)。

在城市卫生方面,美国医生理查德逊❿著有《海吉亚⓫:一座卫生城市》(1876年)一书,运用自己的想象力与专业知识提倡要用激进的方法使维多利亚式的贫民窟彻底消失。在书中,他对城市服务与基础设施的必备条件进行了详细论述,认为它们能最大限度提高城市居民卫生水准从而改善他们的生活。由于他的出发点是卫生学角度,因此他与其他大多数从美学角度出发来处理城市问题的专家非常不同。

针对城市的扩张,奥地利建筑师瓦格纳在1911年出版的《大城市》一书中提出了一种有别于传统欧美模式的解决方式,即不限制扩张,但要通过高度规整的方式:密度要高、花园要规则、街道要直。最后一条显然和维也纳建筑师西特倡导古典城市美学的观点相左(Ward,2002)。

3.2.2 塞尔达与城市化理论

> 我越是进一步研究,就越相信城市化是一门真正的科学,并对建构这门科学的原理的必要性有了充分理解。
>
> ——塞尔达《城市化一般理论》第二卷

西班牙工程师塞尔达于1859年主持了巴塞罗那扩展计划(Barcelona's Eixample)。这个采取了方格网模式的规划方案,以海为界将整个城市纵深分为约为22个街区,并有两条斜向交叉的道路在市中心汇合(弗兰姆普敦,2004)。方案实施后形成非常突出的城市视觉效果,并将罗马时期、中世纪、文艺复兴、工业化等各个历史时期的巴塞罗那有机叠合在一起。

塞尔达以其城市改建实践为基础,在1867年出版了专著《城市化一般理论》,这是现代历史上第一次将城市规划理论化的尝试(Ward,2002)。书中包含了一个令人印象深刻的全面城市规划(comprehensive urban planning)的理论模型(Sutcliffe,1981)。他在书中对城市化(Urbanization)做出了概念性的阐述,它是"一系列管理、控制住宅及其功能的措施,同时也是多项原理、学说和规则。采纳这些规则不是要压制、削弱和腐化社会中的人们在肉体、道德和精神上的能力,而是要提升这些能力并提高每个人的福利,为大众的福祉做贡献。"这一定义已经与 20 世纪初关于城市规划的界定非常接近了。

但由于多方面原因,塞尔达的思想在西班牙之外影响甚小。不过最近的规划理论和规划史研究正愈来愈重视他的理论,并给予他比历史上更高的评价。瑞典规划史学者 T. 霍尔就评价说塞尔达建立了一个完整的城市发展理论框架,超越了同时代的名气更大的德国学者如鲍迈斯特与施都本(Hall,1997)。巴蒂也将城市科学建构的起源追溯至塞尔达 1859 年的著作,称其在 150 多年前就预测了城市的世界将建立在几何学之上,并成为社会行为的基础(巴蒂,2019)。

3.2.3 奥姆斯特德与城市景观

英国建筑师帕克斯顿设计了于 1847 年开放的伯肯黑德公园(Birkenhead Park),自此掀起了英国的公园运动(public park movement)。公园的大众性是这项运动突出的特点,公共景观公园(public landscape park)的观念随后流传到美国,美国的景观建筑大师奥姆斯特德⓬早年游历英国,在其 1852 年出版的论著《美国农夫在英国的游历与谈话》中对英国的乡村风光和伯肯黑德的公园赞誉有加,称它为"人民的花园"。由于深受影响,英国景观花园的两大要素——牧歌田园风格和如诗如画风格——日后也成为他的设计特点。前者成为其公园设计的基本模式,后者被他用来增强大自然的神秘与丰裕(White,1988)。

纽约当局于 1858 年希望设立中央公园(Central Park),旨在使城市之中有一片可供市民休憩的绿洲。奥姆斯特德与同伴沃克斯所做的"草坪"规划(Greensward)赢得了中央公园设计竞赛首奖,是景观建筑史上里程碑式的设计。由此展开的全美城市公园设计与建设运动后来发展成为城市美化运动,是美国现代城市规划的前驱(Sutcliffe,1981)。奥姆斯特德随后在美国各地做了不少景观设计,1866 年纽约布鲁克林的风景公园(Prospect Park)设计中,他与合伙人沃克斯设计了被称为园道(parkway)的有公园氛围的车道,可视为法国林荫大道的美国翻版。1868 年两人又规划了芝加哥郊区的里弗赛德(Riverside,直译即"河畔")小区,使之成为都市腹地,里弗赛德也成为住宅区建设的样板及方格网规划的替代(Sutcliffe,1981)。1878—1895 年又为波士顿做了大面积的城市开敞空间和园道系统规划,包括长达十余千米的五个独立的公园及连接它们的园道,被誉为"翡翠项链"(emerald necklace)。1893 年他与美国城市规划开拓者之一的伯纳姆一起规划了位于密歇根湖畔的世界哥伦比亚博览会(World Columbian Exposition)展览场地——白色城市(White City),由是之他又与美国的城市美化运动联系起来。奥姆斯特德是位多产的大师,终其一生完成、参与的项目有近百项。其中最多的当数公园设计,也因此为他誉得美国景观设计之父的称号。

除英国田园与乡村景观外,加州中部的约塞米蒂山谷(Yosemite Valley)那对比强烈的自然地景特征也影响了他的设计。他相信大自然是上帝的创造,要根据地形和环境条件调整自己的设计思路,着重凸显当地的自然风貌以体现浪漫主义与自然主义风格(White,1988)。其设计还体现了他的人本思想:公园距城市任何地点的距离适宜,不用耗时很久即可到达;儿童与残疾人都有专门的活动、休憩场地;园道边的树荫隔离或减少了城市噪声,整个设计充满了森林般的美景。芒福德盛赞他"使城市自然化",因为他将大规模的景观公园看成是舒缓城市压力的精神替代。贫困者能够因之变得高尚而优雅,不同等级和阶层的人都能和平共处。公园为这一设想提供了场地,这是一种绝对民主思想(Wilson,1988)。此外,他的规划中卫生与美观因素并重,因为他认为规划的效果主要根据它能在多大程度上减少疾病来判定。阳光、良好的空气循环,以及充足的植被是抵御疾病最有效的措施(Levy,2000)。

不过,他重视自然的设计规划理念隐含着他有所保留的反城市思想倾向(Wilson,1988),这与由杰斐逊、爱默生和索洛❸建立起来的在19世纪中叶相当盛行的反城市传统息息相关、一脉相承。该传统认为城市是罪恶之源,而田园乡村与自然是美德与幸福的源泉,是抵御欧洲那种居民爆满而贫困交加的城市的有力武器(Sutcliffe,1981)。虽然都以乡村作为解决城市问题的出路、以城乡结合作为手段,但奥姆斯特德予乡村、田园、自然于城市之中,把自然之美景以公园的形式引入城市;而其他思想家如霍华德予城市于乡村和自然之中,使城市与乡村有机结合、生长在自然的怀抱里。

1870年,在波士顿举行的美国社会科学学会(American Social Science Association)的会议上,奥姆斯特德宣读了他的题为《公园与城市扩展》的论文是其理论之集大成。他把公园、园道及规划过的住宅小区(或卫星郊区,satellite suburb)等几个概念联系在一起,认为一个管理、运行良好的城市主要公园可成为城市发展的中心,并可利用城市干道将其与城市建成区及预定规划区连接起来,这些路径最终将导向像里弗赛德那样的开放型城市郊区(open town suburb)。由此他为城市全面发展所做的完整公园规划便构建起来(White,1988)。在论文中他还揭示了城市化与文化进步之间的密切联系,表现在学校、艺术品、组织化和商业化的休闲娱乐、劳动分工、交通的迅速发展、通讯、公用事业、公共卫生和建筑机械化的全面进步上。他还预言未来乡村人口迁入城市的速度会更快,因为城市的吸引力仍然很大(Wilson,1988)。

奥姆斯特德的规划实践与思想产生的背景,从国际上看是19世纪城市问题日益凸显与严重;从美国国内看是美国北方正处在一个社会转型期,即从村镇与农业经济过渡到城市与高速发展的贸易经济。他通过一系列设计实践阐明了自己对这些问题的处置之道,即通过回归自然、在城市中重现自然的方式为大城市居民提供一个躲避噪声、极差的居住条件和其他城市不利影响的庇护所,而规划就是实现这些目标的必要手段。

3.2.4 马塔与带形城市

西班牙工程师马塔提出了带形城市❹构想，以交通要素为城市规划的首要组织因素。马塔的理论是针对同心圆模式城市的弊端提出的。他认为带形城市可以解决环状城市臃肿和交通拥挤的问题，不但能使城市摆脱体积随发展而愈发臃肿的困境，还可克服城乡差别，形成城市和村镇之间的交通网络系统，利用它可将都市文明轻易引入乡村地区（王受之，1999）。

同为工程师的马塔与塞尔达于1882年在马德里出版的《进步》杂志上共同发表了一篇论文，初步阐明了带形城市理论的要点——交通是城市形成的主要因素，城市的公共交通路线和公用设施（水电等地下工程管线）组成城市之脊，顺着交通路线可以形成一个无限扩展的带形区域。这一带形城市的理想宽度为500米，每隔300米设横向道路，形成一系列面积约5 000平方米的街坊，再细分为由绿化带隔开的小块建筑用地（赵和生，1999）。城市的长度可以根据需要确定，城市的尽头可以是西班牙南部港口城市加的斯（Cadiz），也可以远至圣彼得堡、北京或布鲁塞尔（弗兰姆普敦，2002）。多个节点城市之间相互连接，最终会形成三角形网络结构，而未来欧洲国家的交通干线就应该是带形城市。为宣传这一理论，马塔主办过关于城市化的期刊《带形城市》，还写了一部小册子《带形城市：来自于城市规划的新概念》（1894年）。此外，马塔与塞尔达还认为从事城市规划的工程师不应仅把技术工作看成设计和施工，还应对社会学提出的问题有预见地予以创造性地解决。这在很大程度上把工程师（或日后的规划师）的思想与专业层次提高了，不只是治标的处理表面的技术问题，还要深入问题的核心，从社会、经济与文化的角度来考虑。

1892年他组建了马德里城市化公司（Compania Madrilena de Urbanization），希望在马德里实践他的带形城市理论。计划很宏伟，马塔设计了连接两个城镇的全长58千米的铁路线。第一个带形城市实践就要依托这条线路建立，但因种种困难其设想并未完全实现。工程于1894年开工，经过约20年的建设，到1910年代时已在马德里的东北郊区的苏达特（Ciudad lineal，西班牙语带形城市的音译）建成了4.8千米。苏达特中间是包括铁路、有轨电车线路和林荫大道的交通轴，周围是低密度住宅区，但这与马塔最开始设想的包括办公楼、商店、工厂、学校、公共建筑和住宅的完整形态的城市相距甚远。

带形城市理论对20世纪的城市分散主义有一定影响，如1930年代苏联政治家米柳金提出的连续功能分区方案中，城市由狭长、平行的居住区和工业区组成，中间为带有服务和交通设施的绿化防护带，工业带外侧修建铁路使工业带能够获得非常便利的双侧交通服务。这种结构确保了城市连续发展的可能，使各功能分区在任何时期都具有相对稳定的关系（赵和生，1999）。此外，还有1910年代美国规划师钱伯斯对带形城市理论的进一步发展、1940年代德国规划师希尔伯塞默的带形工业城市理论等。1960年代时希腊建筑师道萨迪亚斯提出的沿着汽车干道进行线形发展的动态结构概念,也是这一理论的发展或受其启迪而形成的。在当代,在一些经济发展迅速的发展中国家的新城市规划中,马塔的理论被认为是比较理想的规划方法之一而被经常采用,如马来西亚的吉隆坡带形城市。但是,由于马塔具有分散主义倾向的规划思想与倾向于集中以谋求规模效益的商业发展与市场利益相左,真正造成带形城市发展障碍的不是技术上的困难,而是现代的商业经济(王受之,1999)。

3.2.5 西特与艺术原则

维也纳建筑师西特于1889年创作了《遵循艺术原则的城市设计》一书。该书扩大了德系城市规划(尤其是机械的城市扩展传统)的范围,带动了新的思潮(Ward,2002)。西特是古典与中世纪城镇的赞颂者,他的观点因此来源于从这些古代城镇中搜集到的素材。这些至今仍有生命力的东西使他相信存在一些具有永恒性质的原则,它们不会随时代和风尚不同而发生变化(沙里宁,1986)。他的中心思想是使城市规划变得有机,这是在欧洲中世纪建造的城市的传统美学与形态学的启发下逐渐形成的。他还从公共广场这个视角,将19世纪末期的城市与中世纪或文艺复兴时期的城市做了批判性比较:

> 在我们这个时代,公共广场(广场和市场等)已不再像过去那样经常用来进行盛大的民间活动和日常活动,它们存在的唯一理由只是提供更多的空气和阳光,并打破无边无际的单调的房屋的海洋……而在古代,这一切则全然不同,公共广场是基本需求,它们是重要的公共生活舞台,而今天这些活动都改为在封闭的大厅里进行了。而古希腊人从来都在露天广场上举行集会。
>
> ——西特《遵循艺术原则的城市设计》❺

不过,他也说过,"我的研究并不想先入为主地提倡把古老城镇的那种所谓如画的美,搬用到现代的城市中去"。这很好地反驳了不少人对他的原则的误用与讹传,以为他提倡效仿与抄袭古代风格。西特晚年在奥地利一些省份的城市中做了不少规划,有的是一些小型工业城市及城市中心区的,更多的是城市新区或郊区的。

除中世纪城市美学外,西特从同时代其他学者的学说那里也汲取了许多有益的养分。例如,向古代寻求城市美学原理的做法应该受到了鲍迈斯特于1876年所著的《城市扩展与技术、建筑和经济监管》一书的影响。鲍迈斯特在书中倡导效仿古代广场和中世纪街道的美学手法,反对"反自然"的直线,提倡曲线的应用。此外,德国建筑师梅尔滕斯在1877年提出的美学原则——建筑或纪念碑的尺度要同其周围环境相协调,其判别依据有距离和视角等,也影响了西特。

无独有偶,比利时首都布鲁塞尔的市长布尔斯也在稍晚的1893年写了一部书《城市审美》。当时的比利时国王利奥波德二世也有一个壮观的首都梦想,想把布鲁塞尔建成类似当时的巴黎那样的城市。布尔斯于是在书中提倡,当城市要发生变化时,应使物质建设规模最小化以保持城市的历史性。书的开头这样写道:

> 古老的城市与街道对那些对艺术感染力不敏感的人具有独特的吸引力。这些城市与街道或许无法说它们是美观的,但却独具魅力。它们满足于由偶然因素而非美学原则创造出来的令人愉悦的无序状态……
>
> ——布尔斯《城市审美》

带着这样的建筑美学视角,他不遗余力地投入布鲁塞尔历史城区的保护工作当中。同西特的书一样,《城市审美》也是刚出版发行就脱销,很快便印了第二次,几年后又分别被译为德、英、意文。但布尔斯本人在实践当中却遭遇了失败——决策方不愿采纳他的主张,他也于1899年愤而辞职。

西特的思想在北欧甚有影响。在那里,传统的格网式规划开始让位于更注重地形条件、视觉上更丰富、空间上更具美感的规划。这些主张经由瑞典传到了芬兰,时年26岁的芬兰建筑师桑克受西特的启发,于1898年发表了论文《现代破坏行为:赫尔辛基城市规划》。文章猛烈抨击了赫尔辛基那些单调的建筑、荒凉的街道和荒废的广场,并在结尾处建议为赫尔辛基的埃拉(Eira)和多乐(Tölö)举行城市规划竞赛。在文章的影响下,同年年末举行了多乐的城市规划竞赛(Sundman,1991)。有11个建筑师或建筑师团队参赛,施都本担任评委。首奖的获得者是技术学院教授尼斯特伦和市政工程师诺尔曼,他们的方案体现了欧洲大城市的设计传统——星状放射道路的构图。桑克获得了第二名,他的方案完全是西特式的——公共建筑放置在一起,形成综合的场所布局与序列;住宅区组团沿着等高线分布,通过空间的变换在小的住区广场中形成丰富的光影效果;街区的宽度略长于长度,街区内要有小的公共花园,游戏场与公园绿地不对道路开放。在对西部海岸线的处理上,首奖把它设计成了大港口,而桑克则将之设计为大型公园。最终获得实施的是两个方案的折中。

西特、布尔斯等人的思想在他们的时代显然不合时宜,因为那是一个提倡用钢铁、玻璃和混凝土建造一个完全不同于过去的城市的时代,任何企图维护过去、维护历史的行为都会受到当时的"前卫分子"的驳斥。但是,在1960年代历史保护意识兴起以后,他们的具有先见之明的观点就显得很可贵了。

3.2.6 亚当斯与赫尔之家

为了解决工业城市当中出现的新的城市问题,英国兴起了社区改良运动。由巴奈特夫妇于1884年在伦敦创建的汤因比厅(Toynbee Hall)是世界上最早的社会服务所和社区改良机构,以巴奈特夫妇的好友——英国历史学家汤因比之名命名。巴奈特夫妇创建汤因比厅的主要目的是为了帮助伦敦下东区的贫困人口解决他们的问题。在汤因比厅当中,起初是由牛津、剑桥大学的学生充任社区的义工。他们居住在汤因比厅,帮助周围社区的工人家庭解决他们的问题。随即,这项旨在通过向贫困街区安插有中产阶层社会福利救济工作者服务的社区服务中心(settlement house)的运动,被称为社区服务中心运动。作为社区服务中心,汤因比厅的社区服务内容之一是成人教育。受教育者包括工人、贫困者和妇女等当时社会上的一些弱势群体,为此还创建了工人教育协会。并且,汤因比厅还举办文化活动如讲座,为周边城区的人们进行文化和智慧启蒙。此外,汤因比厅还为穷人提供律师服务,志愿者还帮助残疾儿童。汤因比厅的影响非常之大,美国、欧洲其他国家甚至是日本都受其影响而设立了类似的社会服务机构。

美国社会活动家、女权主义者亚当斯曾于1887年至1888年访问英国并参观汤因比厅,深受影响。她回到美国以后,与她的好友斯塔尔在芝加哥创建了社会服务所赫尔之家❻,是美国社区改良运动(settlement movement)的开端(古德菲尔德,2018)。美国的赫尔之家的服务对象是美国的移民,这与英国的汤因比厅服务于伦敦东区的工人阶级及其家庭成员不同。但赫尔之家内也长期居住着志愿者或义工,是由一些美国中上层担任的。

赫尔会所的建立旨在消除工业城市存在的阶级差距。亚当斯认为这样的差距是由社会环境造成的,需要借助科学理论来消除(古德菲尔德,2018)。所以,赫尔之家内有图书馆、画室、烹饪教室、活动操场等设施,营造了良好的环境。通过这些设施及相应的活动,赫尔之家在美国移民当中普及教育,提高移民的文化水平和生活技能,帮助他们适应美国社会,最终消除移民与当地人之间的社会隔阂、打破阶层差异。此外,赫尔之家还照料移民家庭的儿童,使之能够受到艺术方面的教育。赫尔之家成立之后取得了巨大的成功,并且引发了美国其他城市超过500所类似的社会服务所的成立,也推动了近代社会福利工作。亚当斯因而被称为"怜悯与空想社会改良主义的代言人"(Hall,2002),并于1931年因其对消除贫富差距、保障妇女与儿童的权益所做的贡献,而获诺贝尔和平奖。

亚当斯可能是有史记载的或名声最为彰显的19世纪女性规划先驱。这并非因为19世纪没有其他女性先驱,而是因为她们的思想与事迹缺乏记载与研究。在规划研究、规划理论研究以及规划史研究当中,男性中产阶级知识分子占据了主导地位,其根源在于男性在权力体系与思想体系中的霸权性。实际上除亚当斯外,19世纪英国慈善家库茨受狄更斯描绘伦敦贫民窟的文学名著的影响,将其大部分财富与毕生时间用于穷人的教育与住房事业。英国改良家希尔则受英国神学家F.莫里斯与艺术评论家兼慈善家拉斯金的影响,献身劳工福利事业,运营廉租住房并将成功经验从伦敦推广至英国其他地区，使许多工人受益。作为英国社会改良运动重要的一员，她也提出了非常多的关于城市环境和城市未来的设想。

女性的声音与身影在19世纪的欧美现代城市规划奠基阶段如此稀少，并不是因为她们对建成环境和社会环境不感兴趣，而是因为她们往往没有机会、关系和权力资源等，使她们能够与男性一样获得成功(Sandercock,1998b)。

3.2.7 霍华德与田园城市

19世纪的英国爆发了激烈的社会改革，激进乌托邦主义也应运而生，它谋求建立新的人类居住地以适应新的社会形态。霍华德的田园城市思想正是在这一背景下出现的，同时代的人与他有类似的感触及思考。例如德国规划师费里奇的《城市在未来》出版于1896年，比霍华德的著作还要早。书中给出了一种德国式的低密度方案，来减小工业和城市生活在社会与环境方面的负面影响(Hall,2002)。费里希提出的田园城市模型是一个环形城市，其中心是公共建筑和大广场，不同的功能区——别墅区、高级住宅区、工人公寓、工业区和郊区绿带围绕广场如年轮般向外扩散。这本书被誉为德语版的《明日的田园城市》，但出版以后未引起很大反响。该书于1912年再版时甚至更名为《未来城市：田园城市》。

但是，是霍华德的激进乌托邦主义的分散理论在先，还是实践上的通过在市郊建造住房、开辟交通线路以利通勤，从而疏散城市中心的密集人口的做法在先，恐怕如同"先有鸡还是先有蛋"的问题一样无解。或许，实践者发现在城市拥挤的住宅区拆除和重建这条路难于实行，而通过在城市外围建新的廉价住宅和连通城市与郊区的交通网络疏散人口这条道路却切实易行。理论者从实际经验和别人的启发性观点，殊途同归得到类似的结论，并将其结集成册，就是著名的田园城市理论和《明天：一条通往真正改革的和平之路》(1898年)一书。1902年该书再版时易名为《明日的田园城市》，删去了少部分关键的激进社会改革内容，立刻热卖，但对作者思想的整体性是个致命伤。

霍华德是一位站在巨人肩膀上的巨人，他的理论具有非常广阔的思想和实践来源。思想方面如美国作家爱默生和索洛的强调人类与自然界关系的先验论(transcendentalism)，理查德逊和贝拉米的著作，乔治的地租理论等；实践方面如澳大利亚殖民地的建设和美国公园建设(Ward,2002)。霍华德的思想成型于1892年(Fishman,1982)，其核心在于他的社会改革，而田园城市模型只是他这一思想的物质体现。但后世对霍华德思想的理解和继承及运用，往往只是其外壳而非其内部充满激进乌托邦主义与改良主义激情的核心。霍华德首先提到了19世纪城市和乡村各自存在而亟须解决的问题，而所谓的解决办法是一把"万能钥匙"，即能够对两者进行扬长避短的城市—乡村结合体。所以，霍华德起先把著作定名为《万能钥匙》,并作了一幅图解想以之作为封面。他还将城市、乡村、城市—乡村比拟成三块磁铁,都"力争把人民吸引过去"。他在《明日的田园城市》一书的序言中写道:

  城市磁铁和乡村磁铁都不能全面反映大自然的用心和意图。人类社会和自然美景本应兼而有之。两块磁铁必须合而为一⋯⋯城市是人类社会的标志——父母、兄弟、姐妹以及人与人之间广泛交往、互助合作的标志,是彼此同情的标志,是科学、艺术、文化、宗教的标志⋯⋯我们以及我们的一切都来自乡村⋯⋯,这种该诅咒的社会和自然的畸形分隔再也不能继续下去了。城市和乡村必须成婚,这种愉快的结合将迸发出新的希望、新的生活、新的文明。

——霍华德《明日的田园城市》❶

  霍华德期望着一场和平的社会变革,利用城市与乡村成婚的成果——社会城市(social city)取代旧有的、充满弊病的大城市。为此他构建了一个非常周详的田园城市模型,并对城市的结构、收支、生产、教育、交通、娱乐、休憩等方面都做了考虑,使得其城市居民能够便利而舒适地生活。该模型由单座城市及多座城市组成的城市群构成。

  关于单座城市的内部构造,他构想了一个占地 6 000 英亩(1 英亩≈4 047 平方米)、人口 3.2 万的城市,其中城市用地 1 000 英亩并居于中心位置,农业用地 5 000 英亩。城市用地具有规整的环状辐射结构——五条环形道路形成城市的环状结构。从城市中心辐射向边缘的六条林荫大道把城市六等分,每一分区从某种意义上说可自成一个完整的城市。城市中心是圆形的花园,其四周是大型公建,公建外围是用有玻璃拱廊的水晶宫环绕起来的中央公园。再向外是城市内环的住宅区,紧邻的是分隔内外环的宏伟大道(Grand Avenue),于此设置了学校、教堂等。最外圈层的城市外环中包括工厂、市场、木材场等,靠近环城铁路以利运输。田园城市的收入来自农业用地和城市用地的地租。农地地租方面,由于田园城市种种有利因素,农业用地承租人所愿支付的地租远高于过去;城市方面主要来自住宅、工厂、仓储商店等的租金。城市的支出主要是田园城市的建设资金。建设可分步进行,而且可以先建设有回报性的、可提高土地附加值的项目,如道路和可作他用的学校。行政管理上,公共和私营并存且无明晰界限,而"市政活动的确切范围仅限于社区能干得比私人好的事务上"。因此市营企业的范围具有弹性,还存在半市营企业。市政当局由管理委员会(Board of Management)组成,包括中央议会(Central Council)和各个职能部门。同时,还存在一些从事公益服务的机构、社区社团和组织,霍华德(2000)称为"准市政工作"。

  一座成熟的田园城市的继续发展,需要在其乡村地带外不远处建设另一座新的城市,逐渐形成由 10 个人口为 3 万的城镇通过高速公共交通连结而成的城市群。这样的城市群中可以有一座中心城市,城市之间在政治上联盟、文化上密切相关。如此一来就可以享受到在一个30万人的城市里能享受到的一切设施和便利，却不如在大城市里那样缺乏活力。城市与城市之间是广阔的农业带，以防城市因为扩展而连成一片。此外，土地归社区公有导致土地市场的缺乏，也使城市的向外生长得到有效控制。

霍华德充分考虑了设想实施会遇到的困难，且雄辩地对之逐一进行解答，体现了激进乌托邦主义的特征。他分析了前人经验以及他人相关著作和论述，从而得出付诸现实的手段——首先集中于一点，使之产生必要的效果和影响，然后再以此为基础向全国推广——事实上他也正是这么做的。而且，新建城市必然会对现有城市产生影响，这就迫使现有城市进行改造——霍华德也在篇末简略提及伦敦的未来。从田园城市试点到田园城市群再到伦敦（现有城市）的改造，这就是霍华德所倡导的"真正改革之路"。在个人主义者和社会主义者之间、在追求利益和公平分配之间，霍华德相信自己找到了一条两者都要走的通向新的产业体制的道路——追求利益的目的是公平分配这些财富。

虽然带有乌托邦主义色彩，但霍华德的思想一经面世便流传甚广，影响巨大。借由英国规划师昂温的《设计城市与郊区的艺术》，英国的田园城市运动于1909年传到了芬兰，成为对抗维也纳建筑师疯狂崇拜中世纪风尚的有力武器。两位芬兰建筑师弗罗斯特鲁斯和斯特伦格尔用田园城市所代表的清醒理性的国际思潮来抵御世纪之交时本国风头正劲的浪漫国家主义建筑风格。斯特伦格尔还于1910年发表过关于汉普斯特德田园郊区的两篇重要论文。在其他国家如英国、德国、法国、比利时都创建了田园城市协会，甚至包括其他洲的美国与日本。这些协会是推进各自国家田园城市实践的积极倡导者，进行了不少田园城市建设实践，有些留存至今。

3.2.8 格迪斯与集合城市

区域规划思想的创始人苏格兰城市学家格迪斯于19世纪末提出了有关区域规划方面的设想。在芒福德的帮助下他的学说先后传入美国及世界各地，与霍华德的理论一起，对1930年代罗斯福新政时期的美国和1940—1950年代欧洲的首都规划具有巨大的影响（Hall，2002）。格迪斯思想来源有柏拉图的哲学，法国地理学家兼无政府主义者白兰士❶的学说、法国社会学家普拉的理论、赫胥黎❶的进化理论、无政府主义者雷克吕和克鲁泡特金的激进思想等，所以他除了被称为城市规划学家以外，还被视为社会进化论者（social evolutionist）。格迪斯的思想可分为几个方面：区域调查与区域研究、文化演化与人地关系、新技术时代与无政府同盟、城市社会学和区域规划思想。

格迪斯在《公民学：作为应用社会学》一文中提倡"规划前要做调查"（survey before plan），认为全面和具有可比性的城市调查（civic survey）必须从更为基础的部分——一定的地理区域——开始，它是研究城市和文明的基本单元。规划必须在调查这样的基本单元的资源的基础上进行,而他的重心就放在对区域的调查方法上。格迪斯这一观点是有迹可循的,源自于以白兰士为代表奠定起来的区域地理学,认为"地理学的真正特性在于同时研究复杂综合体及其地域分布……自然创造了区域,人再加以改造。人的作用随着时间而加深,所以一个区域只能从演化的角度来加以认识"。区域地理学还认为区域研究可令人更好地理解"环境所具有的作用性和历史性",这一环境是"人类发展的推动力量,男女之间及与周围环境之间的互动是自由的中心和文明进步的主要动因",但环境已为集权国家和大工业生产所破坏。以此而言,区域超越了研究客体这一角色,成为人类整个社会与政治生活发生的基地。研究区域的自然单元应是经济区域,应放在全球社会而非从一国之私的视角进行考虑。

为更好地说明其区域研究观,格迪斯于1909年建立了一个山谷截面(the valley section)模型。模型来源于雷克吕的思想,后者认为在类似山区截面这样的经济同质地域内可以发展自治政治实体。格迪斯的模型是从山坡到海洋水域做了一个横剖面,形象地图示了随着海拔高度的下降,人类所从事的行业是如何变化的。从事每一职业的人都发展出自己的村庄和部落——即职业区域,拥有自身独特的家庭结构、社会传统和风俗习惯。随着村镇的蔓延,每一个职业区域都联系起来(Geddes,1925)。

> 这一地区的中心是城镇中的谷地(the valley in the town)。从城市地面向下一层一层挖掘直到最古老的年代,那些已经黯淡下来的英雄般的城市建于其上,由此再一边向上看一边想象它们。
>
> ——格迪斯《镇中的山谷》

格迪斯在1880—1890年代经常与雷克吕和克鲁泡特金会面,后两者受无政府主义创始人——法国的普鲁东和俄国的巴枯宁——的思想影响日深并继承了其学说。克鲁泡特金发展起来的无政府主义哲学流传至20世纪并同时影响了霍华德和格迪斯(Hall,2002)。克鲁泡特金所著《田野、工厂与作坊》中陈述了欧洲社会发展的几种形态,并预测了工业发展的未来:工业将遍布全世界所有的国家和区域,并将与农业结合。格迪斯深受影响,遂于1900年的巴黎博览会上提出旧技术(palaeotechnic)和新技术(neotechnic)的说法。其中新技术时代是工业分散化的时代,新技术秩序意味着"逐个城市、逐个国家地创建乌托邦"(Meller,1993)。

1904年他出版了《城市发展:公园、花园和文化制度研究,卡内基信托基金丹佛姆林的报告》。这是他的第一部主要关于城市设计的报告,使他在建筑师与规划师中声名大振,他也因此成为新出现的规划师这一行业中的一员(Steele,2004)。1915年,他的名著《进化中的城市》面世,集中展示了他的观点。格迪斯注意到电力和内燃机车的运用使大城市开始发散、城市间的距离缩短、边缘模糊,城市与城市逐渐走向聚合。为此他杜撰了"集合城市"(conurbantion)一词为这一特质区域命名:

> 但如果说城镇和存在集结成组合城市(集合城市)并吸纳邻近地区的这种解释,是对当前社会进化趋势的正当描述,那么,我们可以期望在其他地方的一些相似的城市区域,也能发现这种处于同样进化过程的事物;它不可能只是一种岛屿奇观。
>
> ——格迪斯《进化中的城市》❷

事实上,他在欧美地区观察到多片城市密集地带,也即集合城市,并预测在不久的未来大西洋沿岸将出现 500 英里(1 英里≈1.6 千米)的城市带(City-line),并将有亿万人口居住在那里。但是,这样的集合城市仍然是旧技术秩序下的城市,仍然延续了其所有缺点和问题。为了改变这一切,格迪斯无独有偶与霍华德及其他思想家一起采用了同样的方法:引入乡村。他认为城市的生长不应该像扩散的墨迹或油污一样,而应该按照植物的生长方式,叶片交替布置以合理吸收阳光。这样,城市居民才能在乡村的景色与风貌中成长。格迪斯的城乡结合观点建立在区域的基础上,这是他的创新之处(Hall,2002)。在书中他还强调了保护历史传统的重要性,认为民众应该参与到自身的改良计划中来,要再现城市古代建筑的风范(Meller,1993)。

格迪斯的规划实践主要在亚洲地区。1914 年这位思想大师来到印度从事规划活动,希望通过把当地传统文化运用于现代模式中的方式,来解决当地迅速发展的城市当中过度贫穷和拥挤的问题(Meller,1993)。在于 1910 年代晚期加入犹太复国主义运动之后,他的实践进一步拓展到巴勒斯坦地区。1918 年他开始规划耶路撒冷的希伯来大学,以及海法和巴勒斯坦等地区的田园郊区与定居点。他运用了自己关于整合所有人类知识的思想,并试图建立起大学、城市与区域之间的相关性,以及当地巴勒斯坦人、阿拉伯人和以色列人的融合。

格迪斯对 20 世纪的规划有着深远影响。他主张规划必须基于对现状的调查研究,分析聚落的模式和地区经济背景。这使他超越了城市的界限,把自然区域作为规划的基础框架,这在视规划为技术性的工程或建筑设计的当时是项了不起的革新。他所发明的工作方法——"调查—分析—规划"(survey-analysis-plan)也成为规划标准程序的一部分。这使得规划仿佛具有了逻辑结构,是格迪斯的又一项创举(Hall,2002)。此外,他注重在城市规划中考虑社会因素的影响,这一观念一直延续到今日的可持续发展城市运动中。

3.2.9 加涅与工业城市

法国建筑师加涅的工业城市思想起源于 1899—1900 年间。他原是巴黎艺术学院的学生,1899 年凭罗马奖(Prix de Rome)奖学金在意大利游学了四年时间。返回法国后于 1904 年在巴黎举办了工业城市的设计展览,但直至 1917 年,综合反映其理念的《工业城市》一书才得以出版(弗兰姆普敦,2002)。在该书中加涅阐述的观点是工业应在城市中起决定作用,应按照工业生产规律将各工业部门聚集起来相互协作。他的观点源于以下认识:在工业社会中生产按照某种秩序进行,它不仅推动生产,也推动社会发展。加涅的工业城市是根据工业生产的要求而规划的,这也是"工业城市"名称的由来(洪亮平,2002)。

加涅设想中的工业城市位于河岸边的斜坡地带,其北部有山地和一座湖泊、南部有河流与谷地,人口规模3.5万人。该城的自然条件与法国里昂——加涅一生都深受其影响的城市——的类似,即法国东南部的山岭起伏地带。选址原则是靠近原料产地,或附近有提供能源的某种自然力量,或便于交通。工业城市在方案设想中对功能分区、交通流通、卫生保健、住宅标准上都有相当细致的考虑(Ward,2002)。分区方面,加涅按照不同的功能要素对城市各组成部分进行了分区,原则是尽量按照卫生、朝向、风向等因素的影响来布置,各功能分区间均有绿化带相隔且留出了充裕的发展空间。其中城市中心为公共建筑,有集会中心、展览馆、博物馆、剧院等。住宅区在城市中呈带状分布,内部细分为小的街坊并以绿化带相分隔,区内部设有小学和其他公共服务设施(王受之,1999)。疗养地在城市北面山坡向阳面。工业区则设置在东南部的河流河口附近,包括各种工业部门如炼钢厂、造船厂、农机厂、汽车厂及许多辅助设施(洪亮平,2002)。中心车站在城市东部并与工业区相邻。交通方面,城市内部交通主要采用公路,不仅有立体交通(铁路干线的一段经由地下通往城市内部)、快速干道,还有在当时相当有前瞻性的飞机起降试验场地。在建筑的建材和结构方面,使用了当时最先进的钢混框架结构㉑。从这些细节上可以看出加涅是一个紧随时代潮流又颇具创新精神的人。此外,他假设社会秩序的某种进步将使有关道路、卫生方面的规则自动得以实现,而无需借助于法律的执行,土地、日用品分配及垃圾的重新利用都由公共部门管理。城市内不设围墙,没有私有土地,没有教堂或兵营,没有警察局或法院(弗兰姆普敦,2002),这些设想说明他具有浓郁的社会主义思想。

加涅所提出的功能分区原则,预示了1933年由国际现代建筑协会(Congrès International d'Architecture Modern, CIAM)的《雅典宪章》提出的分区原则。他的构想"不仅规定了一座假想工业城的基本原则及布局方式,还在不同层次上区分了城市类型学的具体实质"(弗兰姆普敦,2002)。这对其同时期的人和后继者,尤其是对苏联建国头十年的规划理论以及法国建筑师柯布西耶的城市设想均有一定影响。1945年法国建筑师佩雷在法国重要海港勒阿弗尔(Le Havre)所做的设计也是工业城市思想作用下的产物。

3.3 十维世界:20世纪上半叶的规划思想

20世纪上半叶整个世界风起云涌,也充分反映在艺术、文学、音乐等敏感领域。例如,这一时期诞生了很多昙花一现的美术流派:新古典主义、新浪漫主义、新民族主义、表现主义等音乐流派则对以调性为基础的欧美古典音乐进行了颠覆，等等。规划界也有同样的表现——从20世纪伊始至第一次世界大战爆发的这十几年，是现代城市规划最有创造力的一个阶段(Ward，2002)，无论在理论界还是实践领域，无论是精神层面还是物质层面上皆是如此。

20世纪上半叶涌现的思想是现代规划理论的基石。其中由建筑师推动的规划思想中有两种突出倾向，即分散主义和集中主义。芬兰裔美籍建筑师沙里宁对此有精辟的论述：

> 造成城市集中的主要原因，在于人是一种合群的生物……由于群体的本能，人类倾向于集中地感受和思想……而分散则始于城市向周围地区的疏散。
> ——沙里宁《城市：它的发展、衰败与未来》㉒

分散与集中也源于人类对自然的态度。霍华德的田园城市思想可以说是现代最早的分散主义思想，倡导低密度、与自然和谐共生。而集中主义的代表人物柯布西耶则认为过去的思想已经落伍，应该通过科学与技术手段征服自然，创造一个进步新时代(Greed et al.，1998)。从地域分布上而言，欧洲本土倾向于集中，而英国与美国则更倾向于分散。究其原因，从历史上来看欧洲常处于大小国家并存的"分裂"状态。因此欧洲城市多注重防卫，封建城市(城堡)都有城墙、护城壕等防御设施，导致欧洲近现代的城市对集中、高层建筑的接受度更高。而英国是岛国，具有天然地理屏障；美国城市不设防，低密度的乡镇围绕着主要的中心城市发展，因而到了近现代以后更偏爱分散主义的规划思想。

不过，由于20世纪上半叶中提出规划思想与理念的不少是建筑师，这也使得这一时期的规划思潮带有浓郁的建筑特色：缺乏变通的蓝图式规划，注重实效而忽视社会问题的功能主义、设计者作为无所不能的预言家的个人主义等，但却忽略了规划本身的复杂性、长期性和团队精神(Hall，2002)。霍华德已意识到团队精神的重要性：

> 从各方面看，最终形成的规划方案都不应该，通常也不可能出自一人之手。无疑这项工作是许多人的智慧结晶——从事工程、建筑、测量、风景园艺和电气等行业人员的智慧结晶。
> ——霍华德《明日的田园城市》

不过，上述局面在战后得到了很大的，甚至是逆转性的改变，不仅囊括了霍华德所提到的工程技术方面，社会、经济、历史、政策等方面对规划的作用也被融合进去。这是因为这一时期规划理论的一大来源是经济学家、政治家和有影响力的企业家、工业家。他们同建筑师与规划师一样关心城市问题，但也关心经济兴衰，认为只有对经济具有绝对指导作用的规划，才能拯救对资源与人力的有效调控机制(Reade，1987)。这种趋势最终导致在战争硝烟散尽、国计民生重新成为重要议程时，经济和政策力量在规划理论中的影响的加强。

3.3.1 社会思潮与学术动态

20世纪上半叶延续了19世纪基于解决工业城市问题而形成的社会思潮及运动。在该时期，对思考城市具有较大影响的学术进展主要出现在管理学与社会学当中，其中美国学者贡献了许多真知灼见。这与一战以后欧洲衰落、美国腾飞导致的双方在政治势力与经济实力上的双重逆差有很大关系。

1）住房改良的延续

19世纪的城市问题在实践上的解决之道包括公共卫生运动、社区改良运动、城市美化运动等。其中住房改良的目的是使居民，尤其是城市中下层及产业工人拥有一个舒适、卫生、安全的居住环境。虽然各国没有明确提出住房改良的名号，但实质上都在进行这一活动，其中又以英国与美国的实践活动较为突出。

20世纪以后美国住房改良仍在继续，其中美国社会工作者西姆柯维奇在其中发挥了巨大的作用。她于19世纪末在德国的柏林大学受教育，并在当地做几个宗教组织与社会组织的志愿者工作，这些经历影响了日后她在美国展开的住房改良与社会工作。回到美国后，她与艾略特于1901年成立了邻里工人协会（Association of Neighborhood Workers）。1907年西姆柯维奇开始担任纽约市拥堵委员会（Congestion Committee in New York City）主席，倡导低成本住房与公共住房，并支持清除贫民窟。1930—1940年代是西姆柯维奇最为活跃的年代，她立足于纽约及其住房问题，但将其推广至美国全国，担任了全国性的公共住房联盟（Public Housing Conference）的主席（1931—1943年），并推动了美国的国家住房法（National Housing Act）于1937年颁布。对城市规划、社区规划及规划理论影响很大的社区邻里思想能够在美国产生，与西姆柯维奇发挥了积极作用的美国持续不断的住房改良传统有很大关联。

2）管理学中的泰勒主义与福特主义

被尊为科学管理之父的美国人F. W. 泰勒是工效研究（time-and-motion study）的鼻祖。他的影响深远的著作《科学管理原理》（1911年）是效率增进运动（efficiency movement）和城市效率（city efficiency）之源，该书同时也包括市政府的效率化。他的管理理论中最重要的一点是把规划与实施相互分开：找出过程中的问题，创建一套科学方法解决它们，然后实行新的系统。将之运用于城市，则意味着将政治从行政管理中分离出来。

F. W. 泰勒的管理主义被称为泰勒主义或泰勒制（Taylorism），与美国汽车生产商福特的标准化大生产方式结合在一起构成了福特主义。受现代性的影响，20世纪上半叶普遍信仰科学管理和科学方法。因而，作为科学管理方式的一种，福特主义形成了对欧美从经济制度到日常生活的广泛影响。至 1950 年代,整个西欧社会都接受了福特主义这一成熟的积累体制理念,并通过海外贸易与投资进一步影响整个世界。

3) 反思与界定城市

这一时期的社会学研究承袭了 19 世纪的反思传统。其中比较重要的是社会学研究奠基人之一、德国社会学家齐美尔对大都市的反思。他于 1903 年发表的《大都市与精神生活》一文,从都市人与小镇居民对比的视角,对大都市进行了反思与界定。都市生活与小镇生活的差异在齐美尔看来首先在于对时间的利用上——都市人生活节奏快、挑战多;而小镇居民的生活节奏更缓慢、规律与平淡。其次,在开放与保守上——都市人更自由,开放性更强,但人与人之间的交往更为淡漠;小镇居民接受新事物、新想法更慢、更难,常遵循既定的传统,而且是一种熟人社会,居民很难独立发展。齐美尔并未对两者孰优孰劣下结论,而是认为各有利弊。但他也认为都市是真正的自由的场所。

韦伯在其 1921 年面世的著作《城市:非正当性支配》中也对城市进行了界定,但采用了"完全的城市共同体"这一术语。他认为这一共同体的特征如下:(1) 地理位置处于重要战略地位;(2) 有一座市场;(3) 有自己的法院,至少要有少量自治性法律;(4) 有相关的社会联结形式;(5) 政治上必须部分自治(马休尼斯等,2016)。从中可以看出,首先,韦伯认为城市之间必须有经济或贸易上的相互依赖性,这与能够自给自足的前工业社会及城市形成了鲜明对比。其次,韦伯非常重视城市的自治性,这或许与其德系学者的出身有关,因为德国在历史上长期处于封建诸侯联邦状态,各德意志诸侯国拥有高度自治权。最后,韦伯重视城市内部的社会联系及社会组织。鉴于他所归纳的这些特征,韦伯认为中世纪的城市才是城市的理想状态,而 17 世纪以后的工业城市已经失去了军事、法律与政治的自治性。这导致城市市民很难再认可自身为城市的一员,而是认可自己为更大的社会单元如国家的一员。当然,由于认识到中世纪城市与工业城市的差异,所以韦伯认为城市与经济、政治等更宏观的过程相关联,社会条件不同将导致不同的城市的产生。

4) 社会学中的芝加哥学派

与影响欧洲的社会主义冲突模型相比,美国的社会学在 20 世纪上半期受保守的机能主义观影响更大(Greed et al.,1998)。以芝加哥学派❷为代表的美国城市社会学研究自 20 世纪初起就方兴未艾、延续至今。学派于 1910—1920 年代兴起于美国芝加哥,受到了达尔文和进化论的社会达尔文主义——或者说社会生态学——以及德国 19 世纪末的古典城市社会学研究的影响。芝加哥学派的研究扎根于理论,而以观察作检验,是对大城市之社会结构的全面研究。学派代表人物有帕克❷、伯吉斯、麦肯齐、沃思等,多数任教于芝加哥大学社会学系。1925 年他们的研究结集成册,是为《城市》的论文集。学派崛起的缘由之一,是芝加哥城作为一个巨大而复杂的移民城市,为研究提供了极好的样本❷。这些学者期望找出一些问题的答案,例如移民潮涌入城市贫困地区寻求住房从而造成争抢"空间"的压力及其与犯罪潮之间的内在联系。社会异常与犯罪被帕克和伯吉斯认为是城市试图重新回到均衡状态的表征,而非由内在的阶级冲突引起。由此,芝加哥学派的学者提出了一些著名的城市空间结构理论。

其中伯吉斯以芝加哥为研究对象,于1925年提出了描述工业城市中心土地利用和城市扩张的同心圆理论(concentric zone theory)或同心圆模型(concentric ring model),是一个基于社会群体移动来分析其对城市空间结构的影响的理想化模型。他认为社会群体的移动类似于生物上的入侵与演替(invasion and succession),可分为四个阶段:(1)流动初期阶段;(2)大规模入侵阶段;(3)延续或稳固阶段;(4)堆积阶段。据此,城市由最初的单核结构发展成为具有五个圈层的同心圆结构,由内而外分别是:中央商务区(central business district)、过渡带(zone in transition)、工人居住区(zone of working)、高等住宅区(zone of better residence)、通勤区(commuters zone)。并且,还表现出两种发展趋势:其一,城市的发展源于中心商务区的发展压力,是自中心向外扩散的,且一环扩张将入侵下一环,从而引起每一环构成成分的变更。伯吉斯认为社会地位和收入较低的移民进入城市中心区,造成了富裕居民的外迁。其二,居住密度随着离城市中心的距离而递减,而土地面积递增。不过,伯吉斯模型的最大缺陷在于,这种建构在生物群落分析上的模型过于简化因而失真,忽视了城市生活中社会与文化方面的因素,以及在工业化过程中政治经济因素对城市地理的影响。因此在战后招致很多批评,但它仍是最广为人知、应用最广泛的城市社会空间理论和模型。

霍伊特的扇形理论(sector theory)发表在他1939年的专著《美国城市居住社区的结构与成长》中。扇形理论作为一种城市发展模型建立在伯吉斯研究的基础之上,把交通因素加入伯吉斯的均质模型之中,使城市空间理论得到了进一步发展。霍伊特通过对142个北美城市房租的研究和城市地价分布的考察得出以下结论:在交通因素的影响下,城市结构从同心圆转变成扇形或楔形(wedge-shape),商业、工业和居住区都会沿交通线路以扇形分布并遵循最小阻力原则发展,可达性越高地价就越高。据此,城市布局有以下几方面特征:(1)为节约成本,工厂的分布一般沿水岸线或铁路以利运输;(2)工厂周围的环境质量由于工厂的废气、废物排放而下降,逐步沦为低收入阶层的居住区;(3)中等收入阶层的居住地一般位于高低收入阶层之间的夹层;(4)高收入阶层一般居住在环境良好、地价较高的地段。

哈里斯和乌尔曼于1945年提出了多核心模型(multiple-nuclei theory),对影响城市空间结构与土地利用的因素做了更多考量,把职业、地价、房租、环境等因素都纳入到模型当中。他们主张城市,尤其是大城市除了主要中心外还会有次级中心,城市越大、核心越多、功能越复杂,而行业区位、地租房价、集聚效益和扩散效益是导致城市地域结构分异、功能分区的主要因素。这些发展中心既包括城市的商业中心,又有城市的交通中心(如火车站、港口、空港等),每一中心可能按照同心圆或扇形模式发展。造成这种多核心结构的原因在于:(1) 一些功能区对特殊地域条件之要求;(2) 不同功能区的性质决定了各自的相互位置;(3) 活动的聚集效益导致同类型活动聚集在一起;(4) 不同类型的活动之间可能有利益冲突。

5) 黑人社会问题研究

在20世纪早期,美国的社会实验和社会调查的主要对象是移民及其社会化过程。其中对黑人社会问题的研究一直是美国社会学发展的动因之一,这一时期不少社会学家也具有黑人血统。继杜波依斯之后的又一位非裔社会学家是弗雷泽,他由博士论文改编出版的《芝加哥的黑人家庭》(1932年)一直是社会学中关于黑人家庭和社会结构研究的里程碑式的著作。他认为造成黑人成为社会底层的根源是缺乏技术、家庭紊乱、文盲、贫困,及由于缺乏教育和经济机会导致的无能与无责任感。瑞典经济学家缪尔达尔的《美国进退维谷:黑人问题和现代民主》(1944年)则是另一部奠基之作,他洞见了黑人社会问题产生的原因是黑人与白人之间在社会准则方面的差异。这种差异性造成的矛盾随着黑人向城市迁居而变得激化。他同时也认同弗雷泽的观点,即黑人家庭结构的崩解——包括离异、遗弃、非婚生子等等,是最根本的问题,这一观点也得到战后许多黑人问题专家的一致同意。此外还有美国社会学家奥德姆,他是1930—1940年代的南方地方主义学派(southern regionalist school)的创始人。这些研究为1960年代的反种族运动、黑人和其他少数族群的觉醒和崛起,做了理论上的准备。

除了黑人社会学家总结出来的家庭问题外,另一项造成美国严重的黑人问题的原因是白人种族主义。不过,20世纪上半叶对此尚无明确总结。这一术语及观点是在1960年代激烈的反种族运动之后,由1968年出台的官方报告《美国国家顾问委员会关于1968年的民事骚乱》所总结出来的。代表了白人一方观点的报告认为,隔都文化(ghetto culture)是一种以犯罪、吸毒成瘾、依赖福利制度、怨恨整个社会尤其是白人社会为特征的文化。而由白人种族主义观念所导致的种族隔离、歧视,是使这种文化成形的要因。其实,黑人的内部问题和白人种族主义,可视为贫民窟文化现象的内因和外因。两方面综合作用,造成了美国这种复杂的社会问题。

3.3.2 规划中的分散思想

城市规划中的分散主义与集中主义思想一样,是古已有之的两种对立的思想倾向。更宽泛一些,霍华德的田园城市理论、马塔的带形城市理论等或许都可以贴上分散主义的标签。只是这一时期出现的思想在分散的趋势上表现得更为明显罢了。

1) 沙里宁的有机疏散论

20世纪初田园城市思想传入芬兰。但1910年以后，在瓦格纳的维也纳以及柏林的城市规划实践的带动下，关注点已经从田园郊区转至大城市问题和具有纪念意义的城市理想上。城市规划建筑师荣格和他的继任者布鲁尼拉是该学派的领军人物，他们通过《建筑师》杂志和出版赫尔辛基中心区规划来宣传自己的理念。而沙里宁于1911年针对布达佩斯特总体规划提出专家建议时对大城市问题进行了研究，开始城市规划领域的探索。其后他进行了一系列规划实践：1913年为爱沙尼亚的首都塔林（Tallin）做了规划并荣获国际竞赛首奖；1910—1915年在赫尔辛基北部近郊的蒙基涅米—哈加（Munkkiniemi-Haaga）从事规划实践；1918年进行了大赫尔辛基（Great Helsinki）改建规划。

沙里宁的蒙基涅米—哈加规划方案糅合了田园城市和大城市规划的原则。这份芬兰第一个现代意义上的总体规划的文本包括总共163页的理论部分及其解释说明。首先是对城市规划的历史以及当前趋势的调查——沙里宁分析了霍华德的《明日的田园城市》，并将昂温和帕克规划的汉普斯特德的田园郊区作为现代环境设计的一种典范。然后进行了人口预测和对不同城市功能区的土地利用分析。接下来从美学角度对城市空间的不同要素、建筑设计以及执行时的法律问题进行了论述。最后探讨了处理建筑、公共设施及必要的服务等问题的市级机构。规划在居住环节上受了昂温的影响：大街区、院落整齐划一、联排式房屋，适合不同阶层的人居住，小的给工薪层，南边离海岸较近的地方还有时尚住区。而在街景和公建组织方面受到了西特的艺术原则的影响：把各种不同类型的公建组织在具有纪念意义的公共空间中，街景经过精心设计，使得每一个人都能被广场、公共建筑、高塔或山墙的端头围合起来。作为有机街区结构的均衡，设计地块的轴向景观有着明显的瓦格纳式的基调，而商业大道则取材自奥斯曼的巴黎。尽管这一规划只有部分得以实施，但它却成为1920年代后芬兰规划师仿效的典范。芬兰的城市规划也步入沙里宁时代，直至二战结束。

为了1918年大赫尔辛基改建规划，沙里宁在中、北欧的一些城市进行了实地考察。这些城市都具有分散发展的特点，对他启发很大。沙里宁十分注重规划的长期性、能动性和可实施性，因此把自己的理论称为动态设计。他认为，鉴于城市建设是一个长期过程，规划应当"沿着预定方向，走向明确目标，形成逐步演变"；而"充分灵活的规划，可以在条件变化而出现新的要求时做出必要的修改"；现在和未来指向应该是双向的，既要考虑从现在到未来的规划，也要考虑从将来目标到现在演变的种种可能。

这些实践为他提出自己的规划理论积累了前期经验。1942年沙里宁的《城市：它的发展、衰败与未来》完稿，于1943年出版。在书中他认为城市将演变成为一种新的类型——明天的分散城市。其原因是：(1)在心理和物质上，人们需要更自由和更开敞的生活环境；(2)现代交通发展和交通问题;(3)人口持续不断的增长和人口流动。而整顿畸形发展城市的手段就是有机的疏散,其核心是生活的安宁与平静。有机的含义建构在有系统、合乎逻辑和高效率的组织上,它能把紊乱状态逐渐转变为切实可行的秩序。有机疏散的具体组织方式是"对日常生活进行功能性的集中"和"对这些集中点进行有机的分散"(沙里宁,1986),手段是把大城市整块拥挤的区域,散布成若干在功能上相互关联的有功能的集中单元,对城市进行物质上、经济上和精神上的整顿。为此他考虑了从住房、劳动场所的安排(指轻、重工业的布置)、经济与立法、建筑原则、城市设计到广告牌清理等等的实际操作问题,并主张应以彻底研究和全面规划的方式同时处理这些问题(沙里宁,1986)。在书中作者还运用了各种形象生动的比喻,例如以水滴扩散、血液循环等来阐述他的概念。

沙里宁移居美国以后创办了匡溪学院。在他的指导下,学院学生做了不少分散主义的大城市规划方案,如 1933—1934 年黑凯的大底特律分散方案、1935—1936 年赫钦生的大芝加哥方案、1940 年契梅尔斯的雅典与比雷埃夫斯(Piraeus)分散方案等。

2)赖特的广亩城

城市的罪恶萌生于出租之中——对土地、金钱(投资)和思想(对创造的控制)的出租。

——赖特《消失中的城市》

现代建筑大师赖特在城市规划领域内也成就斐然。他在 1935 年发表于《建筑实录》杂志的《广亩城:一个新的社区规划》一文中声称,广亩城是美国式的,建立在收音机、电话和电报的广泛使用,以及标准化机械车间生产和以汽车为基础交通工具的基础上。赖特不仅提倡个人主义,还希望实现分散式的文明,这种文明形态在汽车大量普及的条件下将成为可能(弗兰姆普敦,2002)。

广亩城思想有几个来源:第一,理想城文化。1928 年赖特创造出理想城(Usonia)一词,指建立在美国自发的平均主义文化之上的理想化的城市。理想城"与广亩城是两个不可分割的概念,前者提供了一系列存在于建筑后面的原动力,而这些建筑物则成为后者的实体"(弗兰姆普敦,2002)。第二,克鲁泡特金的无政府主义思想,广亩城的经济形态首先是克鲁泡特金的《田野、工厂与作坊》中提到的新型的小型乡村工业经济,在那里体力与脑力劳动相结合,就可以达到被现代社会和现代城市破坏了的人类一体性(LeGates et al., 1996)。第三,杰斐逊主义的反城市思想,赖特在著作中一再表明他对大城市的不满。第四,19 世纪末美国威斯康星州自耕农场主独立的农村生活,赖特曾深受影响并希望这样的生活形态能够持续。

1929 年及其后,时值纽约股票市场崩溃引起美国全国性经济衰退,如此形势使赖特相信国家需要政治和经济上的激进变革。为此,他开始建构一个理想城市模型，最终的完整成果发表在 1932 年出版的《消失中的城市》一书中(Fishman,1982)。城市就是出租的中心——在城市里没有生产性劳动、没有自己的思想和感觉，只有靠出租去获取他人的劳动成果、创造发明甚至是各种感觉体验。因此他主张，在当前新的通信和交通手段已经可以克服距离上的障碍时，像城市这样的集中是不必要的，巨大城市中心的消亡是必然的。未来的城市与古代及现代的城市都不一样，它应当是普遍存在的，以至于人们甚至意识不到城市的存在(弗兰姆普敦,2002)。在 1935 年发表的文章《广亩城：一个新的社区规划》中，赖特表述了一种矛盾的观点，即他激进地建议剥夺每一家庭除所需(即至少一英亩)之外的土地，但同时又强调个人对家园田产的绝对权利，这样才能保证个人主义(Fishman,1982)。他强调城市中人的个性，反对集体主义；家庭之间要保持足够距离以减少接触，这样可保障家庭内部的稳定，但又可以通过现代的电信和交通手段得到足够的交流(LeGates et al.,1996)。由于赖特曾受东方哲学尤其是道家思想的影响，赖特的这种构思颇有一些老子的"民至老死，不相往来"哲学意味。

赖特在 1945 年的《民主建构时》一书中构想了一种新型的城市发展模式，其目标是建立一种框架使人们的现代生活和娱乐、文化及工作合为一体，并通过消灭土地出租从而消灭任何类型的出租。为了达到这一目的，城市以低密度为特征，道路与电力线的遍及使城市可以扩展到乡村地区，各种活动(包括居住与就业)也无须再向城市集中。他把这种城市形态命名为"广亩城"，因为城市低密度的表征是城内每户人家都拥有必需的一英亩以上土地，粮食可自给自足。这样的家庭田庄(family homestead)成为文明的基础，而政府的职能只是分配和改良土地、建设社区基础设施和管理公用事业如消防、邮政、银行等。在城市景观上，广亩城内每家土地相邻且连绵成片，住宅、工厂、商店、办公楼等等都建造在田间，其结果是城市和乡村合为一体，不再有任何的差别。相应地，在职业上也无任何专门化，每个人都既是农夫，又是技工，还是知识分子，工作与娱乐之间的差异也同样消失了(Fishman,1982)。家家户户之间都有公路连通，加油站因之成为社区商业与服务中心。他预计城外购物中心 20 年后会在美国成为现实，而历史见证了他的预见，甚至提前实现了(Hall,2002)。

赖特在 1920—1930 年代时成为一名社会革命者，因为他的广亩城规划模型中早就蕴含着他的社会思想。他在 1958 年的《生活城市》一书中提出，民主可以通过人人都能诞生在自己的土地上获得，因为土地所有权能使人获得自由和尊严，从而导向社会和谐和避免阶级斗争(LeGates et al.,1996)。然而，同其他规划思想家相比，赖特的模型很不完善，因为他忽略或逃避了城市的经济和政治问题，而这正是霍华德和其他规划思想家非常重视并视为其理论模型之基础的问题。在经济问题上，赖特只偶尔提到单一税制(single tax)和社会借贷——美国大萧条时期卓有成效的经济挽救措施，却缺乏对城市的经济做出总体性的考虑。同样，他的理想城市模型也缺乏在政治制度上的设计。

3.3.3 规划中的集中思想

柯布西耶㉖出生的社会文化(瑞士)、宗教信仰(加尔文教)与家庭背景(父亲是名钟表匠)对他的设计思想与城市规划思想具有不可忽视的潜在作用,总体说来是一种对整洁和秩序的要求。对他而言,秩序要通过纯净形式表述出来(Fishman,1982);而他成年时期所处的巴黎又为他的设想提供了原材料和对理想秩序产生幻想的舞台。虽然他这样一位极具创新与变革精神的大师在思考时从不为背景所限,但对他的分析与评价仍然要在背景下进行。

柯布西耶写了两部书论述他的规划思想,即1922年的《当代城市》和1933年的《光辉城市》(也译《辐射城市》)。在这两部书中他提出了机器时代的集中主义的理想城市范式,这与他在其《走向新建筑》(1923年)一书中提出的有关建筑的著名评论"住宅是居住的机器"一脉相承。他冀求在一个具有集体精神和市民自豪感的新时代里创造一个人、自然与机器都能和谐共存的完美环境(Fishman,1982)。他在《光辉之城》的篇首这样写道㉗:

这份工作的意义,必须放在正确的时代来衡量。它一鼓作气,创造了一个完整的有机体(光辉城市),能够容纳从今往后所谓"机器时代"社会所有的人类作品。在社会与经济的革命势不可挡之时,这份方案不啻打开时代之门的钥匙。其革命之势奔腾如滔滔巨流,席卷一切。

柯布西耶是20世纪上半叶提出的理想城市模型的集中思想的代表,对城市拥挤现象采取以毒攻毒的方式加以解决——提高容积率(建筑面积/用地面积),但并非整片铺开,而是提高单体建筑的层数,使其能够比以往的建筑提供更多的使用空间和容纳更多的人。由于这些高层建筑底层架空,地面的无建筑空地反而增加了,这样就形成了由大块绿地隔离的遍布摩天大楼的都市景观。这样的城市将引发当时的既有城市中心的灭亡与新中心的建立,但他未考虑到如此高度集中化所必然导致的噪声与废气排放的大量增加。此外,他的集中思想的代表——高层建筑在每个城市模型中所表示的含义都是截然不同的。

柯布西耶在《当代城市》中提出了一个300万人的"当代城市"设想。这是他首次系统解析理想城市模型,而"当代城市"一词最初出现于他于1925年在《新精神》杂志上发表的文章《城市规划》。他在文中论及社会问题时的解决之道——当代城市由东西向和南北向各一条并在城市中心交汇的大道作为中心轴线。柯布西耶认为城市制胜的关键在于速度,因此规划有高效的、适宜现代交通工具的整齐划一的道路网。高速公路、地铁、支线、自行车道、人行道等的设计采用立体交通模式,不但不同车辆行驶在不同高度的路面上，交叉口也使用立体交叉，市中心则是各种交通换乘的中心。他认为"秩序即分类"，因此城中贯彻了功能分区的原则，工业、办公和居住各得其所。市中心是整齐划一的 24 座摩天大楼，只占用中心土地的 5%，其余全是大片绿地。这些摩天大楼为 40 万至 60 万城市骨干（工业家、科学家、艺术家等）提供办公室、工作场所和娱乐文化空间。外围是居住建筑，分为两种类型：其一是为上述精英服务的六层公寓，采用了退层设计的，顶楼有屋顶花园、每户还有阳台花园，占地 15%；其二是为细胞般的普通工人设计的住房，围绕中心庭院建造，同样配备有绿地、运动场和娱乐设施，占地 52%。柯布西耶期望改变那种在巴黎很普遍的富人、穷人同住一幢公寓的现状，他的这种住宅分类设计思想很显然带有阶级隔离的性质（Hall，2002）。

根据这一设想他在 1925 年提出了伏瓦生方案❷（Plan Voisin de Paris），地点在巴黎心脏部位——塞纳河右岸约 2 平方英里土地的商业区。方案中心是 18 幢 700 英尺高的大楼，是各种国际组织的总部所在地，目的是使巴黎成为世界行政中心。摩天大楼群被公寓和花园所环绕（Fishman，1982）。这一方案的实施要以拆毁其他绝大部分现存构筑物为代价，仅保留旺多姆广场等少量纪念建筑，这当然遭到强烈反对。伏瓦生方案的失败使柯布西耶丧失了对资本主义和资本家的信任，他转而投向结合了极"左"与极右主义要素的工会主义❷（syndicalism）。他相信工会主义能形成一座作为秩序与规划的基础的自然等级金字塔，其底层是由工人、白领阶层和工程师组成的工会，顶层是工厂主管组成的区域理事会，每一层享有相应的管理职权。

1933 年的光辉城市设想比之当代城市设想有一些变动，虽然基本宗旨仍维持不变。最大的改变是在工会主义的影响下，这一仍属集中式的城市取消了阶级间的区别对待，代之以一视同仁的集体化。相应的，在当代城市中居于中心地位的行政部分被光辉城市中的居住部分所取代（Fishman，1982）。光辉城市中，每个人都居住在利用大批量生产技术建造起来的称为单元（unités）的巨大集体公寓中，享有同等的集体服务。根据生存最小需求原则、人体尺度和每个家庭的人数设计的住宅，让空间不至于浪费又不至于狭小。如果说在当代城市中对个性差异只是漠视的话，在光辉城市中就是主动且积极地要消除这种差异性了。柯布西耶甚至预见到传统的"男主外—女主内"家庭结构将会发生变化，男女将会同样外出工作，而家政服务则由社会集体提供。这些变化说明，他在《光辉城市》中认定"城市如果是人性化的，那它就应该是无阶级的"，世界的自由源于平等主义——阶级间的平等和男女间的平等。

不过，柯布西耶的各种城市规划思想似乎很少给历史留出余地。虽然他给予哥特建筑高度评价，认为它们是"在废墟上如鲜花般绽放的新世界"，但他也疾呼"我们要在干净的地面上建设！如今的城市已经死亡，因为它们没有按照几何原理建设"（Fishman，1982）。由此不难看出他的反历史传统的态度和凤凰涅槃般的精神。这或许是因为他的设想需要在很大的地域上才能建成，因此在拥有悠久历史传统的拥挤的欧洲城市中很难实现。然而富有戏剧性的是，经过二战的狂轰滥炸，欧洲古老的城市遭到毁灭性破坏，倒是为他的思想开辟出不少可能的实验田地。例如，位于伦敦西南洛汉普敦（Roehampton）的奥尔顿韦斯特（Alton West）新社区由伦敦郡议会建筑师分部（London County Council Architect's Department）所规划，于1959年完成，即严格按照柯布西耶的设想进行规划。

二战以后，因高层和超高层建筑在世界范围内的普及，柯布西耶的思想在世界广泛流传，泽被深远。当然，反对的声音也从未止息，或是批评造价过高、规模过大、拆除过多，不考虑现状、不尊重历史传统；或是认为高层建筑没有人情味，使人脱离地面而不能亲近土地和自然——这显然是对现代建筑的整体声讨浪潮中的一部分。此外，柯布西耶还偏激地认为城市规划太重要，无法让市民来承担（Fishman，1982），这与文艺复兴时期意大利建筑师阿尔伯蒂的"建筑是一门高贵的行业，不是所有人都适于从事的"这一论断如出一辙。他还主张规划要在极权主义的毫不留情下才能得以贯彻实施，因此他盛赞路易十四、拿破仑和奥斯曼，并遗憾自己无缘遇到这样一位专制人物而得以让他的规划梦想实现。设想一下柯布西耶的观点在战后推崇公众参与和民主化的时代会将受到如何猛烈的炮轰。

3.3.4　城市文明思想

芒福德著作甚丰，创作时间逾半个世纪，是对现代城市规划思想影响甚深的美国思想家和史学家。芒福德与格迪斯的渊源甚深，曾经是格迪斯的追随者，也是芒福德将他的思想引入到美国。规划史学者研究现代城市规划思想与理论的发展时，常将霍华德、格迪斯和芒福德三人置于同一个章节或一部书中进行分析。认为三者一脉相承，都倡导社会无政府主义，都认为应对城市与区域进行全盘的、循序渐进的分析（希利尔等，2017）。由于高产，芒福德的思想也很难一言以概之。不过纵观他的著作，芒福德一贯在城市的历史进程中思考当代城市，且城市文明与技术可能是一条能厘清他思想的主线。有关于技术，芒福德是一个反对技术至上主义者。他著有《技术与文明》（1934年）一书，追溯人类的技术发展史至石器时代，并将技术的发展分为始生代（10世纪发轫）、中生代（18世纪发轫）与新生代（20世纪发轫）三个时代，并且思考了机器时代的机器体系问题❸。

芒福德还是一个反对特大城市的人。他在出版于1961年的《城市发展史》一书当中清晰地表述了这样一种观点，即当时的城市问题，其根本原因是对科学的无理性的滥用；集合城市那种不加限制的蔓延为大城市连绵带，也会不利于社会效益和人们的满足感。美国地理学者戈特曼在观察研究美国东北海岸地带城市的发展之后，借助于一个古老的希腊词汇megalopolis来定义这一出现在地球上和城市发展中的新事物。无疑，他给予这一词汇肯定而积极的含义。芒福德在《城市发展史》中也使用了这一词汇,但他并不认为这种大规模城市连绵聚集的状态是好的现象,而认为它是终将消亡的。两者对地球上同一种城市发展现象的截然相反的看法,与两人的生长与文化背景有着极为密切的关系。芒福德一直带有一种反城市的田园思维,而在定居美国之前一直在欧洲各国不停移民的戈特曼,显然对当代城市发展的成就持赞美的态度。不管是肯定还是否定megalopolis,两人都未对它做出严谨的定义,这也是造成之后大城市连绵带研究错综复杂局面的肇因。带着反城市思维,芒福德所构想的理想城市是小规模的市政组织联盟,共同对一种不同类型的城市发展进行管理。他希望空间规划能够对人与空间之间的有机联系进行强化。生活在汽车极为普遍的美国,芒福德尤其反对汽车的使用,希望人们安步当车,"重新动起双腿来旅行","忘掉该死的汽车,为了爱和朋友来建造城市"。这与赖特基于美国民众广泛拥有汽车而设想的广亩城理论形成了鲜明的对照。

3.3.5　社区邻里思想

邻里的概念来自英国的汤因比厅的住房改良实践。传入美国之后,意义发生一定转变,城市改革家将之视为取代行政区(ward)成为基层行政单元从而打破行政藩篱的一种方式。里斯将这一概念继续发展,认为一座城市由邻里组成,邻里有自己的学校和邻里中心、有很大的自主权,市政府由邻里联盟管理。美国社会心理学家库利❸于 1902 年发表的极具影响的研究《人类天性与社会秩序》认为,人类的健康有赖于与两类基层团体——家庭和邻里——保持联系。1911 年美国第一届社会中心发展全国大会(the First National Conference on Social Center Development)后,邻里的含义已基本上脱离了贫穷这个主题,转向新主题——郊区,但集中了公共服务的社区中心的概念仍一直保留。之后芝加哥的两个郊区规划都打着邻里的名义,而且其中一些规划理念与美国规划社会学家佩里于 1920 年代提出的邻里原则已经十分相近。

佩里早在 1909 年就开始研究社区邻里问题,并在其 1923—1929 年间的报告和论文中提出,居住区要确定边界使其具有一定规模与范围,区内需设公共绿地、商业设施和社区中心,交通系统便捷发达。佩里于 1929 年在《纽约及其近郊的区域调查》的第七卷中提出了邻里模型,打破了传统的方格网城市以被四条街道围合而成的一个街区作为一个城市功能单元的惯例。这种以街区为基本单元的问题在于,多种因素(通常是土地开发商的利益)使得美国城市的路网通常十分密集,学童与老人往往不得不穿越一个甚至几个街区才能达到出行的目的地(求学、购物等),如此一来他们的安全就有可能受到交通隐患的威胁。而佩里的革新性思维在于,他以维持一所小学所需学生的家庭数量作为一个社区建立的规模标准,并在社区内配备相应的生活服务设施。同时,社区的交通规划则依照把外部交通隔绝在社区之外的原则,这样上述问题就得到了完满解决。

于 1933 年规划的美国新泽西州的雷德朋(Redburn)小区是社区邻里理论的最佳实践。小区的规划者是斯坦因及同伴 H. 赖特。斯坦因将其首创的人车分离和尽端路(cul-de-sac)运用于雷德朋小区,实践了佩里的在小区中隔绝外部交通的原则。其中人车分离在住宅区内对妇孺的安全尤其重要,尽端路因为使汽车无法穿行于住宅区内部,减小了内部的车流量,也确保了路人的安全。雷德朋小区还是 1930 年代新政之下的绿带型城镇的先行者(Guttenberg,2004),因为它践行了每个社区都设置一片绿地的原则,这片绿地或公园也可以是环绕城镇的绿带的组成部分。斯坦因还总结了雷德朋小区的规划原则:(1) 用超级街区取代狭窄的矩形街区;(2) 为特定功能(而非所有功能)规划、修建特定道路;(3) 人车分离;(4) 房屋朝向上,起居室与卧室朝向花园与公园,辅助用房朝向通道;(5) 公园作为邻里单元的核心。

邻里小区模型更大的影响和更多的实例则要在 1950 年代以后。此时邻里的概念外延得到扩大,社区的范围由城市的人工或天然界线划定(如道路、水体等),小区内的公共服务也日益完善。

3.3.6　功能主义思想

功能主义(functionalism)的城市规划思想其源头来自建筑学领域,典型的体现包括美国的分区制(zoning)与柯布西耶主导下的奉行城市功能分区的《雅典宪章》。在 1930 年代,城市规划领域的功能主义思潮通过建筑师们的活动与宣传影响了整个欧洲地区。

1) CIAM 与《雅典宪章》

国际现代建筑协会(CIAM)是功能主义思想的代言人,在现代建筑设计及城市规划领域都有影响。从 1928 年成立到 1956 年在杜布罗夫尼克召开最后一次会议,在将近 30 年时间里 CIAM 的发展历程可以分为三个阶段。其中,从 1933 年至 1947 年的第二个阶段里,CIAM 在柯布西耶的主持下重心逐步偏向城市规划,《雅典宪章》就是该时期的集中产物。1933 年 CIAM 在雅典举行大会,会后编订了《城市规划大纲》,即所谓《雅典宪章》,但十年后它才得以公开出版。大纲集中反映了当时的现代建筑学派的观点,指出城市要与周围受其影响的地区作为一个整体来研究,规划的目的是保证居住、工作、游憩和交通四大城市功能正常发挥。大纲对这四大功能当前存在的问题进行了分析,并提出了相应建议:居住用地要在城市最好地段;要把握好工业与居住的关系;要降低旧区密度,确保充分的公共空地使人的游憩需求得到满足;要改革整个道路系统,按行驶速度分级道路,按调查资料确定道路宽度。大纲代表了当时的主流观点,即仍然控制着规划界的建筑学的功能主义。

战后,功能主义的规划与设计原理遭遇了不少批判。奥地利裔美国建筑理论学者 C. 亚历山大就举例说明了这种原理的问题。例如人车分离交通模式下，出租汽车司机的营运范围既要涵盖快速机车系统又要包括慢速人行系统，而分离的交通结构显然不能满足这种综合的营运需求。又如将成人的活动与儿童的活动分离的游戏场地，其设计完全未考虑到儿童们的游憩与成人世界是交叠而非隔离的，于是只能沦为一种摆设。

2）北欧的功能主义

20世纪上半叶，北欧尤其是芬兰的建筑设计与城市规划的风格与英国、德国与法国差异性较大。规划史学者 T. 霍尔在其《北欧国家的规划与城市发展》（1991年）一书中提出了"是否有北欧城市规划传统"的问题并给予了肯定的答复。该时期由建筑师提出的城市规划思想带有回归自然的色彩，或自然主义风格。到了1930年代，受到柯布西耶于1920年代提出的当代城市设想及方案的影响，北欧城市规划出现了功能主义风格。

瑞典建筑师奥伦是功能主义在瑞典的主要支持者及《接受！》（Acceptera!）宣言的六位发起人。该宣言呼吁接受功能主义、标准化和大规模生产，推动瑞典的文化变革。他还认为，城市建筑的主观主义美学应当让位于严密的城市发展科学。他在发表于1928年的一篇颇有争议的文章中表明，"现在已经到了向城市发展当中引入严密方法的时候了。城市不是我们偶然去闲逛一下的雕塑，它是一种满足我们生活需要的组织起来的装置。"

芬兰建筑师阿尔托于1936年在苏尼拉（Sunila）规划了一处纤维素工厂及其附属的工人住宅区。这一规划后来被称为芬兰第一座森林镇（forest town），也标志着阿尔托城市规划师生涯的开端，其中所运用的不少手法后来都成为阿尔托规划的特征。纤维素工厂是规划的中心，设计成由整齐划一的长方形地块构成的一个序列，周围的布局自由、富于节奏感的住宅与之形成了鲜明对比。作为功能主义式城市规划重要组成部分的社会承诺，在阿尔托的规划中体现为对平等的追求上——任何人，无论其社会地位如何，都应住在优质的房子里，都应能自如地接近自然。但在现实层面上，工人住宅区仍体现着传统的社会层级观念：管理层住独栋住宅，工程师和工头住联排式住宅，一般工人则住在多层公寓里。芬兰建筑师皮埃提拉对森林镇的规划目标有精辟的概括。他的1960年"形态学—城市主义"展览中将好的规划的标准概述为"芬兰1960总体规划"，并刊载于1960年出版的《建筑》期刊上：(1) 好的规划是艺术创作；(2) 好的规划具有可塑的结构，能够在视觉外观上得到灵活表达，它具有建筑的特质；(3) 好的规划自景观中成型，是探索自然界形态资源的方法；(4) 面对伴随着发展的各种变化，好的规划可做灵活调整，耐久性要与预见到的变化相结合。

在北欧，由埃克隆德与韦利坎加斯设计、1930—1940年间兴建的赫尔辛基奥运村是芬兰不多的功能主义规划项目之一。建筑设计开放，与地形结合得相当好，折射出在住区设计上最基本的人文主义手法。那些建筑与景观之间的密切联系、住区规划与城市规划之间的互利互惠等芬兰式的规划手法后来传入北欧的其他国家(Sundman,1991)。

第3章注释

❶ 这一年发生了不少规划史上的重要性事件——伯纳姆做了芝加哥规划;英国举办第一界国际规划大会;英国的利物浦大学建立了第一所规划系所,并发行了第一部规划期刊《城市规划评论》。

❷ 此处采用了阎嘉的译文,书名全名为《后现代的状况:对文化变迁之缘起的探究》(商务印书馆,2003年)。

❸ 此处采用了宋俊岭等人的译文,书名全名为《城市发展史:起源、演变和前景》(中国建筑工业出版社,2005年)。

❹ 贫困线(poverty line)这一词为布思首创,它不仅取决于收入水平,还与衣食住行方面的相对匮乏相关。

❺ 里斯(1849—1914年),丹麦裔美籍记者和改革家,他关于城市贫民窟生活条件的报道带来了住房和教育上的改善。

❻ 斯宾格勒(一译施彭格勒,1880—1936年),德国哲学家。他认为文明和文化就像人类一样也要经历兴起与衰落的循环。

❼ gemeinschaft,一译为礼俗社会;gesellschaft,一译为法理社会。

❽ 杰斐逊主义,英文原文为 Jeffersonianism。传统的杰斐逊主义认为,城市"对人的道德、健康与自由都有害",它就像社会团体或政治团体上的癌细胞或毒瘤,工业化和移民潮更加剧了这一毒害过程。

❾ 参见1892年《纽约时报》,评论认为欧洲在物质、道德和精神崩坏上的侵蚀,美国如能避免最好不过。

❿ 理查德逊(1828—1896年),全才般的英国医学家,同时是生物学家、作家,创作有诗歌、小说、剧本等,著述甚丰。

⓫ 海吉亚(Hygiene)是希腊神话中司健康与康复的女神,英语中的卫生(hygiene)一词就源自她的名字。

⓬ 奥姆斯特德之子与父同名,也是美国著名的景观建筑师。为区分二者,一般称父亲为老奥姆斯特德,儿子为小奥姆斯特德。本书主要述及老奥姆斯特德的事迹与思想。

⓭ 爱默生和索洛都是美国先验主义(transcendentalism,一译超自然主义)的代表人物,爱默生更是其中的核心。爱默生(1803—1882年),美国作家、哲学家,其诗歌、演说特别是论文——例如《论自然》(1836年)——被认为是美国思想与文学表达发展的里程碑。索洛(1817—1862年),美国作家,美国思想史上一个有创见的人物。他一生大部分时间在肯考德和马萨诸塞度过,在这些地方他同新英格兰的先验论者来往并在瓦尔登湖的岸边住了约两年(1845—1847年)。他的作品包括《公民的反抗》(1849年)和《瓦尔登湖》(1854年)。

⓮ 带形城市,英文原文为 ciudad lineal,也译为线性城市。

⓯ 此处采用了王骞翻译的《遵循艺术原则的城市设计》(华中科技大学出版社,2020年)的译文。

⓰ 赫尔之家,英文为 Hull House,或译为赫尔会所、赫尔馆。

⓱ 此处采用了金经元翻译的《明日的田园城市》(商务印书馆,2000年)的译文。

⑱ 白兰士(1845—1918 年),法国地理学一代宗师。针对批判环境决定论创立了或然论理论,把地理学建立在坚实的地图学基础上,编纂了《历史和地理图集》(1894 年),重视地理要素之间的相互联系,著有《法国地理概貌》(1903 年)、《人文地理学论著》(1903—1918 年,后易名为《人文地理学原理》)等,并通过教学活动影响了法国一代地理学家。

⑲ 赫胥黎(1825—1895 年),英国生物学家,达尔文进化论的支持者。他的著作包括《动物学中人类在自然中地位的证明》(1863 年)和《科学与文化》(1881 年)。

⑳ 此处采用了李浩等人的译文,书名全名为《进化中的城市:城市规划与城市研究导论》(中国建筑工业出版社,2012 年)。

㉑ 加涅和另外一位法国建筑师佩雷同为最早在建筑中运用钢筋混凝土为主要结构材料的人。

㉒ 此处采用了顾启源翻译的《城市:它的发展、衰败与未来》(中国建筑工业出版社,1986 年)的译文。

㉓ 芝加哥学派的代表人物之一的帕克曾师从德国社会学家齐美尔。

㉔ 帕克于 1915 年发表了《建议对城市中的人类行为进行调查》一文,明确提出城市社会学的研究方法为实地调查。

㉕ 当时有 3/4 的芝加哥居民是移民和其后裔。

㉖ 柯布西耶原籍瑞士,本名夏尔-爱德华·让纳雷(Charles-Édouard Jeanneret),勒·柯布西耶是他于 1920 年开始写作时取自外祖父之名的一个笔名。

㉗ 此处采用了金秋野、王又佳翻译的《光辉城市》(中国建筑工业出版社,2011 年)的译文。

㉘ 伏瓦生方案是以资助人即飞机制造商伏瓦生的名字命名的。

㉙ 工会主义指通过直接的行动,如大罢工和破坏行为来宣扬把工业和政府置于工会联盟的控制之下的激进政治运动。

㉚ 此处采用了陈允明等人翻译的《技术与文明》(中国建筑工业出版社,2009 年)的译文。

㉛ 库利(1864—1929 年),美国社会学家。他以对社会影响个人自我形象的各种方式的观察研究而著称。

4 最初三分钟(1940—1950年代):规划理论研究的起源

> 归纳法既不能给人们以未来的必然性知识,
> 也不能给人们以未来的或然性知识。
> ——波普尔

> 没有什么比一个好的理论的实践性更强的了。
> ——玻尔兹曼

美国物理学家温伯格在1977年出版了一部畅销书《最初三分钟》,探讨大爆炸以后3分46秒内宇宙的形态及其演化,或者说是关于早期宇宙。与已存在150亿年的人类的这个宇宙相比,这3分多钟虽然看似短到完全可以忽略不计,但发生在这一刹那中的各种变化却决定了该宇宙接下来150亿年的性质与特征。同理,本书将规划理论研究——而非规划理论本身——出现的1940年代,视为规划理论研究发展的至关重要的最初阶段。

弗里德曼在《重温规划理论》(1998年)一文的开头写道:"我相信我是参加过第一届规划理论研讨会的少数研究生之一,那是1948年在芝加哥大学"。追溯当代规划理论研究的起源需要回溯到1940年代这个时间点,法鲁迪、霍尔等欧美学者在关于规划理论发展史的论述中也频频提及这一时间。规划理论研究出现于这一时间,与二战后欧美国家的经济与社会发展,以及相应的城市规划乃至区域规划与空间规划进入发展黄金期有关。除芝加哥大学以外,宾夕法尼亚大学、加州大学伯克利分校等美国较早开始设置城市规划专业的高等学校的规划学者,都从政治经济学、社会学等角度对规划理论的最初三分钟及第一次理论弦振的出现做出了贡献。但美国最早设立城市规划专业的哈佛大学,其城市研究与城市规划转向了城市设计的方向。尽管哈佛大学此时也有硕果累累的研究成果,但偏离了本书所侧重的20世纪下半叶以来规划理论的发展主线。

宇宙在最早的3分46秒中先后分化出了四种基本力——引力、强核力、弱核力与电磁力。同时,由质子与中子结合而成的稳定的氢原子核也已经出现,它是其后形成各种元素、各种物质的基本单元。在规划理论研究的最初的三分钟中出现了两组理论态势,也与其后数十年中规划理论的核心问题相关。其一是理性决策及其从有限理性出发的修正。如果从主客体理性、有限与无限理性等角度而言,它甚至可以囊括大多数现有规划理论。其二是物质综合规划观及多种批驳,反映出对规划本质是物质的还是社会的这一基本问题的思考。

有关于规划理论研究的起点当然也有不同看法。霍尔认为至1950年代时规划理论仍未发展起来,因为1950年代中期之前只是在"以支离破碎的社会科学支撑传统的建筑决定论"(Batty,1979)。虽然应用了一些相关学科关于城市的理论,如1930年代的芝加哥学派的社会学理论、土地经济学家的土地级差理论、地理学家的自然区域概念等,但它们只是规划中的理论而非规划的理论。

4.1 时空背景

欧洲在经过两次世界大战之后几乎成为一片废墟,许多城市遭到了毁灭性破坏,人口减少,产业凋敝。不过,战争给欧洲带来的影响是双重的。战争是善与恶的奇特混合,它制造了杀戮与蹂躏,但也刺激了非凡的创造性;它既破坏了好的,也破坏了坏的事物,包括城市贫民窟和过时的看法

（斯特龙伯格，2005）。

战后欧美诸国奉行的吻合当下态势的经济与政治政策，兼之渴望复兴的民心所向，造就了战后20多年的高速恢复和发展期。战后欧洲在这种大规划、大发展的浪潮下得到了重建，这股浪潮又通过世界银行、进步同盟外援计划❶、瑞典诺贝尔奖委员会等机构的推动进一步高涨，席卷了世界其他地区。英国历史学家霍布斯鲍姆把自二战结束至1970年代早期这30年左右的时间界定为欧美的黄金时代。

4.1.1 经济与政治态势

经济上，战后的欧美各国政府如法国的戴高乐、英国的工党和西德的基督教民主党等受自由企业经济学家如罗宾斯、哈耶克等的思想的影响，都不约而同扩大了国家干预的力度，奉行被称为社会市场（dirigisme）的经济策略，其本质是自由企业制度，但可以控制它驶向正确的方向（斯特龙伯格，2005）。其结果是形成了混合型经济形态——一方面继续持有自由竞争的市场体系，一方面国家又对某些权限（如土地开发权）进行限制。同时，1957年的《罗马条约》旨在于西欧诸国间建立共同市场，清除贸易障碍。这是欧洲经济一体化的开端，导致了欧洲经济共同体（European Economic Community，EEC）于1958年建立，总部设在比利时首都布鲁塞尔。随着欧共体作用的增强，其性质也从最初的经济组织逐渐变成半自治的政治机构，开始插手欧洲内部事物及国际事务，并极大影响了1990年代以后欧洲战略空间规划的提出与实施，也扭转了欧洲诸国的规划的性质——从城市规划与土地利用规划向空间规划转变。

政治上，政府在经济政策上的活跃程度与福利国家制度的确立与发展是并行的。其中欧洲在1940年代末、北美在1960年代分别建立了现代福利国家制度。福利国家是种妥协产物，既承认私人生活拥有很大的空间，又想限制和淡化个人的创造性（斯特恩斯等，2006）。折中的经济政策与妥协的福利制度，导致英国战后的工党政府提出了社会民主（social democracy）概念。它是19—20世纪初激进思想与保守主义结合产物的延续，是左派与右派政党（例如在英国是保守党和工党）达成妥协的产物。社会民主奉行处在完全放任的资本主义制度同集体主义和社会主义之间的中间路线，可称之为社会化管理的资本主义（socially managed capitalism）。社会民主作为一种意识形态影响战后欧洲资本主义国家尤其是英国长达30年，直至1970年代才遭到经典自由主义思想复兴的挑战。

欧美等国战后采取的混合型政治经济政策似乎弭平了两种意识形态之间的斗争。有鉴于此，美国社会学家贝尔于1960年出版《意识形态的终结：50年代政治观念衰微之考察》一书，提出战后的社会民主带来了"意识形态的终结"。但国家作用的扩大在欧美等国是经济危机和战争下的产物,与自由竞争的资本主义精神背道而驰。此外,国有化似乎常与官僚作风与低效率联系在一起,因此也引发了一些争议。

4.1.2 社会状况

战后的百废待兴引发了人类积极向上的精神,兼之良好的经济发展趋势,欧洲产生了一种轻快、充满生机和创造性的氛围(勒纳等,2003),发展经济成为人人都能接受的信条和期望。而经济的恢复和增长更加助长了这一乐观态度,人们的物质生活水平大幅提高,富足社会(affluent society)的概念也流行起来。

富足社会带来了耐用消费品如汽车、电视的普及,人们的娱乐方式也随之发生变化。自电视发明与普及以来,人们待在室内观看电视节目的时间日增,以往的邻里交往逐渐减少。同时,美国式观念如大众消费观也开始影响欧洲。大众消费观是美式福特主义大规模生产普及下的产物,意味着一种全新的美学与文化商品化的产生(哈维,2003)。一战以后美国经济实力已超越英国成为世界第一,但当时美国奉行不干涉欧洲事务的政策,所以直到二战后美国文化才开始大幅影响欧洲,且正是通过大众消费观这一强有力的、侵袭性的商品文化与抽象美学。这是美国的文化首次开始影响和主导其文明的发源地欧洲,此后又进一步影响了世界。大众消费发展起来后,以奢侈品如时装、珠宝、豪华汽车为代表的时尚与品位,作为社会上层与中下层相区分的身份标志也逐渐凸显,使得二战后的欧美社会日益成为一种消费社会(consumer society)。消费结构由消费者的奢侈需要与生存需要共同组成,而文化也变成消费主义文化。然而,无论是大众平价消费品还是奢侈品,其背后都暗含着拜物的因素。马克思很早就洞见了这种社会状况,并称之为商品拜物教(commodities fetishism)。法国社会学家布迪厄也在其1977年出版的《实践理论大纲》一书中表明,奢侈品即所谓象征性资本,是被转化了的货币资本,是资本的物质形式,其中隐含着通过物化形式确立的身份象征。

富足社会当中,在商业和管理业发展的带动下新兴中产阶层开始发展壮大,其主要组成是办公室职员、管理者和经营者。二战以后,中产阶级和白领阶层无论是所占比例还是在社会上的影响都在上升,在美国中产阶级甚至成为社会的中坚。而工人阶级随着义务教育的普及、工作内容中技术含量的提高、工薪上浮且生活条件改善、文化素养提高,与中产阶级之间的差距比一个世纪前已经缩小很多。资产阶级与工人阶级之间的矛盾虽然不能说已经消失,但跟19世纪的情况相比已经有较大缓和。而随之升温的,是不同民族、种族、性别的人之间的矛盾与利益冲突。在欧美国家的经济发展进入稳定阶段、社会福利体系初步形成、发展中国家的人民大量涌入这些发达国家时,这些矛盾表现得更为明显。例如,虽然美国已进入富足社会阶段,但直至1962年仍有1/4的美国人生活在赤贫当中,其中超半是黑人、单亲家庭、老弱病残等(Grenville,2000)。贫富差距仍是社会不稳定的主要因素之一,这在任何时期都是不争的现实。

二战后,发生了"教育大爆炸"。由于各国都实施了教育改革,包括颁布新教育法和延长义务教育时间,公众的普遍受教育程度在新举措实施一段年限后得到了逐步提高,大学教育也不再是少数特权阶层的专利。全国划一的教育统一了人们(尤其是新成长起来的年轻一代)的意识形态,文化差异被有效消除(勒纳等,2003)。普及教育及高等教育的大发展的一个后果是学生人数激增,积蓄了运动的力量,潜在导致了由高校学生挑头的1960年代末的广泛的社会运动。教育扩张的另外一个后果是各门知识逐渐为大学教授所掌控,他们控制了出版物、专业期刊、专业学会等,令学术活动日益职业化(斯特恩斯等,2006)。

与此同时,知识爆炸的迹象已初露端倪。据统计,1945—1970年间出版的图书超过了1945年以前出版的总和。不过,人类智慧结晶的贮存方式已不再局限于纸张与书本。各种知识与信息传播媒体的日益普及,使汲取知识的途径多样化,信息也更易于获取,为20世纪后半期开始的信息革命打下了良好基础。但从另一方面来说,廉价且易于获得的信息与知识的复制品,使个人风格有趋同的趋势,这也许是为什么20世纪下半叶以后,无论哪个领域中都很难产生足以影响整个人类社会的大师的原因。

4.2 高维世界:学术思潮与相关领域发展

欧美战后的乐观、积极的时代精神,既与自启蒙时代以来对科学力量的信任相关——科学与技术能改造世界使人们生活得更好,也与战后科学与技术的发展相关。此时对"线性进步、绝对真理和理想社会秩序"的信奉变得尤为强烈,整个社会弥漫着实证主义、技术中心论和理性主义的浪潮(哈维,2003)。英国哲学家波普尔❷提出证伪法以反对经验主义和归纳法,并指出调查的重要性,侧面为规划的技术中心论的合理性做了辩护。在1950年代,除波普尔的科学哲学方面的进展外,在法国,结构主义开始成为主要的哲学思潮,并影响了文学、艺术、心理学等领域。

在自然科学领域,系统科学中的系统论、控制论与信息论也于1940年代开始兴起,既推动了计量革命在传统的定性分析领域如地理学、经济学、历史学的爆发,也推动了城市规划首先在城市交通领域展开定量分析。这些研究通过分析现有交通模式与土地利用或经济活动之间的统计关联,来预测这些活动的未来变化及交通流量,并以数学模型处理交通中的复杂问题。这些成为规划中的系统论于1960年代以后出现的理论基础。

4.2.1 科学哲学:证伪与反证伪

波普尔于1950—1960年代建立的科学哲学体系及证伪方法是一种行

动的哲学。其影响从自然科学领域延伸至社会科学领域,不仅影响了科学家,也影响了规划学者和规划师。在波普尔之前,科学家秉持以经验主义为基础的归纳方法。该方法源自牛顿时代,为F.培根所系统阐述,并为维也纳学派等学者不断补充、修正、完善。维也纳学派的成员多为欧洲当时的物理学家、数学家与逻辑学家,尊奉经验为知识唯一可靠来源的思想。

虽然归纳法在科学研究中地位超凡,但苏格兰哲学家休谟早在18世纪就对归纳方法提出了诘难,即无论观察陈述重复多少次,在逻辑上都不能蕴含不受限制的一般陈述。罗素与维特根斯坦也对归纳法的弊病有相关阐述。波普尔则提出证伪的方法,解决这一"休谟问题"。他主张对于世界而言唯一可靠的就是客观知识,并在其著作《猜想与反驳》(1972年)中提出了著名的划分科学和非科学的证伪原则,简言之即只要发现了一只白乌鸦就能证明"世界上所有的乌鸦都是黑的"这一假设的错误。如果假设能被经验性调查证伪,并能经受得住严格检验,那才是可信理论。所以,检验科学假说的最好方法是找到可以对其证伪的经验证据;可证伪性是科学与非科学的划界标准。科学陈述的信息量与其成"真"的概率成反比,但与可证伪性与可检验性成正比。对于波普尔基于证伪的科学方法有两点需要明确:第一,对科学知识的追求并非来自归纳出的经验,所有科学中的经验调查都为某些关于世界的先验思想和信念所驱使,即使这些思想只是某种模糊的预感或猜想。所以波普尔主张科学调查最重要,而对世界的信念或假设驱动了调查。第二,经验观察检验事实,并满足特定假设或理论。波普尔的观点为规划的"调查—分析—规划"三步式工作方法——由格迪斯所创并长期以来为规划师沿用——以及规划人员的技术专家身份的合法性提供了论据。

波普尔对规划理论的影响体现在两种理论上,其一是系统规划论。他的两部科学哲学著作《科学发现的逻辑》(1959年)和《猜想与反驳》(1972年),对1960年代末兴起的系统规划论有直接影响。其二是林德布鲁姆的分离渐进主义。波普尔认为,社会生活与科学方法有相似的逻辑结构,这是他的政治哲学的出发点。波普尔在《开放社会及其敌人》(1945年)与《历史决定论的贫困》(1957年)两部政治性著作中阐述的社会政治哲学以及提出的开放社会与渐进社会工程的概念,极大影响了林德布鲁姆及其渐进主义。波普尔还在《历史决定论的贫困》中斥责了该时期期城市规划中的全盘性和乌托邦性,评价说带有这种性质的城市规划是种社会工程学(social engineering)。而他认为公共政策应该是渐进式的,这样每条政策的成效才能被仔细检验和审视。这一观点与两年后林德布鲁姆提出的观点不谋而合。

波普的学生、美国的另类异端科学哲学家费耶阿本德则对老师的一元化的证伪方法进行了犀利的驳斥。他认为应该维护新出现的理论的"韧性",即不能因为偶然的观测不吻合理论假说就彻底否定该理论,因为观测得到的证据可能是被污染的。以波普尔著名的白乌鸦的例子来说,这只乌鸦很可能仍然是黑色的,只是被涂上了白颜料或掉进了面粉袋。但这需要时间来证明和分析。所以要给理论以时间来证明其价值,也要给理论以时间来完善自身。不仅自己老师的观点,1960年代以后库恩提出范式转型与拉卡托斯提出科学研究纲领以解释科学发展问题(见下一章),他也提出了相应的批判。

正因费耶阿本德对多数方法论与观点的批判态度,他被称为科学无政府主义者,以反对普遍的方法论而著称。他自己则倡导开放的、自由选择的、创新性的多元方法论,也被他的反对者称为"怎么都行"。他认为没有单一的科学方法,也没有所谓真正的科学家从经验结果中仔细筛查出来的单一真理——扼杀所有挑战只剩下一个正式假说,有的只是结果未知的对知识的追求。他的观点影响了弗里德曼的规划中的知识与行动相关性的思考。

4.2.2 结构主义:从语言学到社会学科

结构一词源于拉丁文 structura,原意是部分构成整体的方法。结构主义起源于20世纪初的语言学研究。瑞士语言学家索绪尔的结构主义语言学与符号理论被认为是结构主义之肇始,他也被尊称为现代语言学之父。索绪尔的《普通语言学教程》(1916年)一书首次区分了语言(language)与言语(parole),其中语言是一个社会当中所有人遵守与运用的规则,是一种抽象的系统;而言语则受个人意志支配,是个人对语言的使用。由此他提出了公式:言语活动=语言+言语。他同时还指出,语言是一种符号系统,这种符号由能指(signifier)与所指(signified)构成。其中能指是符号的音响形象或其所指在人的头脑中形成的形象,而所指是其实际概念,也即实物本身。两者之间存在约定俗成的关联,在不同社会与语言体系当中不相同,但是没有硬性的关联。例如一只真正的苹果在汉语中被称为"苹果",而在英语中则为"apple"。但随着苹果这一手机品牌的创立,当人们提起"苹果"时它又可以指苹果牌手机。所以,语言是发展变化的。

索绪尔开创性地将语言视为一种结构,这种结构化思维开拓了研究语言的全新视角,影响了20世纪上半叶的语言学研究,尤其是布拉格学派。1950—1960年代时,结构主义压倒现象学与法国哲学家萨特的存在主义,成为流行于法国乃至整个欧美世界的主流思潮,其适用范围也从语言学扩大到哲学、历史学、文学、美学、社会学等人文与社会科学的方方面面。该时期的结构主义代表人物当中,法国社会人类学家斯特劳斯在早期的《亲属关系的基本结构》(1949年)一书中,运用最小的结构单元如亲缘关系、语言、神话等来研究原始民族或所谓野蛮人。他得出的结论是这些民族或社会在智力上并不弱于发达的西方现代社会,也不应将其称为人类社会的早期形式。他的研究影响了同时代其他结构主义学者及社会学研究者的工作,尤其是城市研究。其后他致力于将结构主义语言学的方法运用于社会学与人类学研究中,并通过《结构人类学》(1959年)一书对自己的理论进行了系统阐述。法国作家兼符号学家巴特则将结构主义运用于文学。他结合索绪尔的语言学理论提出了符号学理论,并从符号与大众文化的视角解析了现代社会制造的流行神话。法国精神分析学家拉康则将结构主义或语言学的分析方法运用于弗洛伊德开创的精神分析理论,创立了结构主义精神分析学。贡德与希利尔利用了拉康的精神分析理论详细分析了现代城市规划的神话及其破灭,并提出了相应的后结构主义的规划理论。

不过,在结构主义发展到顶峰时,衰落与转化的因子也悄然而生。随着1960年代后现代主义思潮的出现,解构主义与后结构主义也以结构主义理论为温床,逐渐发展起来。1960年代的许多结构主义学者也转向了后结构主义分析。在1990年代以后,规划理论开始大量运用后结构主义对城市、空间以及规划方式进行重新诠释。

4.2.3 系统科学:系统论、控制论与信息论

系统论、控制论与信息论是产生于1940年代末的新兴学科——系统科学的基础支撑理论。其中:系统论源于生物科学,控制论源于自动化科学,信息论源于通信科学的研究。由于1960年代末以后系统科学研究中又有耗散结构论、协同论和突变论被相继提出,所以前三种理论被称为老三论,而后三种被称为新三论。

1) 系统论

一般系统理论是一门关于整体性的一般科学……"整体大于其各部分的总和"这个有点神秘的表达的意思只是说,(复合体的)构成特征不能从孤立部分的特征中来。因此,复合体的特征为新的或涌现的。

——贝塔朗菲《一般系统论》

"系统"一词源于希腊文的 $\sigma\upsilon\sigma\tau\eta\mu\alpha$(systema),本意比较宽泛。系统论的研究始于20世纪上半叶,美籍奥地利理论生物学家贝塔朗菲与美国哲学家拉兹洛(Ervin Laszlo)是一般系统论的创始人。贝塔朗菲于1955年出版专著《一般系统论》,成为系统论的奠基之作。1968年他修订该书,出版了《一般系统论:基础、发展与应用》。他想超越物理学、化学、生物学、心理学和社会科学等广泛学科之间的界限,认为明晰系统的共同特征可以为科学建立一个统一的基础,一些定律应该能适用于各种学科和研究领域。他指出,任何系统都具备两个特征——整体性与相关性。其中整体性既统一了系统又将该系统与其他系统相区分;相关性则是指系统由它的各组成部分之间相互联系与相互依存的关系构成。此外他还区分了封闭系统与开放系统。

拉兹洛于1978年出版的《用系统论的观点看世界:科学新发现的自然哲学》一书将系统论发展为系统哲学,提出了 $R=f(\alpha,\beta,\gamma,\delta)$ 的系统模型,其

中 $\alpha,\beta,\gamma,\delta$ 分别代表系统的有序整体性、自稳定、自组织和等级性。系统论的基本观点如下：(1) 任何自然或人类环境中都存在着各种系统，每个系统都是上级系统的子系统，整个现实是一个巨系统；(2) 系统可以通过调节其中各组成部分之间的关系来控制；(3) 系统依存于其所处的环境；(4) 系统内部及系统之间都存在相互作用。系统论思想对城市研究及规划理论中的系统规划论影响很大，学者视城市为一巨系统而加以研究与调控。

2）控制论

控制论一词来自希腊语 $\kappa\upsilon\beta\varepsilon\rho\nu\eta\tau\iota\kappa\acute{\eta}$（kubernêtês），原意为掌舵术，包含了调节、操纵、管理、指挥、监督等多种含义。1948 年美国数学家维纳出版《控制论：或动物与机器的控制和通信的科学》一书标志着控制论的正式诞生，他还于 1961 年出了第二版。维纳所创立的经典控制论或第一代控制论主要研究机器与生物体之间的信息传递、交换与处理，将有机体与无机体维系在一起，是一项伟大的创举。维纳在 1950 年出版的《人有人的用处：控制论和社会》一书，对控制论从自然科学向人文科学领域渗透的趋势作了预言。此后控制论又经过了 1950 年代、1960 年代和 1970 年代以来两个阶段的发展，全面进入了社会科学与人文学科领域。

控制论的中心思想在于，无论是社会、经济、生态还是物理现象都可以视为一个复杂系统中的相互作用。由于控制论是一种方法论性质的科学，可以抛开研究客体的特殊性而只分析其系统的信息流程、反馈机制和控制原理。因此目前已被广泛应用在各相关学科中，如工程控制论、生物控制论❸，以及经济控制论、社会控制论、人口控制论❹等。在城市规划领域，1968 年英国新的规划法中建立的结构规划方法，被认为是受了控制论理论的直接影响。

3）信息论

对信息的科学研究始于热力学研究，其计算要得益于奥地利物理学家玻尔兹曼创建的统计力学。美国科学家香农改进了玻尔兹曼的思想，使其适用于更为抽象的通信领域（M. 米歇尔，2018）。他于 1948 年发表于《贝尔系统技术杂志》第 27 卷的《通信的数学理论》一文被视为信息论诞生的标志。香农给出的信息的定义很有趣，且利用了热力学的核心概念"熵"。他认为"信息是人们对事物了解的不确定性的消除或减少"，因此信息是一种负熵❺。而维纳则认为，信息既非物质，也非能量，三者是并列的。此后，信息、能量与物质被视为现实世界的三大要素，也是人类社会文明的三大支柱。随着学术发展，信息论也从原来的只处理通信领域问题的狭义信息论发展到广义信息论，亦称信息科学。它广泛涉及各种系统中的信息的处理，如自动控制、信息处理、系统工程、人工智能等领域。

4.2.4　计量革命与计算机的发展

1950 年前后，一批学者聚集美国华盛顿州立大学，研讨人文科学的定量问题，并在随后的 10 年里掀起了地理学和经济学领域中的计量革命，其基础是数理统计学、概率论与计算机科学的发展。其中，数理统计学的奠基人是英国统计学与遗传学家费希尔。他于 1925 出版《研究工作者的统计方法》一书，提出了变异数分析等统计方法，并开辟了一系列统计学分支领域。概率论起源于 17 世纪，是研究随机现象及其规律的数学分支学科。计算机学科的诞生与英国数学家图灵在二战期间破译德军密码的研究有关。以他名字命名的图灵机是现代通用计算机的计算模型。

迅速发展起来的计算机技术是战后计量革命建立的物质基础。世界上第一台通用程序控制数字电子计算机 ENIAC（Electronic Numerical Integrator and Computer）于 1945 年底研制成功，是电子计算机的开山鼻祖。1950—1970 年代是计算机发展的重要时期，更新换代了三代计算机。第一代至第四代的计算机都是以匈牙利裔美籍数学家、计算机之父冯·诺依曼的设计思想为基础的，因此也被称为冯·诺依曼机。目前计算机的第五代仍在研制中（表 4-1）。其总的发展趋势是计算速度加快、算法语言与程序编译日趋复杂，而体积、造价、重量等减小。而技术进步与数学的发展在其中起到了至关重要的作用。

表 4-1　5 代计算机的演变

代	名称	硬件技术	软件技术	时间（年）
一	真空管计算机	真空管（电子管）、磁鼓存储	机器语言	1945
二	晶体管计算机	晶体管、磁芯内存、磁盘外存	算法语言与编译系统	1957
三	集成电路计算机	集成电路、终端与网络	分时操作系统、数据库	1964
四	微型计算机	超大规模集成电路、微处理器	图形用户界面、互联网	1971
五	智能计算机	人工智能芯片	深度神经网络、自然语言处理	2010

计量革命给各个研究领域带来了这样一种观念——传统的定性分析已不敷研究所需，可以被计量或定量的才是科学的，否则会被边缘化、被忽略。确实，在定量分析的冲击下，很多定性分析被边缘化了。社会学科与人文科学的计量革命是计量化的泛化，本质上仍然是现代化原则中对科学与理性之重视的反映，同时也是 20 世纪抽象数学扩展到应用领域的一种表现。自然科学通过这一方式渗入到人文科学领域，经济学、历史学、人口学、教育学、考古学、语言学等研究领域都开始运用数学工具与计量方法，其中尤以经济学与数学的结合令人瞩目。在规划研究界，1950 年代以后在城市交通预测与城市交通规划上也开始使用计算机并大量采用定量分析方法。

4.3 弦的诞生

二战以后的规划理论研究起源时期主要出现了两组理论态势。其一是在规划的芝加哥学派主导下发展起来的规划的理性决策及对其的完善。规划理论研究诞生时的欧美国家正处于战后黄金时代,以经济高速发展、社会腾跃式进步为特征。这一时期的生产组织、消费方式、政治与经济力量的结构可称为福特—凯恩斯主义(哈维,2003),以企业生产的大规模流水化作业与宏观经济发展上的国家主导为特征。在此背景下,芝加哥大学开设了规划理论研究学位课程,执教者是与罗斯福新政及凯恩斯主义相关性很强的一批学者,奉行理性主义并提倡理性的决策。但理性决策很快被规划理论学者从有限理性视角出发进行了修正。

其二是物质主义与设计本位的规划观,以及来自规划界内外的批驳的意见。20世纪上半叶的世界大战及经济大衰退,使得人们意识到国家及其宏观调控必须在社会与经济中扮演活跃的、干涉性的角色,而在规划中加入政治因素的呼吁也越来越高。但是对城市规划的基本看法仍与几百年前的文艺复兴和启蒙时代没什么区别,即视之为人类居住地的物质规划和设计,并表现为城市形态的总体规划。这样一来,规划就成为建筑和城市工程学的成比例扩大,建筑师与工程师自然也成为这项实务的最佳承担者。这样的规划观是物质主义和设计本位的,城市规划思想也被简化为理想城市应该如何建构的空想,在本书前述中有很多例证。物质规划与设计本位的规划观在战后仍主导了规划界近20年,但期间也出现了很多批判物质主义规划观的声音。

4.3.1 规划的芝加哥学派与理性决策

> 规划即理性对非理性的掌控。
> ——曼海姆《重建时代的人与社会》❻

规划研究中的芝加哥学派原指1940—1950年代在芝加哥大学开设的规划学位(School❼)课程。其设置有如下两个背景因素:其一,作为1930年代大萧条的应对之策的罗斯福新政;其二,二战所导致的对经济的集中规划(Allmendinger,2002)。这些课程是二战以后,罗斯福总统的智囊特格维尔(Rexford Tugwell)到芝加哥大学与同事珀洛夫、班菲尔德、马戈利等人一起开设的。后来规划的芝加哥学派便成为这些学者主张的规划思想的代称,与凯恩斯主义、罗斯福新政以及1930年代的社会学上的芝加哥学派都有很深的渊源。芝加哥学派认为规划是一个一般术语,这意味着它包括各种方法、可被应用于各种情况和学科。学派还视规划为一种设定国家、区域和城市未来发展轨道的机制。

学派代表人物特格维尔的规划观的核心是理性思想,他认为理性过程的产物是明确、客观的决策。弗里德曼对他评价甚高,认为他是在美国"将规划思想提升到理论的第一人"。另外两位芝加哥学派成员迈耶森和班菲尔德则在合著的《政治、规划与公共利益》(1955年)一书中描述理性决策过程为:(1) 决策者要考虑所有可能抉择,即要根据客观情况和想要达成的结果,思考哪种行为过程是可行的;(2) 决策者需要鉴别与衡量在采取每种抉择之后会产生何种结果,即要预测每种行为过程会造成整个状况的何种变化;(3) 决策者要做出产生结果与最有价值的目的之间匹配度最高的抉择。芝加哥学派的这些学说对战后规划中的理性综合决策论的发展有着至关重要的影响。

在规划理论研究起步阶段,与芝加哥学派并行的另一位重要学者是西蒙。这位跨多个领域的天才学者在决策制定和有限理性方面的论述不仅使他获得1978年诺贝尔经济学奖,也影响了当时的规划理论研究,并有力地推动了理性综合决策的发展。除了美国学者外,德国社会学家曼海姆将欧洲式的思考方式与研究侧重带到了美国,并把德国社会学家韦伯的思想引入规划理论界。他于1940年出版《重建时代的人与社会》一书,提出为了避免非理性因素如政策、民主、公众意见等的影响,规划者应该策略性地和相互依存地思考问题。

上述分析揭示,这些左右着规划理论研究诞生时期发展态势的学者们都不约而同地在关注同一个主题:理性。他们对于理性的探讨在1960年代开花结果,产生了一系列基于理性主义和逻辑实证主义的规划理论模式及其修正模式,在规划理论的发展中是里程碑式的产物。这些对规划理论研究的诞生做出了卓越贡献的学者,其学术领域和职业领域分布非常广泛。这从一个侧面说明了规划理论的混血血统、开放性以及包容性,这是它保持活跃学术生命力的根本所在。

4.3.2　对理性决策的有限理性修正

规划的理性决策论被提出与明确后,美国有一些偏右的政治学者从理论和经验角度断定,城市规划的决策过程要通过多元的政治性组织(pluralist political structure)来完成,其他任何个人、团体都没有那种综合认知因而无法胜任。因此,他们从西蒙提出的有限理性视角对理性决策进行了质疑与修正。其中比较重要的两个修正,是林德布鲁姆于1950年代末提出的分离渐进主义与埃齐奥尼于1960年代提出的混合审视模型。这些研究基于美国的城市政治的研究进一步推论了规划与政治之间的关系,认为规划与政治相比显得弱小,规划就算与政治脱节且也不能满足城市的实权组织,因此规划最好调整策略以适应这一现实。

1) 林德布鲁姆与分离渐进主义

针对综合规划与理性决策的弱点与不足,林德布鲁姆于1959年发表了《应付过去的科学》一文,提出了分离渐进的观点并论述了规划师及相关人员应如何处理政策问题。他认为,由于信息过于丰富、分析过于复杂,决策者不可能通盘考虑每一条现状及可能性对策。尽管全局性观念是理性决策需要的,但不可能做到完全理性,因为时间不允许,也无法收集到所有的信息并且在有限时间内处理完毕。在这种情况下,为了适应实际情况,规划必须是零碎的、渐进的(incremental)、机会主义的和务实的。也就是说,真实世界里的规划应该是分离的和渐进的,而不是理性的和综合的。因此,在实践中规划者要放弃理性综合模型,使用连续的有限对照(successive limited comparisons)来达到现实的、短期的目标(Campbell et al.,2003a)(表4-2)。为此,他提倡一种协商与相互调适的,既民主又开放的自由民主社会。

表4-2 理性综合方法与连续有限对照的对比

理性综合	连续有限对照
澄清价值或目标,它们与备选策略的经验分析截然不同,并常是后者的先决条件	行为的价值目标与经验分析的选择相互不分离,密切相连
通过方法—目的分析来接近策略陈述:首先分离目的,其次寻找达成目的的方法	因为方法和目的不分离,方法—目的分析经常不适用或有局限性
检验"好的"策略的方式是:对所期许的目的来说它最合适	检验"好的"策略的方式是:各种分析在某一策略上完全一致
综合分析,每一重要因素都被考虑到	分析彻底,有局限:(1)忽略重要的可能结果;(2)忽略重要的潜在备选策略;(3)忽略重要的影响价值
常严重依赖理论	连续对照很大程度上能够减少或消除对理论的依赖

林德布鲁姆的渐进式决策实际上是图4-1中四种决策类型中的一种。他在与布雷布鲁克合著的《政治与市场》(1963年)一书中,将渐进式决策简化复杂问题的方法概述为:(1)对熟悉的抉择使用有限分析;(2)在对问题的经验分析中把价值与政策目标糅合在一起;(3)聚焦于"疾病的治

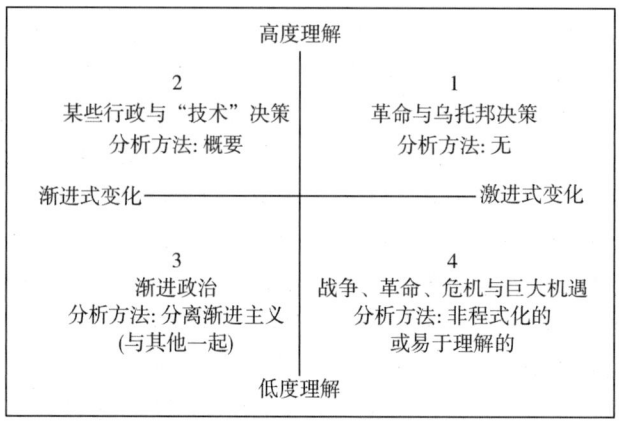

图4-1 决策的四种类型

疗"——即问题的解决——而非目标的实现;(4)试错法;(5)分析一定数量的选项及其结果;(6)在政策制定中把分析工作分配给同行的参与者。

由于注重行动与实施问题,并且包含自由民主主义特征,所以林德布鲁姆提倡的渐进主义是实用主义下的规划的一般方法论。对它的批评包括:第一,认为渐进主义忽视权力关系中的不平衡现象(Allmendinger,2002)。第二,认为渐进式规划过于谨小慎微和保守,只安于现状而忽略了社会变革的能力。并且,渐进式规划提倡用短期的促进因素来替代构想和理论,也使它带有归纳观念(inductive thinking)的缺陷(Campbell et al.,2003a)。第三,认为渐进式规划很少考虑规划实践的改进,以及规划师要做什么、如何去做(Forester,1989)。

林德布鲁姆的文章发表几年后,美国规划学者韦伯·M发表了《城市系统规划中智能系统的作用》(1965年)一文,提出了概率规划(probabilistic plan)作为分离渐进主义理论的修正。他的思路没有埃齐奥尼的那么新颖。他将概率规划界定为编制(规划)程序的策略,是规划编制的一种备选、一种决策辅助过程。概率规划可能并不会产生一个正式方案,甚至是中间方案都可能都不会形成。它的作用是能够辅助渐进的、多中心的规划决策与行动,并且会增加决策与行动的理性概率。博兰在两年后的《新兴规划观》(1967年)一文中将概率规划作为五种正在出现的规划策略(planning strategy),与分离渐进主义、倡导规划等并列,显然给予了高度评价,但也认为概率规划增加了备选策略。这势必会引起规划成本的上升,却不能确保最终的规划方案的合理性必然会增加。

2) 埃齐奥尼与混合审视模型

林德布鲁姆的分离渐进主义是作为规划的理性决策的对立物与补充物而产生的,但它并未完全解决后者所遇到的问题,在实践环节上它也从未能够取代后者。为了弥补二者的不足,埃齐奥尼于1967年在《混合审视:决策的第三条道路》一文中提出了混合审视理论,将其定义为理性主义与渐进主义的调和产物,并从两者中都吸取了有用的元素。

埃齐奥尼还在次年出版的《积极的社会》(1968年)一书当中倡导了一种适合于混合审视的社会——积极的社会。他认为它是一种介于现代民主社会与极权社会之间的社会,有助于达成一致协议,因此也有助于规划与引导。他在书中指出,混合审视理论既不像理性决策那样精确、理想化与不切实际,也不像分离渐进主义那样拘束、保守、短视、自我指向和缺乏创新。这种理论期望建立起一种比前两者都更为实际和转变更大的第三种模式。他以通过气象卫星建立全球气候观测系统为例分析了三种方法论各自的特点,并指出混合审视与前两者的单一视角不同,采取了两种视角:其一是广角,对天空进行全方位监测但在精度上要求不高;其二是瞄准第一种视角已经检测过但需要进行深度监测的区域,这便是这一方法论所谓的混合的含义所在。埃齐奥尼为此做了两种相互关联的过程的对比(表4-3)。为了让这一理论易于实际操作,他还制定了四个阶段共11个步骤的实施程序(图 4-2)。受当时的学术思潮的影响,埃齐奥尼的理论也与当时盛行的系统论与控制论思想密切相关。他以系统论中的层级理论(hierarchical theory)的观点来分析社会,把社会看成是多层的低一级与高一级单元的组合。

表 4-3　作为混合审视理论基础的两种相互关联的过程

过程 A	过程 B
更高层次的基本政策制定过程	渐进过程
基本决议	渐进决议
包含一切的层面(高等战略层面)	极为详细的层面

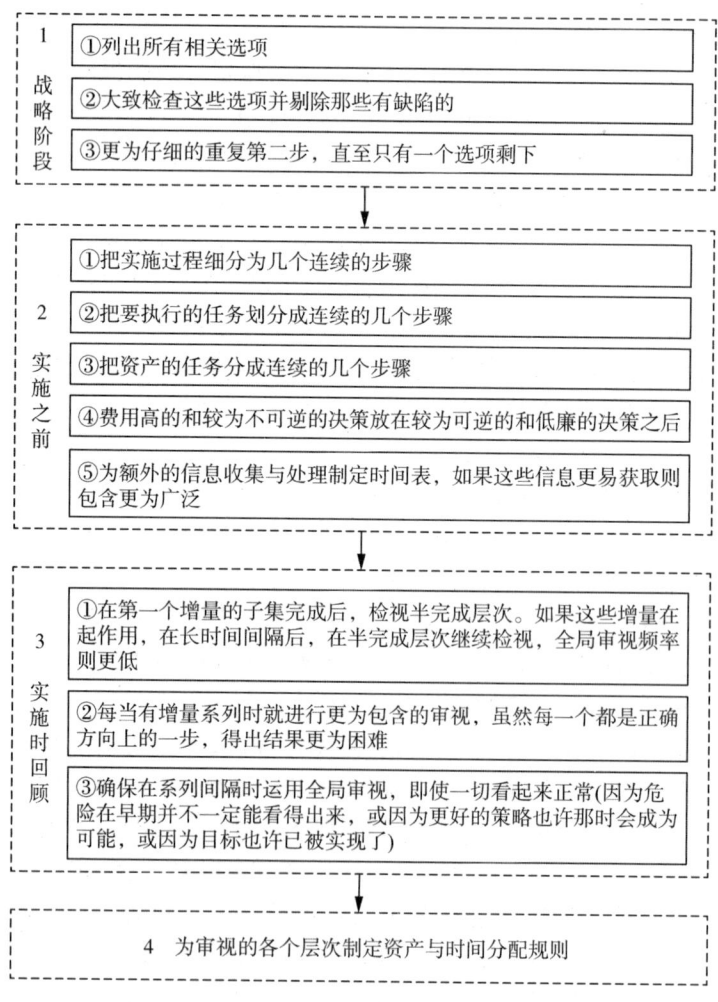

图 4-2　混合审视规划步骤流程图

混合审视理论的贡献在于,它把实施过程看作是决策与规划不可分割的一部分,同时也为规划实施理论做好了准备。这使规划成为一个持续的过程,而非仅仅停留在方案选取与制定阶段。它也声称自己因灵活多变而具有普适性。法鲁迪在《规划理论》一书中给予埃齐奥尼的理论以高度评价,并指出该种理论把系统化的控制论思想同社会与政治理论联系在了一起。但该理论在运用到社会决策中时存在不足之处。其一是理论要求其社会决策者或规划师具备他们所不具备的预测能力,这种能力只在理性模型中被假设过;其二是决策者或规划师是否有权力去管理这个社会或者他们所代表的那群人——即使是在很短一段时间内——只因为这"可能"会使社会进步;其三是这种方法很可能会被用来给某些打着"牺牲是为了更多人的和平"的措施进行辩护,例如越战(Camhis,1979)。

4.3.3 规划教科书与物质综合规划观

城市规划教科书在现代城市规划诞生过程中发挥了重要作用,在城市规划教育与规划理论的发展中也都占据一席之地。现代城市规划产生以后居统领地位——城市规划思想的物质主义与设计本位的规划观,就是通过教科书确立的。

1) 早期规划教科书

19 世纪下半叶出版了不少有关城市规划与建设的教科书及专著。卡尔斯鲁厄理工学院的教授鲍迈斯特于 1876 年出版了《城市扩展与技术、建筑和经济监管》一书。鲍迈斯特论著颇丰,以这部 500 页的长篇专著最为有名。该书评述了不少城市扩展的案例,点明问题、总结经验,并试图从多个角度来建立一个全新的科学领域。德国规划师施都本在 1890 年出版的《城市规划》立刻成为当时最普及的教科书,1907 年又出了第二版,书中列举了大量的德国及其他国家的实例并加以评述,且附有丰富的插图。全书分析横跨了整个专业领域,从公共广场的设计到下水管道的敷设都包括在内。比较而言,鲍迈斯特的著作更为理论化,更关注经济与法律背景,而施都本的著作则将重点放在规划方案的实际形成上。此外赫歇尔的《经过规划的城市扩展》(1904 年)和法斯宾德的《城市规划的现代科学的基础》(1912 年)也是当时在德国规划界影响较大的著作。

在英语世界,步入 20 世纪后英国规划师昂温于 1909 年出版的总论性质的《实践中的城市规划》一书影响最大。他认为历史有助于城市特性的形成。书中还介绍了西特的新中世纪主义(neo-medievalism)思想,认为作者编纂、整理了中世纪的艺术原理与技艺,促进了现代城市与郊区的设计技术的发展。与西姆柯维奇同为纽约市拥堵委员会创始人的美国社会工作者马什在 1909 年出版的《城市规划入门》也是广为传阅的一部书。基于美国城市的人口拥堵、贫民窟及土地利用的现状,马什在书中采取了就当时而言非常激进的观点。该书肯定了德国法兰克福的规划方法,反对在美国城市美化运动下建立的基于美学的城市规划。该书认为需要将社会因素纳入城市规划,并建议通过分区制与土地税的方式进行土地开发控制。马什认为,这些做法将遏制城市的过度建设及贫民窟的蔓延。

20世纪上半叶影响较大的规划专著及教科书包括艾伯克隆比的《城乡规划》(1933年)、夏普的《城市规划》(1940年)和英国建筑师吉伯德的《城市设计》(1953年)。这些著作与物质主义、设计本位的规划观一脉相承,并在二战结束后形成了系统的物质规划观。

2) 二战后的规划教科书

城乡规划或可被描述为一种技术或科学,它规范土地使用、建筑的性质和地点及交通路线……规划就这一意义而言首先需要处理土地问题,因此它不是经济、社会或政治规划,虽然在这些规划实施的过程中可能有城乡规划的大量参与。

——基布尔《城乡规划的原理与实践》

英国规划学者基布尔于1952年出版了《城乡规划的原理与实践》一书。至1969年该书一共出了四版,是当时城市规划学生和从业人员的必读教科书和规划手册,集中继承了20世纪上半叶的规划传统,并反映了该时期的规划观念。当时把城市规划与其他类型的规划——经济、社会或政治规划——视为不同的系统,中间或许有交叉,但决然不是统一整体。

经由这些影响甚大的规划教科书确立的物质综合规划观的含义如下:(1)城市规划是物质规划;(2)设计是城市规划的核心;(3)规定了城市规划必须包括总体规划和蓝图规划,表明在土地利用和城市形态的空间结构方面,有同建筑师或工程师在设计建筑和其他人造构筑物时同样精确的终极蓝图式规划(Taylor,1998)。这其实是把规划视为某种专门技术活动,规划的成果包括图纸、文本等要越详尽、越精确越好,像建筑施工图一样,这样在实施时才能分毫不差地按计划最终完成。城市规划因此成为建筑师和工程师在更广范围和更大地域、空间、尺度上的设计与实践,并与城市设计(urban design或civic design)等同。受现代建筑运动中的功能主义思潮的影响,城市功能的运作也被视为城市设计过程的一部分。同时,城市规划还带上了艺术的性质与特色,强调城市生活中对美的需要。昂温就在他的《关于伦敦的区域规划》(1930年)一书中说过,"即使是穷人也不能午饭只靠面包",所以城市规划是门技术,会提供"美好的环境,使人类生活能够变得更好"。在这样的物质主义与设计本位的规划观下,城市规划的从业人员当然以建筑师为宜。他们被称为建筑规划师(architect-planner),而工程师和土地测量员也比较适合担任规划师。

这种规划观念一方面与规划学科的建筑学和工程学历史渊源有关,一方面又受到当时规划范围扩大的影响。这是因为城市规划的外延扩大到包括社会和经济层面,而城市规划与广义的其他规划之间的区别,就在于城市规划是一种物质规划——它涉及物质的或自然的环境,而不是社会环境。这种割裂城市规划与社会、经济的联系的看法源于当时的这样一种认知,即城市规划只考虑土地、建筑、交通问题,而卫生保健、教育等的规划才是社会的。然而,城市规划相关问题的深层原因无一不与社会经济问题相关,城市规划的社会属性是不可泯灭的——人类希望将物质环境规划和建设得更好,无非是希望社会更安定、经济更繁荣、人们生活得更幸福。因此,对城市规划、社会规划、经济规划等的划分似乎过于机械了❽。

4.3.4 物质综合规划观批驳

对于战后物质综合规划观的批判集中于1950年代晚期至1960年代。这些批驳的声音有不少是从规划界外或非专业人士那里传来的。同之前的时期一样,以城市、社会为研究对象的社会学家是其中的中坚,他们如昆虫学家拿着放大镜观察昆虫一样观察当时的城市规划。当然,这也说明早期的城市规划那种单一的建筑与工程属性逐渐发生改变,社会、经济、政治、文化等多元属性正日益融合进来。

1) 批驳一:重物质轻社会

对城市物质实体与空间的重视导致规划师的价值判断以此为标准,从而忽视了城市的社会属性。不少社会学家与城市研究学者注意到了这一价值取向,并做了大量的调查研究工作以分析这一情况。英国城市研究学者家格拉斯调查了英国东北部的米德尔斯伯勒(Middlesbrough)的工人街区之后出版了《规划的社会背景:米德尔斯伯勒研究》(1948年)一书。她在书中得出结论说人类的居住环境具有复杂的、相互重叠的社会活动与关联,远非规划家所认为的那种简单、整洁、有序的新建物质社区所能取代。

英国另外两位社会学家迈克尔·杨与威尔莫特于1957年合著了《伦敦东部的家庭与亲属关系》一书,研究方法受到了维特根斯坦的《结构人类学》的影响。他们以伦敦东部传统的工人阶级社区贝思纳尔格林(Bethnalgreen)为例做了分析,指出规划师从物质环境与艺术美观上判断这片地区属于贫民窟,于是对之进行了重新开发建设,不少原有居民便迁到伦敦边缘的格林利(Greenleigh)。然而从社会学角度,贝思纳尔格林的居民敦友睦邻、关系融洽、守望相助。虽然新建的格林利的居住环境与条件比原来的好得多,但新迁入的居民由于丧失了原来社区的那种邻里之间的社会交往与维系,也丧失了他们的社会环境及归属感。这种情况被称为物质错位(physical dislocation)。社会交往的逐日稀少,当然并不仅仅因为这种物质错位或格拉斯于1964年《伦敦的改变》一书中提出的影响深远的概念——士绅化(gentrification),战后生活与娱乐方式的变化也使得人们更多地在家庭中自娱自乐(例如看电视)而非与邻里交往。但不能否认的是,规划师自以为是的良好意愿,有时并不能给人们带来真正美好幸福的生活。

学者从规划或设计视角出发,也意识到了规划中重物质轻社会的问题。英国社会学家布罗迪在其《为人民规划:规划社会背景文集》(1968年)一书当中指出,由于物质规划会参与到社会规划当中来,意味着物质规划是提高社会水准和生活质量的手段,这一看法发展到极致就成为建筑或环境决定论。规划师们并非对此一无所知或毫不重视,他们也希望以新建社区中的服务中心、学校等作为社区维系的核心,并重建社区归属感,但似乎并不太成功。而且,他们这种思维仍然是物质决定论或建筑决定论、环境决定论的表现。布罗迪认为,规划师及建筑师以他们设计的人工物质环境影响着居住于其中的人们的生活方式,而他们也有意施加这一影响。但他们却未意识到,决定性因素是社会与经济因素,物质因素只是起辅助作用。

C.亚历山大也在1965年著名的《城市并非树型》一文中评论说,对规划中美感与美观的过度重视会导致艺术形式主义及千篇一律的模式的套用,而忽略城市内部不同地区的差异性以及相应产生的不同发展模式与功能。这种决定论思想与技术专家意识,使他们在做决策和拟定规划方案时只按照自己的标准来决定什么才是好的社区,而从不与民众磋商。因为,专家必然是正确的,英国劳动部部长甚至声称"民众必须被引导才会知道什么是最好的"。

社会学、规划研究、建筑研究等领域对物质综合规划的批判,使得1970年代在规划界掀起了一场反战后的物质综合规划、大规模规划的浪潮,其中道格拉斯·李发表的《大规模规划模式的挽歌》一文比较具有代表性。其后,1970年代的规划师彻底摒弃了功能主义下的城市功能分区原则。《纽约时报》1976年6月13日撰文说要将城市视为具有极大差异性的各种空间与构筑物的混合,是一种拼贴(哈维,2003)。

2) 批驳二:公共利益的一致与不兼容

尽管该时期的规划实践者已开始意识到规划要为人民和公众而做,但认为公众具有一致性的利益要求与价值观念,因为城市与社会是一个无差别的整体。迈耶森和班菲尔德在1955年的《政治、规划与公共利益》一书中对政治、规划与公众利益这三个概念做了探讨。他们区分了全体公众(the whole public)的利益,也即一般意义上的公共利益,和部分公众(some sector of public)的利益,也即特殊利益(special interests)。对于公共利益本质的不同见解,反映出对全体公众的目的的理解。两位作者在此进行了两大类、五小类概念的区分。其中的第一大类是单一的(unitary),包括有机体的(organismic)与社群的(communalist)的两小类。由于著作是研究美国芝加哥城市住房政策的,所以作者举例说芝加哥就是一个有机体,而社群则是指分享共同(common)共识的个体组成的群体。第二大类是个人主义的或利己主义的(individualistic),包括功利主义的、半功利主义的与标准个人主义的(qualified individualistic)。功利主义是指个人与全体公众的目的恰好一致;半功利主义是指大家认可这些目的,但有些人觉得某些目的的重要性大于其他目的,而另一些人相反;标准个人主义的是指个人选择了一些(个人)目的,组合起来形成全体公众的目的。

基于上述推导,迈耶森和班菲尔德认为社会由不同阶层的人构成,由于所处地位不同而具有迥然不同甚至是相互对立的利益观念。所以,对于普适价值观的追求及在这一原则指导下的规划不仅毫无意义而且必定毫无结果。此外,还有观点认为规划者所认定的公众的普遍利益或一般价值其实只代表了中上层阶级的利益,从而加剧了社会不平等。在公共利益问题一致性与差异性上的探讨,反映出规划界人士正在逐渐意识到,规划不仅是一项专业、技术或科学,它还包含更多的价值取向与政治意识形态方面的问题。规划的政治性探讨集中出现于1960—1970年代。

3)批驳三:城市之生死与荒芜

此书是对当下城市规划和重建理论的抨击。更主要的也是尝试引介一些城市规划和重建的新原则,这些原则与现在被教授的那些东西……不同,甚至相反。

——雅各布斯《美国大城市的死与生》❾

1950—1960年代发出的对规划的批驳中,最知名的恐怕是美国记者雅各布斯的《美国大城市的死与生》(1961年),一经出版即在规划学界引起了广泛讨论。该书几乎全盘否定了当时的既有规划体制与实践模式,也开了非专业人士参与规划评论之先河。不过,该书还打开了一个全新的思考城市规划的视角,表现出雅各布斯有破有立、要建立新原则的企图。

雅各布斯的观点集中体现了当时的一种批判思潮,即认为由于规划师对真实的城市几乎一无所知,导致其规划行为摧毁了城市与城市生活的丰富多样性。雅各布斯在书中"攻击"了几乎所有的现行规划准则。她尖锐地指出规划师们对他们所要规划的城市这一对象几乎不了解,认为他们心中充满了简单的乌托邦式的幻想——如霍华德与柯布西耶等人的规划思想,却不去了解或处理真实世界里的城市问题。她还毫不客气地将城市规划及城市设计称之为伪科学。她认为出现这些现象的原因,是规划师和规划思想家抱有反城市主义思想——一种从本质上反对大城市的思想,认为它们不可能成为适宜的居住模式。因此这些思想家在提出的理想模式里把城市加以简化、综合,从而抹杀了城市的丰富多样与文化底蕴。

在做出犀利评判的同时,雅各布斯也描绘了她眼中的真实生活里城市是如何实际运转的。她在书中详述了很多日常生活中的细节,如人行道的作用、邻里公园的功能、城市多样性的需要(土地混合使用、小片街区、历史建筑、集中化)、贫民区的再建等。只有通过了解这些真实的情况,才能知道要采取什么样的原则与措施以提升城市的经济与社会活力。雅各布斯自创原则的核心是城市需要最为复杂的、紧密的、多样性的土地利用,以此在经济和社会上不断相互支持,因为"城市天生是多样性的"。

与《美国大城市的死与生》先后出版的同类题材的批判性著作,还有德裔美国社会学家甘斯的《城市乡村:意裔美国人生活中的群体与阶层》(1962年)。甘斯研究了波士顿的西区(West End),那里曾经是意裔美国人的社区。甘斯对该社区的复杂性与日常生活十分感兴趣,并在那里住了很久对其进行研究。但在城市更新下社区被拆除,重建后成为高租金或高价住宅社区,即士绅化了。所以这是波士顿版的社区的死与生。此外,甘斯还观察到了他的英国同行迈克尔·杨与威尔莫特在伦敦观察到的同样的现象。波士顿西区之所以成为城市更新的对象,是因为这里也被中产阶级、规划师及以他们的标准制定的联邦法规视为贫民窟。但实际情况是波士顿西区的房屋虽然陈旧但很干净,同时也没有吸毒、犯罪等现象。相反,它为刚来美国的新移民以及低收入人群提供了一个庇护所。

几年后,德国精神分析学家米切利希受到雅各布斯的 1961 年著作的影响,于 1965 年出版了《我们城市的荒芜》一书。米切利希原本住在法兰克福郊区的独栋住宅当中,但当他意识到这种住宅"是城市的不负责任的缩影与私有财产的表现"后,他搬到了法兰克福市区的公寓中。在书中米切利希其实是以遍布公寓的城市为样本,批评了现代城市在社会与心理上的弱点——即城市的荒芜对心理与人与人之间交流的影响,也批评了战后在功能主义思想指导下进行的城市与新城规划建设。但与雅各布斯不同的是,他认为造成这些问题的原因在于集体政治的失灵,而非规划的过错。而且,雅各布斯推崇土地的小规模所有,而米切利希则提倡土地市场的国家控制(Ward,2002)。米切利希的书出版以后虽然没有雅各布斯的著作那样的国际影响力,但在德国本土很受欢迎。市政建设当局与德国的规划师都很喜欢他的著作,聘请他为城市规划的顾问,并愿意按照他的建议,在以后的规划中让当地居民也参与进来。

第 4 章注释

❶ 进步同盟外援计划,英文原文为 Alliance for Progress,是指美国总统肯尼迪提出的帮助解决拉美经济社会问题的计划。
❷ 波普尔(1902—1994 年),英国科学哲学家,以其推动人们对科学推理的理解作出的贡献和对历史主义的批判而闻名。
❸ 生物控制论目前已分化出神经控制论、医学控制论、人工智能研究和仿生学等方向的研究。
❹ 经济控制论、社会控制论、人口控制论又称大系统控制论,是系统论在人文领域的主要应用。
❺ 熵是热力学中物质系统状态的一个函数,它表示微观粒子之间无规则的排列程度,即系统的紊乱度。
❻ 此处采用了张旅平的译文,书名全名为《重建时代的人与社会:现代社会结构研究》(译林出版社,2014 年)。
❼ school 一词既有学派,也有学位考核科目的含义。
❽ 正如当时认为城市规划与社会规划之间存在差别,社会规划与经济规划之间也同样被认为是不同的。
❾ 此处采用了金衡山翻译的《美国大城市的死与生》(译林出版社,2005 年)的译文。

5 第一次理论弦振(1960—1970年代):理性规划论及其崩解

> 我从未通过理性思考来做出过任何一个发现。
> ——爱因斯坦

> 一切坚固的东西都烟消云散了。
> ——马克思《共产党宣言》

理性决策论在规划的芝加哥学派及其他学者的努力下成型后，1950—1970年代的规划理论研究界十分活跃，本书将其归纳为四种理论之弦的振动。振动之一，是系统规划论与理性规划论在理性决策的基础上逐渐成为这一时期的理论主流，两者逐渐在1970年代末融合为程序规划理论。但由于城市大系统问题的复杂性、开放性与和因素的或然性，以最优化为目的、用调控来实现的系统决策和理性分析并不能很好地用于城市系统。所以1960年代后学者们就已开始从不同传统和立场出发提出了修正的或新的理论，如基于有限理性的混合审视模型、基于多元化的倡导性规划理论和公众参与阶梯模型等，形成了第2类振动。

如果说上述规划理论，其发源与流行集中在英美两国的话，那么兴起于1970年代的批判政治经济学与新马克思主义规划论则引起了整个西方的广泛关注，是第三种振动。批判政治经济学从规划与政治之间的关系来批判系统规划论与理性规划论，主要探讨国家的职能，资本主义制度、国家与规划之间的相互关系等问题，并且认为资本主义城市的结构（包括土地利用和城市活动模式）出自资本对利益的追求。比较有影响的学说有法国的列斐伏尔和西班牙的卡斯特尔建构的以资本主义空间生产为基础的理论，以及美国的哈维和英国的马西以资本流通理论来解释城市的发展和变化。

1970年代的规划理论探讨还涉及一个理论本体论的内容，即规划师应当掌握的技能或能力，属于规划师身份与职业伦理的问题，是第4种振动。当时的主流理性规划论由于是关于规划过程的，相应引发了规划的过程与结果、手段与目的的思考，并进一步引发了规划过程被分解为规划决策（制定）与规划实施两个阶段。弗里德曼通过建构行动规划模型来处理规划中的决策与实施问题。由于规划的有效实施要求规划师良好的交际能力，这又与倡导规划探讨过的规划师的辩护与倡导的能力相关联，形成了对规划师能力的分析，属于规划理论本体论的一部分。

5.1　时空背景

1960年代是欧美国家的一个转折点（Grenville，2000），外部与内部都出现了对这些国家的挑战。外部方面，欧美国家的很多殖民地与附属国纷纷于二战后独立，开始要求民主与主权。内部方面，战后成长起来的一代在意识形态上完全不同于仍在掌权的经历过战争的长辈们，这是1960年代末至1970年代出现动荡时局的一个诱因。自1970年代开始，昌盛了几个世纪的欧美文明逐渐出现颓势。经济危机使潜在的固有文化危机暴露出来，欧美统领一切、世界唯欧美马首是瞻的年代一去不复返。

5.1.1 经济与政治态势

> 从1960年代中期开始,社会和经济方面的紧张局势大大破坏了战后经济繁荣带来的和平稳定。
>
> ——勒纳等《西方文明史》

欧美等国至1960年代中叶一直保持战后繁荣的经济态势,政局也基本稳定。但1960年代开始出现社会动荡。1973年起西欧进入停滞—通货膨胀阶段,出现了经济危机;1973年和1979年还连续发生了两次石油危机。与此同时欧美国家的传统工业也在衰退,暴露出钢铁、造船、汽车、化工等基础工业日渐陈旧并缺乏竞争力的问题,尤其是面对来自东亚等地区的不断增强的竞争力(斯特恩斯等,2006)。这一切都表明,战后奉行的国家福利制度与凯恩斯主义已经失效。外因刺激下,原本掩盖在经济繁荣下的固有体制矛盾最终导致了经济的波动与危机。经济态势的改变带给规划的影响是从20世纪中叶对发展进行控制与引导,转变为1970年代末以后无所不用其极地促进发展(Hall,2002)。

二战使欧洲分裂为东西两个部分,但1970年代起出现融通的迹象,东西欧的紧张局势有所缓和。欧美国家内部则出现了此消彼长的情况。西德成了"经济上的巨人,政治上的侏儒"(Grenville,2000)。虽然已是经济大国,但因是二战战败国,在国际政治上的发言权仍受限制。英国已褪去其"日不落帝国"的荣光。由于经济复苏的步伐较缓,因此无论是工党还是保守党执政,其首要任务和政策重心都是力求使国内经济再次繁荣。法国总统蓬皮杜❶作为戴高乐❷的继任者,摒弃了其高压政策以缓和紧张的社会局势,并采取自由主义市场竞争机制以使法国重返昔日荣光。美国则是对外插手亚洲事务并处处掣制苏联;对内奉行约翰逊总统(1963—1969年任期)制定的大社会(Great Society)计划,联邦政府拿出上亿资金用于福利与反贫困计划,向贫困发起"无条件战争"(Grenville,2000)。

5.1.2 社会动态

1960年代是一个反叛的时代,标志是对各种人权的呼吁与反主流文化(counter-culture)。二战后欧美进入消费社会与福利国家的安定阶段,但在战后生育高峰中出生的一代在思想意识上与出生在战前的父辈不同。他们希望社会接受其在当时看来颇为激进的行为和思想,受阻后就发动了一系列激进运动,包括遍及欧美的学生运动、工人罢工运动、女权运动、市民运动与美国的反种族运动和反越战运动。

其中,以反传统为核心的学生运动成为后现代思潮出现的背景因素。伴随学生运动的是流行于年轻人之中的嬉皮风格。嬉皮士们通过各种极端方式来表现自己的反传统观念,为此也开始注重从其他文化中吸取有用元素作为反西方文化的工具,这也是日后欧美社会多元文化兴起的契机之一。1960年代的激进一代在1980—1990年代步入功成名就的中年之后,形成了新的保守势力与保守观念。女权运动为女性主义的形成奠定了基础,导致了规划中的女性主义视角于20世纪末出现。市民运动主要针对美国开展的城市更新与高速公路修建计划,以及各国普遍开展的贫民窟清除活动。反种族运动从欧美等国扩散至全世界以后,形成了后殖民主义倾向以及南北问题。后者是取代了发展与发达国家对立的21世纪以来的新的意识形态对立、对抗或对话。南北问题也激发了南半球甚至是东半球地区的规划理论者提出不同于北半球思维与视角的规划新观念。总体而言,1960年代的激进运动引起了欧美国家对现行的政治、经济与文化制度——其核心是现代主义与资本主义——的深层思考,是20世纪末、21世纪以来的许多新思想的源头或起点。

5.2 高维世界:学术思潮与相关学科发展

该时期科学哲学的发展方面,库恩提出了科学发展的范式转换假说,对各学科领域解释其发展演变都有很大影响,也成为规划理论研究领域对于理论代际更迭现象的解释之一。就现代主义的发展而言,二战后是盛期现代主义阶段,同20世纪初的初期现代主义有很多区别。很多被认定是属于现代性的特征其实是属于盛期现代主义的,它们也是被1960年代涌现的后现代批判的主要对象。后现代可能是所有冠以"后"前缀的哲学或社会思潮中影响最大、持续时间最长的。系统科学方面,新三论被提出,对同时期与之后时期的城市研究与规划研究都有助推作用。社会学研究方面,主要侧重于1960年代因激进运动而凸显的社会问题。此外,该时期还出现了城市设计的学科化,以及环境保护与遗产保护的倾向与公约化。

5.2.1 科学哲学:范式转换与科学研究纲领

库恩在其1962年的著作《科学革命的结构》中阐明了自己有关于部门科学发展模式的观点,并提出了范式转换这一术语,成为日后各学科探讨自身发展时使用频率最高的词汇之一。库恩认为,科学的发展依照"前范式科学—常规科学—反常与危机—科学革命—新的常规科学"这一规律进行,而范式是这一规律假说的核心。在库恩看来,常规科学是指严格依据一种或多种已有科学成果而进行的科学研究,某一科学共同体承认这些成果是一定时期内开展进一步研究活动的基础。就科学史的发展阶段而言,常规科学阶段是对范式的维护和明确描述阶段,而科学革命阶段则是旧范式被互不相容的新范式彻底或部分取代的阶段。旧范式与新范式之间不可通约,其转化类似格式塔转换,要么全部都变,要么都不变。

无独有偶,拉卡托斯❸于1970年著成出版的《科学研究纲领方法论》也探讨了同样的科学发展问题。拉卡托斯认为,研究纲领方法论强调主要研究纲领之间在理论上和实验上的长期竞争、进步和退化两个问题之间的转换,以及缓慢出现的一个纲领对另一个的胜利。他还使用硬核(hard-core)、保护带(protect-belt)、反面启示法(negative heuristic)和正面启示法(positive heuristic)等核心词汇来建构他的科学研究纲领。从他的分析来看,他的科学研究纲领与库恩的范式含义相近。

库恩并未在其著作中严格界定范式及范式转换这两个术语,但不妨碍之后两个术语在各个研究领域被频繁使用甚至滥用,规划研究及规划理论研究界也不例外。有鉴于1960年代以后的规划理论中的本体论危机,规划理论学者开始从外部寻求危机的解释与化解方法。库恩的范式思想很快被引入,用以描述规划思潮在1960—1970年代所发生的变化。例如,弗里德曼受库恩的影响在《社会行动短评》(1969年)一文中把系统维护(system-maintaining)和系统转换(system-transforming)分别比作常规科学和科学革命。系统维持行动具备适应性和发展性,而系统转换行动在历史上极少发生。加洛韦与马海尼则在《规划理论回顾:范式转换进程》(1977年)一文中使用范式危机(paradigm crisis)来描述规划界自战后20—30年间由量变到质变的变化,并认为1970年代以来出现的理性规划理论与过程规划论是新的范式。希利等人1982年编纂出版的《规划理论:展望1980年代》一书,将程序规划理论与其后出现的理论立场合称为六种规划理论范式。N. 泰勒在其1998年出版的《1945年后西方城市规划理论的流变》一书中也将规划理论从现代向后现代的转变视为一种可能的范式转换。

不过,如果正确地理解库恩和拉卡托斯的学说,就不会得出规划理论中已出现新范式的推论,因为规划理论的演进中并未出现库恩所指的新范式或拉卡托斯所指的新的科学纲领,充其量只是新的思潮而已。结合库恩的论述,规划理论研究界频繁使用范式转换,可能是对库恩所指的范式一词的误用或滥用。规划理论学者卡米斯在总结库恩的学说与规划及理论之间的关联时曾写道,库恩的观点帮助揭开了科学的神秘面纱,并消除了不少误解。如果规划要仿效科学,它必须认识到理性和客观并非一切。科学革命是一种渐进过程,而规划师们仍需改变他们的观点、意识及组织。新、旧范式的不可通约性,可以用来检视不同群体之间所持观点的不可通约性上,规划对这些群体会施加影响(Camhis,1979)。

5.2.2 建筑与文化研究:后现代主义

后现代思潮的背景是1960年代中期以后爆发的激进运动。1960年代末之后在法国出现了一个现代主义的高峰时期,同时也助推了后现代思潮在建筑、艺术、哲学、地理等领域的萌生。

1) 建筑与艺术中的后现代

如果说每一种波及社会各领域的思潮都是先从某一领域开始的话——例如结构主义起源于语言学领域,那么后现代思潮可能首先是从建筑界爆发的。美国建筑学家文丘里❹于1966年出版的《建筑的复杂性与矛盾性》一书拉开了批判现代主义、倡导后现代主义的序幕,被认为是后现代主义的宣言。他在书中的第一章"错综复杂的建筑:一篇温和的宣言"中写道:

> 我喜欢基本要素混杂而不要"纯粹",折中而不要"干净",扭曲而不要"直率",含糊而不要"明确",既反常又无个性,既恼人又"有趣",宁要平凡的也不要"造作的",宁可迁就也不要排斥,宁可过多也不要简单,既要旧的也要创新,宁可不一致和不肯定也不要直接的和明确的。我主张杂乱而有活力胜过主张明显的统一。我同意不根据前提的推理并赞成二元论。

——文丘里《建筑的复杂性与矛盾性》❺

文丘里所解析的建筑的复杂性,道明了后现代主义的许多特征。他与同为建筑师的妻子布朗及另一位美国建筑师伊泽诺尔合著的《向拉斯维加斯学习》(1972年)探讨了美国商业建筑的拙劣并分析了代表性反面例证。在此基础上批判了现代理性化设计的空洞,倡导了后现代的设计手法。同年出版的加拿大裔建筑师 O. 纽曼的《防卫空间》(1972年)深入分析了现代住区环境出现巨大失败的原因:设计了太多属于无主状态的空间,极易成为破坏与犯罪的滋生地。作者以家乡蒙特利尔为例,提出现代住区设计应向防卫的、内向的居住环境靠拢。建筑评论家詹克斯则疾呼"现代建筑已于1972年7月15日下午3点32分,死于美国密苏里州圣路易斯城"❻。虽然他是针对20世纪上半期以来的现代建筑风格或称国际主义风格——这种风格被视为艺术、现代技术和公众品位的完美融合(斯特恩斯等,2006),却是对欧美自启蒙运动以来盛行的现代主义的挑战,指出了现代性面临的危机。

后现代风潮下,建筑界诞生了不少后现代风格作品,如法国巴黎的蓬皮杜艺术中心、美国的 AT&T 的总部大厦。但一些后现代建筑倾向于把历史中的各种风格以各种方式混杂在一起,或采取某种奇怪的、破裂的方式表现历史,表述的是一种蓄意的混乱,有破而无立。因此后现代风格在建筑界一闪即逝,但在其他领域却并非如此。

艺术领域的后现代思潮在1960—1970年代表现于波普艺术的崛起上。波普艺术意译为大众艺术或通俗艺术,其本质是一种大众化艺术,与传统的高雅、学院派艺术风格相对应。波普的宗旨是把艺术通俗化——或贬义地讲,庸俗化,倡导"一切物品都可以是艺术品""艺术就是生活""每个人都是艺术家"。所以法国艺术家马塞尔·杜尚将签了自己名字的小便池送去参展,因为他认为这件生活用品已经转化为艺术品。美国是波普艺术的大本营,诞生背景是20世纪中叶以来的消费社会与商业化,代表人物如沃霍、K.哈林。波普艺术是美式大众文化的一个侧面,是后现代的反现代主义、反精英主义的一种体现。现代主义艺术主要包括20世纪前期的立体派、表现主义、未来主义等。然而其共性除了都属于实验主义,都是古典艺术风格的反对者与革新者以外,这些被统称为现代派艺术的派系之间的差异性更加巨大(斯特龙伯格,2005)。所以,就反传统而言,后现代主义并未超越现代主义。

2) 哲学与文化研究中的后现代

建筑界的后现代思潮引起了1960年代以来社会各界对现代主义的反思,其中尤以法国学派(French School)闻名,代表人物是福柯❼、法国哲学家和语言学家德里达、鲍德里亚和利奥塔等人。当然,这些当代哲人也是其他有影响的当代思潮的提出者或重要发展者。福柯在几部名著中对现代主义原则进行了剖析和批判,成为许多后现代学者理论研究的基石。他对话语(discourse)的分析,对权力与知识之间关系的论述等又是后结构主义者的灵感来源。德里达阐述了解构(deconstruction)理论,并认为拼贴与蒙太奇是后现代的主要话语形式,所以他又被视为解构主义的创立人之一与后结构主义者。鲍德里亚早期受索绪尔影响,撰写了《物体系》(1968年)与《消费社会》(1970年)两部著作,认为消费者购买的商品不过是消费社会的符号物体。其后他倡导虚无主义文化哲学,利用拟像(simulacre)概念批判大众传媒与新技术。利奥塔于1979年出版的《后现代状况:关于知识的报告》掀起了讨论后现代的热潮,也为这一社会思潮进行了哲学定性。他在书中提出的元叙事❽的概念,在其后广泛为各类学科在批判理论中借用。利奥塔认为现代主义缔造了启蒙、进步、理性、解放等元叙事或宏大叙事,而后现代正是对这种宏大叙事的怀疑与超越。

3) 工业社会与后工业社会

> 知识与信息正在成为后工业社会的战略资源和转化因素,正如能源、资源和机械技术的集合体是工业社会的转化因素一样。
> ——贝尔《后工业社会的来临》

后工业社会与工业社会,是如同后现代与现代一样紧密相连的一对对偶概念。美国社会学家贝尔于1959年提出了后工业社会概念。其后,他在《后工业社会的来临》(1973年)一书中提出了社会进化三阶段论——前工业、工业和后工业,阶段划分由生产方式来决定。其中前工业社会是采摘与攫取型的,工业社会是生产与制造型的,而后工业社会是处理与服务型的。他同时还对这三种社会形态的经济部门、被转化资源、战略资源与技术、技能基础进行了比较。他认为后工业社会的出现要归功于工业社会所带来的自动化程度和生产力的提高,它使得生产领域的人可以逐步减少,使得社会能够负担奢侈品的生产以及教育和医疗卫生等公共服务。贝尔认为,大学是后工业社会的关键机构,后工业社会的一个典型特征就是脑力取代体力。其他特征还包括信息的重要性日益增强——不仅是在数量上,更表现在性质上,因为信息是一种不同以往的知识类型。这说明后工业社会的概念同时又是与信息社会紧密联系在一起的,而它的提出要早于信息社会❾。

不过,后工业社会与工业社会一样存在很多问题。H. 马尔库塞就在《单向度的人》(1964 年)一书中指出,后工业社会是疏离❿、整合与妥协主义的最高发展阶段。疏离与整合是交织并行的,个人的个别性与独特性在后工业社会中逐渐沦丧,并为后工业社会所整合,形成单一向度(unidimensionnelle)的社会。

5.2.3 系统科学:耗散结构论、协同论与突变论

1960 年代以后,系统科学研究中出现了耗散结构论、协同论与突变论三种新的理论,分别起源于热力学、物理学、数学的相关研究。这三种理论被称为新三论,以与老三论相区分。系统科学于 1980 年代以后发展到复杂性科学阶段以后,耗散结构论与协同论由于揭示的规律相近而被统称为自组织理论。

1) 耗散结构论

耗散结构论(dissipative structure theory)由比利时物理化学家普里高津于 1970 年代创立,其核心是他提出的耗散结构或耗散系统的概念。普里高津提出的耗散结构论解决了一个悖论,即根据热力学第二定律的熵增原理,宇宙的发展总体是一个熵增的过程,从有序走向无序,因为这样稳定性会越来越高。但为何又会有生物体这样的虽有序但悖逆熵增总原则的物体存在?答案是,生物体是一种耗散结构或系统。根据他的设定,耗散结构是一种热力学上的稳定结构,但远离热力学第二定律所描述的不断熵增的平衡状态,是一种充满负熵的可不断进化的有序状态。耗散系统的特征是开放且与外界交换物质、能量与熵,在这一交换过程中系统从混沌、无序向稳定、有序转化。所以耗散结构具有各向异性(自发对称性破缺)、复杂性甚至混沌性。提出耗散结构学说近 20 年后,普里高津又于 1996 年出版了《确定性的终结:时间、混沌与新自然法则》一书,进一步明确了具有自组织性与有序性的耗散结构的三个形成条件:处于远离平衡的非线性区域中;与外界存在物质与能量交换(即本身是开放系统);内部要素之间存在非线性动力机制(如反馈机制)。

典型的耗散结构包括热带气旋、生物体等。城市也是一种耗散结构,这给了城市研究与规划研究一个从耗散结构的角度观察与分析城市的角度。当然,这会形成城市规划或空间规划中的悖论:如果城市是一个耗散系统,可以通过自组织进行自我调控与演化,那还需要规划吗?将复杂性科学的相关学说引入规划,将有助于回答这一质问。

2) 协同论

在物理、化学与生物学当中,结构的自组织形态已经被发现……对上

述自组织过程的数学解也已给出,证明它们受到了特定数学关系的约束……我们因而得出了一些一般性定律……能够在管理学理论或相关领域中找到用武之地。

——哈肯《协同学能被用于管理学吗》

协同论(synergetics)是德国物理学家哈肯受激光理论的启发于1971年创立,也可称为非平衡系统的自组织理论。协同论的核心是协同效应(synergism),亦称协同作用、加乘作用。从加乘效应而言,顾名思义,协同效应指"1+1＞2"的效应,即系统内的各子系统如何通过该效应而形成宏观尺度上的结构与功能。结构与功能密切相关,所以哈肯还创造了功能结构的概念用以描述这一点。他认为,如果系统内部的子系统之间存在协同效应,那么系统就处于自组织状态。协同论通过分类、类比,将平衡相变(phase-transition)与非平衡系统中的转变进行类比,以描述各种系统和运动现象中从无序到有序转变的共同规律。协同研究要做的就是通过序参量演化方程来解析表达系统的非平衡态,尤其是临界点的动力学机制。普利高津的耗散结构指出系统内外存在交换,系统就有演化的可能,但没有回答系统之间的有序度差异的成因。而哈肯发现,系统的序参量决定了系统的有序程度与最终结构,且各系统的序参量都不相同,与系统性质有关。序参量为0时系统的有序度也为0;序参量最大、达到临界点时,出现宏观上有序的自组织结构。

由于协同论产生于激光系统与流体系统的类比,在类比下协同效应研究也被广泛运用于管理学、社会学等其他领域,当然也包括城市规划及空间规划。因为城市规划既需要自然、工程科学的知识,也需要社会、经济领域的知识。而哈肯一直希望打破学科或研究领域之间的这些无形界限。他于1984年撰文《协同学能被用于管理学吗》,探讨协同学在社会科学领域的潜在运用。其后他在为联合国教科文组织的《生命支撑系统大百科全书》系列中的《系统科学与控制论》卷一的第2章"系统理论:协同学"(System Theories:Synergetics)中明确指出,协同论已将自然科学、技术与人文学科的许多领域联系在了一起。因而,协同论协同不同学科解决复杂自组织系统的特性,使其在规划领域也会有很多应用。

3) 突变论

突变论(catastrophe theory)是法国数学家托姆于1968年创建。他于1972年出版的《结构稳定性与形态发生学》一书系统阐述了自己的突变论思想。突变原意灾变,指系统连续变化过程的突然中断,进而导致系统的质变,即由前一个稳定状态跃迁至新的稳定状态。火山爆发、楼房的突然坍塌等都是突变的例子,其背后是从量变到质变。由于微积分只能处理连续、平滑、渐变的变化,托姆引入拓扑学方法建立微分同胚概念以分析非连续变化下的突变现象,并认为突变具有突跳、滞后、发散、不可达性、双稳态与多径性这六个特征。他还指出,在决定因素或参数不超过四个的情况下,存在七种初等类型的突变。由于自然界与人类社会存在大量突变现象,平稳而连续发展只是少数状态或理想状态,所以托姆的工作对于分析真实世界的情况,尤其是累积因素下形成的突变具有重要作用。

得益于英国数学家塞曼的工作,其后突变理论也被用于生物学、社会学、心理学等领域。当前,突变论被视为起源于1960年代的混沌理论的一部分。美国大气物理学家洛伦茨提出的蝴蝶效应———一只亚马逊丛林中的蝴蝶扇动了一下翅膀,最终可能导致美国得克萨斯州的一场龙卷风,就是混沌效应的著名例子。

5.2.4 社会研究、城市研究与城市设计

1960年代针对各种社会不平等现象的社会运动,导致对相关的社会冲突的研究也在逐步升温。运动有两个主要倾向:其一是对掌权者及决策者的抵抗,因为一般民众不被允许参加到政策制定和规划决策过程中。其二是对广泛社会不平等的反对,如民族与种族歧视、宗教迫害、贫富差距、性别歧视等。

1) 城市更新研究

在第一种倾向中,对城市决策者的决策的抵制,导致了对城市更新、高速公路建设等的反对与抵制。其中城市更新拆毁大量被标定为贫民窟的旧城区,造成新的社会问题;不合理的高速公路建设规划导致路线穿越或毗邻社区,遭到相关居民抵制。所以这一时期有不少评述城市更新过程中政府与民众双方行为的著作。如英国社会学家丹尼斯的《公众参与与规划师的不良影响》(1972年),探讨了英国东北部米尔菲尔德(Millfield)的工业区与工人居住区在1960年代英国的贫民窟清除与改建中不得不迁居的案例。在更新、清除与建设的过程中,被迫迁移的人或因没有权力而消极以待,或积极投入到反抗与抵制当中。

2) 移民研究

在第二种倾向中,英国社会学家雷克斯与摩尔在这一时期对英国伯明翰的斯帕克布洛(Sparkbrook)地区的住房与种族之间的关系进行了城市社会学分析。伯明翰是英国移民数量第二多的城市,仅次于伦敦,而在斯帕克布洛聚集了大量的少数民族移民。他们在随后出版的《种族、社区与冲突》(1967年)一书中分析了在分配稀缺资源如住房、土地的过程中的冲突升级。其民族志方法受到了芝加哥学派,尤其是麦肯齐的影响,还引用了韦伯有关社会阶级和城市冲突的学说。这一研究的开创性价值在于:其一,确立了住房是一个重要且独特的分析领域;其二,通过住房分配制度将空间维度的城市空间结构与社会维度的社会组织联系起来(桑德斯,2018)。

雷克斯与摩尔的分析对象是英国的少数民族移民,即内城居民这些城市决策的被决定者或接受者。而另一些学者如米尔斯,则研究掌控他们命运的人,米尔斯称之为权力精英,并于1959年出版了同名著作《权力精

英》。与雷克斯同属英国社会学的新韦伯主义学派(neo-Weberism school)的社会学家帕尔也研究这些社会精英,但他称之为城市管理者或控制者、政治性门卫、城市分析中的自变量。与之相应,稀缺城市资源与设施的社会限制及空间限制,是因变量(桑德斯,2018)。新韦伯主义学派的学者运用了韦伯的科层制与市场情境(market situation)理论,视城市管理者为城市机会不平等(在伯明翰的案例中体现为住房分配机会不平等)的根源。帕尔据此于1975年在《谁的城市》一书提出了城市管理主义(urban managerialism),核心思想是城市管理者(如地方政府官员和财政官员)控制着住房和教育等稀缺资源的分布与分配,在很大程度上决定了人口的生活机会与社会空间分布。该理论将权力、冲突以及市场和国家机构的作用等问题置于城市社会学的中心。

在美国,二战后美国黑人大规模迁往大城市居住。由于当时的种族歧视和种族隔离政策,黑人多居住在城市中心区的少数民族聚居区或隔都(ghetto)中。"隔都"一词源于里斯出版于1902年的《与贫民窟的斗争》一书;1927年沃思又在《隔都》一文中对其下了更精辟的界定,即贫民窟当中被隔离的区域,聚集了最贫困的人口。在战后,这些地区常位于城市中心,并经常以就业率低、受教育程度不足、医疗条件落后、基础设施老化、住宅不合标准为特征(Checkoway,1994)。而白人一方面因城市中心区居住条件愈发恶劣,一方面不愿与少数民族(尤其是黑人)混住在一起,因而开始大规模移居郊区。黑人与白人的两种迁移趋势加剧了种族隔离以及郊区化现象。美国社会活动家M. 哈林在其《另一个美国》(1962年)一书中对以黑人为主的隔都进行了描述。书名也是对里斯的经典著作《另一半如何生活》的致敬。

3) 女权主义及其研究

由于政治和较低的社会地位使女性一直被排除在哲学之外,所以很自然地,女权主义哲学首先就是社会和政治哲学。

——所罗门《大问题:简明哲学导论》❶

传统的左翼观点认为社会不平等是由人的阶级地位不同造成的。而近年来,引起不平等的因素已经扩大到种族、性别、残疾和性等方面。但若以种族、性别等属性来界定弱势群体与社会不平等的形成,那么由性别造成的不平等及相关群体的弱势则又使该类群体成为弱中之弱。在这些领域中,阶级与种族的分析无论从其发展历史还是从其受重视程度上来说都远高于基于女性视角的分析。但是,1960年代末女权运动爆发后与女权主义兴起以来,女权主义者甚至认为性别歧视在造成社会不平等方面与阶级歧视所起的作用相当(Bryson,1992)。歧视的手段包括排斥(exclusion)、从属(subordinate)、诋毁(denigrate)等——经常能在女权主义文献中看到的词汇,而意识到并且表达出这些歧视,是女权主义兴起的原因之一。原因之二是这一时期女性走入了大学,而大学在战后已日益成为思想活动的主要中心。原因之三则植根于欧美 20 世纪下半叶以来的现代主义进行思潮中。在美国女性主义者吉利根的著作《以不同的声音》(1982 年)一书的巨大影响下,女性传统被称为不同的声音(different voice),因为它与完全以男性传统确立起来的现代性原则有本质区别,代表了观察事物的不同角度与潜在的不同发展方向❿。

女权运动的爆发与女性意识的崛起,其历史根源在于 19 世纪以来欧美等国妇女在争取参选权、受教育权等公民权利方面做出的努力,其现实背景则是二战以后家庭观念与家庭结构发生的变化。妇女为了收入,也为了在社会中充实自己而开始在外工作,导致女性传统角色的改变。女权运动首先爆发于中产阶级白人妇女当中。1949 年法国作家波伏娃的《第二性》的出版是女权运动发展的里程碑。1963 年美国女权运动家弗里丹的《女性的奥秘》面世,将女权主义思想通俗化与美国化(斯特恩斯等,2006)。至 1970 年代中期,女权运动已经席卷全球,囊括了各阶层各民族的妇女。

女权运动及由此而来的女权主义及女性主义,是 20 世纪下半叶社会思潮的主流和探讨的焦点问题之一。女权主义在早期主张男女平等,强调在家庭中弭平女性角色的特殊性;在职业上要求取消工作上的性别歧视、要求同工同酬等;在政治和人身权利上,要求选举权、平等教育权、离婚与堕胎权等。而外延宽于女权主义的女性主义在短短几十年时间里从第一代过渡到第二代理论,主要表现为从要求平等到宣扬不同的转变。也即,既要认识到女性在一些社会与政治权利上与男性平等,又要注意到女性自身所具有的与男性不同的特征。并且,要尽量让这些特征从隐性变为显性,使社会认识到这些特征并为之做出改变,以打破男性一统的局面。

4) 复杂性下的城市结构研究

功能主义下的城市土地利用分区原理的影响一直持续到战后。分区原理有两种体现。其一是城市功能分区,即依照工业、商业和居住等城市功能来划分城市土地,其来源可追溯至加涅的工业城市与柯布西耶的光辉城市中有关功能分区的构想。20 世纪中叶,城市功能分区思想仍十分盛行。例如英国交通领域 1963 年出台的十分有名的《布坎南报告》⓭就认为经过周详规划的城市应该由有秩序的、如细胞般的、地理上分工明确的区域组成,即城市具有细胞结构。其二是同质区域的分区——如各自独立的居住社区,其来源是 1920 年代佩里的社区邻里观念。相互独立的居住小区在配备了完善的配套服务设施后可以自给自足,类似典型的乡村模式,隐含着在英美等国具有悠久传统的反城市主义倾向。英国传统思想家如霍华德、格迪斯、昂温的思想或多或少都包含反城市倾向,主要是针对工业城市社会和大城市的。适度规模的城市和城乡结合体系似乎还在容忍之列,或是被当作未来发展的方向。这一倾向表现在战后的英国城市规划思想上,霍尔等人 1973 年的专著《城市英国的遏制政策》对此有很好的表述和总结。

C. 亚历山大在 1965 年发表于《建筑论坛》期刊上的文章《城市并非树

型》中,将功能主义思想下的城市分区结构比喻成树型结构。在这一影响了20世纪上半期几乎所有的城市规划的结构中,枝叶(城市的各个分区)都与城市中心(树干)相连,而枝叶之间却是不连续和离散的。这使得对城市的关注集中在地方和社区等小范围尺度上,而不是在整体的、全局的角度上。这仍然是英国维多利亚时代浪漫主义精神和中世纪主义精神的延续,仍然是反城市主义的。亚历山大在文中利用系统论的观点和集合的概念阐述城市结构,与雅各布斯所倡导的城市复杂性与多样性的观点不谋而合。

亚历山大在文中分析了两种结构——树型结构与半网格型(semi-lattice)结构,并分别与天然城市、人工城市相关联。其中树型结构的公理为:一系列集合构成一个树型,当且仅当任意两个属于集群的集合,或者一个完全被另一个包含,或者两者完全不相交。他还认为分等级的树型结构——城市形态的超简化模型——造就了综合性人工城市。在这一模型中,整体的各部分独立生存、各自与中心相联系,而之间毫无任何关联或重叠。在城市中,树型结构的各独立部分对应于城市内相对独立、自给自足的各功能分区或邻里,而树型的中心则对应于城市中心。就城市规划的原理而言,功能主义的《雅典宪章》下会导致形成树型结构的城市。

半网格型的公理为:一系列集合构成一个半网格,当且仅当两个重叠的集合属于整个集群(collection),两者交集的元素也属于集群。亚历山大认为城市内部的各部分不仅要有与中心的联系,也要有相互之间的联系,这样就形成了半网格结构,半网格结构这种相互关联和重叠,且更加复杂多样的特性正是天然城市比人工城市更富有趣味和更为成功的关键。由于1978年的《马丘比丘宣言》否定了功能分区原则,代之以有机的、综合的、多功能原则去组织城市环境,则按照这样的原则会出现半网格型城市。

两种结构的共性是,都是较小系统构成复杂巨系统的某种方式,都是集合的结构。两种结构的差异性在于树型结构是半网格结构的一般简化形式。半网格结构中有重叠而树型中没有,且半网格结构相较于树型而言更为复杂微妙。在含有元素数量相同的情况下,半网格的子集要远远多于树型。亚历山大认为,人工城市缺乏天然城市中的某些要素。两种结构存在共性,就可以通过有序化原理(ordering principle)把缺失的要素引进人工城市。

区分了两种结构后,他把较长时间内形成的天然城市与由设计者和规划者细心规划的人工城市做了比较。天然城市的范例如锡耶纳❹、利物浦、京都、曼哈顿等;人工城市的范例如英国大伦敦规划及战后第一代新城建设、柯布西耶规划的印度城市昌迪加尔和美国的莱维敦❺等。亚历山大还在文中用图示法分析了几个树型和半网格结构的城市或社区,以及分属树型和半网格结构的现代与传统社会中的人际交往情况。

5) 城市设计

二战以后,城市设计作为一项独立专业活动在欧洲与美国崛起。艾伯克隆比与英国建筑师福尚合著的《伦敦郡规划》(1943年)一书中首次使用了"城市设计"这一词汇(沙恩,2017)。1964年美国的城市设计协会(Urban Design Association,UDA)成立。虽然城市设计的定义有多种,但"它是介于城市规划与建筑设计之间的一个跨学科领域"这一点应无争议,所以两个领域的学者对其都有探讨。

1950年代较有影响的城市设计专著是英国建筑师吉伯德于1953年出版的《城镇设计》,其中提到了空间形体概念,即建筑之间的空间,而这正是城市设计所要处理的核心对象或要素。林奇于1960年出版《城市意象》一书,基于心理学提出了意象能力(imageability)的概念,阐述了城市意象五要素——道路、边界、区域、节点、标志物,并将其作为视觉调查与城市景观分析的工具。视觉调查或意象调查如今已经成为城市设计研究中不可或缺的部分(Levy,2000)。其他有影响的著作还包括英国规划师卡伦的《简洁的城市景观》(1961年)、施普瑞根的《城市设计:城镇与城市的建筑》(1965年)、E.培根的《设计城市》(1976年)、柯林·罗与科特的《拼贴城市》(1978年)、英国景观设计师麦克哈格于1969年出版的《设计自然》等。

二战后在城市设计领域还出现了对功能主义思想的反思。1954年,一些CIAM的年轻成员成立了十次小组(Team X),并于当年发表《杜恩宣言》,反对城市规划的功能主义思想,尤其是《雅典宪章》中提出的四大城市功能及其分区原则。他们主张用格迪斯的山谷截面模型来研究城市并设计城市。此外,十次小组还提倡人际交往层次概念以取代功能分区及其他功能主义术语。1962年,十次小组出版了《十次小组启蒙》以记述小组成员十年来提出的各种观点与见解。1978年的《马丘比丘宣言》更被视为是彻底摒弃了《雅典宪章》的城市功能分区原则,而提倡城市土地在功能上的混合使用。1980年代末以后的新城市主义、紧缩城市等城市设计思想都含有土地混合使用的元素。

5.2.5 环境保护与遗产保护

1960年代的社会运动不仅涉及人类社会当中曾经被忽略的弱势群体的人权,也开始涉及非人世界如其他生物和人类的过去的保护问题。由此出现了环境保护与历史文化遗产保护的萌芽。

1)绿色革命:生态与环境保护

1960年代出现了对人类活动对自然环境的破坏、对地球的影响等问题的关注,一些颇有影响的研究成果得到出版或公布。环境破坏方面,美国海洋生物学家卡森的《寂静的春天》于1962年面世,被认为是全球环保事业的开端。书中明确指出以DDT为代表的杀虫剂等化学药剂滥用造成的环境污染与生态破坏,对动植物乃至人类的巨大危害。

对地球的影响方面,1966年美国经济学家鲍尔丁发表了《即将成为宇宙飞船的地球的经济学》一文。鲍尔丁在文中将过去的开放经济与未来的封闭经济进行了对比,其中开放经济中资源似乎是无限的;而在封闭经济中地球像在宇宙中航行的一艘飞船,没有无限资源可供开采或污染。因而他指出,未来的封闭地球的经济原则要与过去的地球不同,人类需要在循环生态系统中找到自己的位置。此外,鲍尔丁还提出了生态经济与循环经济两个概念,也影响很大。欧洲方面,成立于1968年、关注人类未来发展的非官方研究组织罗马俱乐部(Club of Rome),其成员梅多斯等人于1972年发布了报告《增长的极限》引起对现有增长方式的广泛反思。报告模拟了人类社会在十个场景下的可能发展或增长。其推论是:(1)人口和资本的指数增长将带来世界系统的崩溃;(2)技术进步只能延缓资源耗尽、推迟世界末日的到来,但无法阻止其到来;(3)想要避免崩溃或末日到来,需要人口与经济都零增长。

这些研究成果唤起了广泛的环境保护意识与环保主义思维、掀起了第一次绿色革命浪潮及相应的世界性活动、宣言。其中美国环境主义者海斯于1970年4月22日组织了第一次世界地球日活动,宣传环保意识。1972年6月5日联合国在斯德哥尔摩举行人类环境会议,发布了《人类环境宣言》(即《斯德哥尔摩宣言》)及《人类环境行动计划》。环保主义结合了对自然的浪漫主义崇拜与对物质主义、消费主义社会的廉价价值观的敌视,试图把人类从生态灾难中拯救出来。某种意义上,环保主义与女性主义的极端表现都带有否定欧美文明主要价值观的浓郁色彩(斯特龙伯格,2005)。

环保主义与生态主义思想最早应用于规划理论中是在系统规划论当中。该理论视自然世界为一种生态系统或多种生态系统的集合,把人类活动的结果置于自然生态系统中来衡量与评价,以免引起自然灾害(McLoughlin,1969)。但直到1980年代以后,由于发生了一些重大的破坏自然生态的事件,如苏联切尔诺贝利核电站泄露事件、影响全球生态安全的全球变暖与臭氧层空洞问题,生态问题才得到包括规划界的各界全面关注。这是第二次绿色革命或生态主义浪潮,是1980年代产生的人类共识——可持续发展思想的重要根源之一。对环境问题的思考,引发了人与动植物(生物)甚至是人与非人❶之间关系的探讨,成为于20世纪末形成的后人类主义(post-humanism)思想的一支。2010年代以来,已有规划学者从人类世❶、人与非人关系的角度来思考空间规划问题。

2) 历史文化遗产保护

两次世界大战给不少欧洲历史城市带来毁灭性打击,在战后激发了对历史遗存的保护意识及广泛的保护活动。其中影响最大的是1964年在威尼斯召开的历史古迹的建筑师与技术人员第二届国际会议(Second International Congress of Architects and Technicians of Historical Monuments)及其会议文件——《国际古迹遗址保护与修复宪章》。该宪章被简称为《威尼斯宪章》,其拟定是希望从国际角度对人类共有的历史文化遗产达成保护与修复的共识。宪章确立的保护及修复核心原则是原真性(authenticity),即文物古迹修复的部分要与原本的部分做区别。

1966年在美国市长公会赞助下成立的雷恩斯委员会（Rains Committee）出版了题为《如此丰富的遗产》的研究报告，对同年美国通过的《国家历史保护法》有很大影响。1972年联合国教科文组织在巴黎召开第17届会议并通过《保护世界文化和自然遗产公约》，简称《世界遗产公约》。它将文化与自然遗产放在同等重要的位置上，并宣称保护世界遗产是全世界人类的责任。

原真性原则其实思考的是过去与现在的关系的问题——必须尊重过去，过去与现在不能混淆。该原则也被从遗产保护领域引入到了城市研究领域。美国社会学教授佐金在其《裸城》（2009年）一书中，通过纽约城内的六个典型地区，探讨了城市原真性作为一种文化权力的问题，并向雅各布斯的名著致敬。佐金描写了经过多年郊区化后，城市中产重新觉得曾经被他们摒弃的传统城区才是真实的或原真的。但他们对这种原真性的看重及对传统城区的回归，却助推了这些地区的房价。带来的结果是传统城区原真性的工人、艺术家等因房价、租金高反而被驱离了这些地区。因而，城市的这种原真性反而成为再一次成为士绅化与城市排他性的工具。

5.3 四种弦的振动

1960—1970年代产生的规划理论大多基于理性主义与逻辑实证主义而形成，是很多21世纪后出现的理论与理论趋势的源头。它们与20世纪上半叶的规划思想的区别在于，前者视规划为技术，而后者视规划为科学。两者的相似之处在于都借用了其他学科的理论。1960—1970年代时，一些被认为是价值中立的定律如机械化、集中化、分级制（hierarchical order）、等效（equifinality）和熵等在自然科学与社会科学领域都具有影响（Bertalanffy,1973）；生物学和物理学中的理论也被引入规划理论研究界（Camhis,1979）。这一时期规划理论之弦出现了振动，引起了整个规划理论时空的变化。

规划理论研究的出现与理性决策相互伴随，并将规划的物质空间与城市设计性质部分转换为规划的系统与理性的性质，从而解决了规划缺乏灵活性、割裂了与经济与社会的联系等问题，这是规划实践界与思想界对长期秉持的规划即设计（planning as design）的观念具有的一些缺陷的反思。在上述转换当中，系统规划论与理性规划论于1960—1970年代初形成，并于1970年代中期达到理论巅峰（Healey et al.,1982）。两种理论都反映了1960年代盛期现代主义的特征，所以后来的理论学者将两种理论融合为程序规划理论（PPT）。吉登斯就在《超越左与右：激进政治的未来》（1994年）一书中把两者统称为规划与政策的控制论模式，虽然两者之间还是有一些明显的区别。程序规划理论又带出了对规划过程与目的之区别的思考，进而引发了对规划的决策与实施、知识与行动之间关系的讨论。

1960—1970年代也是规划的政治属性日益受到关注的时期。1970年代大范围经济危机爆发,马克思主义理论或称批判政治经济学理论因为较好解释了危机成因而得到了广泛重视,也使得规划理论的政治属性日渐增强。规划理论中政治属性的增强还引起了规划本体论——规划师身份认定——上的变化,即规划师从技术专家向为客户利益辩护的辩护者与提供服务的服务商的转变。由此引发的关于事实与价值的区分问题,使戴维多夫写出了极富启发性的探讨规划多元性与规划师职责的文章。之后阿恩斯坦也撰文研究被严重忽视的弱势群体、社会目标重设、公民参与力度和参与合法性等方面的问题。

5.3.1 系统论、理性论与程序规划理论

1969年是多事之秋——人类登上了月球,但也爆发了大量激进运动。在规划研究界,这一年出版了在意识形态和方法论上都截然不同的两部书。一部是基布尔的《城市规划原理与实践》第四版,在务实风格下教授物质本位的城市规划;另一部是麦克罗林的《系统方法在城市和区域规划中的应用》,基于系统论思考城市与规划。1971年查德威克出版《规划的系统观》(1971年),与麦克罗林的书一起成为系统规划论的两部奠基之作。

1) 系统规划论

以系统的观点来看待城市和区域以及城市和区域的管理,将会使规划工作得到很大的受益。系统理论有助于在规划过程的不同部分之间建立有机的联系,也有助于所有与规划有关的单位和个人彼此之间进行对话。
——麦克罗林《系统方法在城市和区域规划中的应用》[18]

系统规划论的萌芽可追溯至1960年代中期在《城市规划协会期刊》上发表的几篇论文,如麦克罗林的《规划职业:新的方向》(1965年)和《关注物质变化的本质:面向物质规划观》(1965年)、M. 布朗的《城市形态》(1966年)、查德威克的《规划的系统观》(1966年)。几年后,麦克罗林于1969年的著作中明确了系统规划论的基本原则,即城市规划是一种系统分析与控制活动,其对象是被视为系统的城市与区域。

系统论在规划界的崛起有几个前提,与规划理论研究最初三分钟的高维世界的变化有密切关联。(1) 汽车使用大幅增长下土地利用与城市交通研究的兴起。麦克罗林在1965年的文章中指出,(城市)系统之组成是土地利用和土地区位,它们通过交通通信网络相互作用。(2) 计量革命的爆发与高速计算机的发明与应用。其中计量革命使人们定量化地分析与解决问题,而计算机使海量数据的处理成为可能。(3) 理论地理学进展。尤其是区位理论被引入规划。(4) 生物学的发展及生态系统(ecosystem)概念的建立。其实格迪斯早在20世纪初就提出过类似的观点,即把城市及区域视为一个功能有机体。只是他的观点比较超前,与当时的建筑设计观及功能主义下的规划思想不吻合,因此被忽略了将近半个世纪。而麦克

罗林与查德威克都借用了生物学中关于系统论的观点来说明规划中的类似情况，并利用自然系统或生态系统来比拟城市和区域这样的人类系统。此外，查德威克还采用了物理学中的热力学定律作了类比。

系统规划论的核心在于承认城市与区域是各种相互关联又不断变动的部分的综合体(Allmendinger, 2002)。这些组成系统的部分或作用因素包括地理、社会、政治、经济和文化等，其相互作用形成了城市与区域系统的性质与状况。规划师的职责则在于把握这些相互作用，并在需要的时候去引导、调控和改变它们，促进有利因素，遏制不利因素。所以规划师在提出目标之前首先要做出预测，不仅要涉及孤立的人口规模和土地利用方面，还要涉及其他人类活动。接下来，规划师要制定一系列总体目标和更为明确详尽的目标。下一步则是关键，即规划行为产生的后果，因为规划活动必然要对场所和其他活动造成影响。由于规划考虑的系统组成部分或要素是变动的，所以规划本身也应当是动态的，需要每隔一段适宜时间如5年就制定或修订一次。这样一来，规划就是由一个个状态或规划行为产生的后果连接起来的轨迹(McLoughlin, 1969)。不过，规划同时还是一种约束与预测变动的决策，既顺应变化，但也反作用于变化。根据系统规划论对规划的上述理解，规划就不再是一步到位的蓝图式设计，而是对发展过程的一种监测、分析和干预。

系统规划论使规划脱离蓝图设计，还改变了规划与社会及经济背景脱离且只重视技术环节的传统，这是它对规划实践与理论的贡献。此外，系统规划论还对规划师自身提出了新要求。规划师仅仅掌握设计技能和艺术修养已经无法满足系统观下进行规划的需要，他们必须掌握经济地理学如区位论以及社会科学方面的知识才能做好规划(Taylor, 1998)。因而麦克罗林认为，进行系统规划需要对相关人员进行劳动分工。可分为五类：(1) 活动研究者(activity contributor)，指对专门活动(如农业、矿业、渔业等天然生产业、娱乐、旅游、造船业)有研究的人，包括人口统计学家、经济学家；(2) 空间研究者(space contributor)，包括建筑师、景观建筑师、工程师、土地测量员、林地评估者、农学家、地理学家、地质学家等；(3) 交通研究者(communication contributor)，如交通工程师、空中交通、电讯及公共交通方面的专家；(4) 渠道研究者(channels contributor)，如各类工程师、建筑师、景观建筑师等；(5) 为组织提供一般服务的研究者。第五类的研究者又可细分为以下四小类：(1) 目标设定者，如社会学家、政治学家等；(2) 模拟、模型及信息服务者，如系统分析员、数学家、程序员等；(3) 评估者，如经济学家、社会学家、心理学家等；(4) 实施者，如公共设备管理者、市政工程专家等。

查德威克的规划程序设计比麦克罗林的单线式反馈要复杂一些。如图5-1所示，他的规划程序当中包括需要观测和控制的系统本身(如城市)，即图的右侧部分，以及规划人员对该系统的设计与控制措施，即图的左侧部分。系统本身与其控制措施被区别开来，但相互之间有联系，并共同形成一个反馈循环系统。

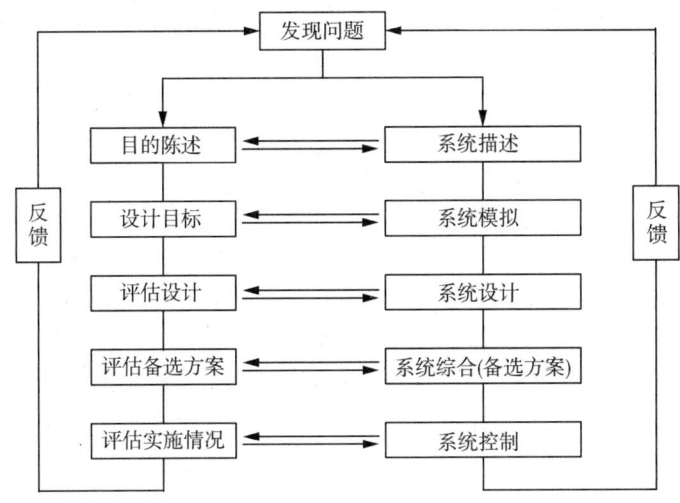

图 5-1 查德威克的规划程序图示

系统规划论产生以后成为 1970 年代规划理论的主流之一,当然也遭到了不少驳斥。驳斥观点一认为,它被视为解决一切问题的手段,这会导致其自我膨胀(Rittel et al.,1973)。驳斥观点二认为,它对系统的复杂性及由此带来的规划的无法实施性估计不足(Faludi,1987)。例如,1963—1967 年发生在美国某些城市的骚乱反映出,系统规划不仅没有改善城市居住条件反而割裂了城市内部(Hall,2002)。因此博兰在《新兴规划观》一文中指出系统规划论具有空想性质,忽视政治现实。驳斥观点三认为,地方性规划已经日益变成一种发展控制,空泛而抽象的系统规划在这种发展控制当中反而无用武之地,还是以往的设计与美学传统更为有效(Taylor,1998)。驳斥观点四认为,麦克罗林认为规划师是城市发展的舵手,这等于仍将规划师视为技术精英、将规划视为某种个人决定论、目标设置仍出于对问题的抽象技术分析。

出现这些驳斥的原因,是因为系统规划论被放在了很多情况下加以利用。而每种理论都有其适用范围,滥用会必然导致问题的出现。系统规划论也许在宏观尺度上的适应性更好一些。英国在 1968 年推出的《城乡规划法》把规划分为结构规划与地方规划两个层次,从而确定了新的规划类型——结构规划,可视为战略规划的一种。在宏观的、粗线条的结构规划中,系统规划论发挥得会比较好(Taylor,1998)。

2) 理性规划论

规划中的芝加哥学派在 1950 年代时就已经明确了规划中理性决策的重要性,是 1960—1970 年代出现的理性规划论与程序规划理论的早期形式与基础。学派成员迈耶森和班菲尔德在 1955 年的《政治、规划与公共利益》一书中最早提出理性规划的概念。他们认为,"若想理性,必须遵循一系列过程步骤"。规划是一系列经过理性选择的行为,其目的是使行为的结果效用最大化,因此理性规划与效率规划相同。迈耶森和班菲尔德奠基的理性规划论是关于规划过程的理论,即认为规划是一种理性决策过程,其理论根源是决策论(decision theory)。

显然,迈耶森与班菲尔德已经注意到了规划当中过程与目标或行为与结果之间的差别。其后,M. 韦伯在 1963 年发表的文章《综合规划与社会职责:面向职业角色与目的的美国规划师协会共识》中明确区分了规划的方法与目标。他认为规划是达成决策的方法和手段,而非特定的目标实体本身,并且方法独立于所要规划的对象。M. 韦伯就职于加州大学伯克利分校。该校与芝加哥大学一样都是美国最早设置城市规划专业的高等院校之一。只是芝加哥大学的规划专业或学位课程开设 10 年后被停开,而伯克利的城市规划专业一直创办至今,规划的伯克利学派在规划理论、思维、方法上都有许多创见。例如,1970 年代 M. 韦伯与其同事里特尔注意到了规划中的物质问题与社会问题,引发了相关大讨论。1990 年代以后美国规划理论学者英尼斯提出了美式的协作规划理论。21 世纪后印裔美国规划学者茹依则倡导要基于南半球实践提出规划理论等。

3)规划理论的分类与程序规划理论

1970 年代以后,在上述研究的基础上,对作为一种过程或方法的规划的分析成为规划理论研究最为核心的内容。而规划目标的设定已经被学者日益意识到是规划理论时空以外的高维世界才能解决的问题。法鲁迪在其 1973 年出版的《规划理论》一书当中对这一区分做了清晰分析。他的理性规划论受到了两位德国社会学家韦伯和曼海姆关于理性的论述,甚至是柏拉图和亚里士多德的理性精神的影响。他与 M. 韦伯一样,将规划中的方法与结果——即韦伯的形式理性应与实质理性——相区分。但法鲁迪的创见在于,他把上述区分同规划理论的分类联系在一起,提出了影响所有规划理论研究者的理论分类方式,即规划的理论与规划中的理论。他把韦伯关于形式理性与实质理性的区分套用在规划理论上,分别对应于建构在规划步骤或过程之上的程序规划理论,即规划的理论,以及与建构在目标之上的实质规划理论(substantive planning theory),即规划中的理论。

法鲁迪认为,规划行业自身独有的"规划的理论"必然是关于规划这一过程或方式的,所以规划的理论是一种过程或程序规划理论。他认为规划是促成结果的最佳方式,而规划者需要在大量信息和观点中以理性标准找出最好的模式或程序,寻找的方式与大脑思考的方式类似(Faludi,1973)。法鲁迪还认同曼海姆的观点,即寻找过程中,规划者是无意识形态且公正客观的。法鲁迪在书中还利用人体接受外界信息与刺激之后,通过大脑思考后再决定如何行动与反馈的例子来类比规划从调查到决策与实施的过程。但他的例子其实是一个理想化过程;而在实际中情况要复杂得多,如问题和目标不明朗、不确定的外部性因素的存在等等。法鲁迪还认为,系统规划论缺乏方法与过程的区分(Faludi,1987),所以它是一种以目标为基准的实质规划理论。

此外,鉴于韦伯已经指出价值判断的来源是非科学的,是文化、传统、社会地位与个人爱好的产物(Friedmann,1987),所以规划者为了避免上述基于价值观判断的非理性因素的影响,应该理性地、策略性地思考问题。这样推导下来,程序规划理论自然应该是理性的。

基于1960—1970年代数位理论学者的研究成果,程序规划理论的概念被确立起来,并成为整个1970年代的规划理论发展中的主流。程序规划理论与实质规划理论相对应,后者探讨规划的目标或主旨如城市、社会福利、经济活动等。因而在实际操作当中,实质规划理论被规划人员视为技术方面的知识,涉及规划将要改变的环境或背景,如区域、城市或城市的一部分。所以,实质规划理论会涉及与该环境或背景相关的各学科的知识,因此是规划中的理论。规划理论学者真正要建构的是有关规划思想、活动和过程的普适理论,是规划自身独有的、规划的理论。程序规划理论由于其理性内核吻合现代主义和盛期理性主义的特征,因此在1970年代成为理论主流。但也由于它的空洞无物(即过于抽象)与缺乏文脉联系(即不与其他理论发生关联)而在1970年代末以后开始遭到诸多批判。

5.3.2 倡导性规划与公众参与

早于英国学者麦克罗林于1960年代末提出要用系统控制的方式达成规划目标,美国规划学者戴维多夫与德裔美国规划学者莱纳在1960年代初的研究中将选择与目标相关联。他们于1962年共同发表了《规划的选择理论》一文,将规划定义为"通过一系列选择以决定未来的恰当行动的一种程序"。他们把规划的这种选择过程分为三步:第一步,选取目标和标准;第二步,提供与第一步设定的目标和标准相一致的备选方案,并选取合意的备选选择;第三步,导向预期目标的行动导则。相应地,在这三个步骤中要做三类选择:(1)选择目的与方式;(2)选择备选方案;(3)选择如何行动以改变未来、实现既定目标。由于戴维多夫曾长期任职于美国宾夕法尼亚大学,所以该校与芝加哥大学、加大伯克利等都成为早期规划理论提出与自由辩论的主要平台,也是将城市规划从设计专业变为社会科学的主要贡献者。

由于规划选择理论提出做规划的第一步要依据价值判断,这就决定了规划必然具有可争议的、政治性的取向。所以,戴维多夫与莱纳认为,基于民主思想中公共决策和行为须反映客户愿望的原则,规划师和其他技术专家作为其客户的代理,不能向客户灌输正误观念或价值取向,也无权代表客户或是公众的意志。

1) 规划中的倡导与多元

由于戴维多夫与莱纳的观点使规划师的职责限于一些技术性的工作,例如让所选方案更明晰,或让方案更易被采纳,所以戴维多夫在其后修正了这一缺陷。他受到了律师行业的启发,于 1965 年发表了《规划中的倡导与多元化》一文,明确了他对规划师的职权的看法。戴维多夫认为,既然规划师无权决定规划目标是什么,他们就应该为各种利益集团——尤其是弱势和少数群体,因为他们的意愿与利益不易在规划过程中体现出来——作辩护与倡导[19],以此在决策过程中扮演比单纯负责技术型工作更为活跃的角色。这就是文章标题当中倡导与多元两个术语所代表的意思。其中倡导的意思是规划师不应当是价值中立的技术人员,而应作为倡导者或辩护者(advocate)去为各种利益群体的利益做倡导或做辩护。多元指多元化的群体各自所具有的多元化的利益。相应地,这些其他利益群体或利益相关方也会为规划提供多种选择,并成为城市规划的有力支持者。戴维多夫认为,进行倡导规划的结果是给公众提供多元化的或多种规划方案,而不是只提供一种出于某一利益集团的方案。他最终的结论是规划过程需要政治化,而这需要将规划职能行政化或法律化,也需要扩大规划的范围,将公众的所有利益都纳入进来。

从戴维多夫的表述当中可以看出,他把规划视作促成社会多样性民主的过程,并坚信这种正义民主(just democracy)会因规划及规划师的努力而成为现实。倡导性规划因此涉及两个问题,第一个是规划师职责的转变,这需要解放规划师的思想。所以戴维多夫在文中还提到了规划教育问题,指出教育要使规划师在长期的社会政策形成过程中扮演专业倡导者的角色。他的观点带来了规划教育的变革,使规划的课程中增加了倡导或辩护的成分,让学生学会与穷人共同工作、与社区团体共同磋商,这一传统一直延续至今(Checkoway,1994)。戴维多夫的文章,甚至导致了美国规划师协会(AIP)在 1971 年确立了相关的专业规划师职业准则(code of ethics)条款:"一名规划师要努力去扩大所有民众的选择权和机会。要认识到其所负有的特殊责任,即为弱势群体和个人之需求而规划,还要去修改那些妨碍了上述认识的政策、制度与决策"。

博兰延续戴维多夫的规划倡导与多元性的思路,在 AIP 提出规划师职业准则的同年发表的文章《新兴规划观》中则把规划师的角色界定为非正式的协调者和触媒(informal coordinator-catalyst)。他认为规划师要置身于公共事务冲突中各方的"交叉火力"中,用专门的方式与技巧武装自己。这样才能够在理性、客观标准下审视所有私人利益,才能够让各方妥协并最终解决问题。他还解释说协调与触媒的角色或规划策略在 2 种情况下的适用性会比较强。其一是没有直接管辖政府的大都市区域,有各级政府或决策机构叠合存在。它们在行政上、职能上都有交叉,甚至还有权力真空,背后的出资方是所有人但又不必对所有人负责。其二是出现了决策僵局的地方。博兰对这类决策对象的描述很像 1980 年代以后出现的邻避设施僵局。但他也说规划师想履行这一职责最大的问题是,如何能让决策过程的参与者默许规划师履行其协调与触媒的职责。

倡导性规划涉及的第二个问题是规划中的公众参与。公众参与需要以有效的城市民主机制作为基础,需要不同利益群体参与到政治讨论与公共决策当中来(Davidoff,1965)。英国 1947 年城乡规划法以公众咨询体系(public inquiry system)的方式,做了一些公众参与的相关规定。《规划中的倡导与多元化》发表的同年,英国的规划顾问团(Planning Advisory Group)为该国住房与地方政府部所做的报告中也提到规划过程中的公众参与。顾问团认为它是规划体系的四项目标之一,应该在规划两个层次中低一层的地方规划中得到更为广泛的应用。英国又在 1969 年《斯凯芬顿报告》中加入官方背书,以法律条文的形式将公众参与正式整合在规划过程当中。

针对倡导性规划也有一些批评的声音。有人认为倡导的做法是当时流行的代议民主制(representative democracy)的体现,而法国左翼思想家卡斯托里亚迪斯认为代议民主制体现了握有权力的少数人和广大公民之间的鸿沟。这种民主制度较为保守,公众因而要求更多参加决策的权利,引发了公众参与浪潮。还有人认为倡导性规划将规划师定位为特定客户的代理,而不是不存在的一般公众利益的代表。所以克鲁姆霍尔茨在发表于 1982 年的文章《克利夫兰市公平规划回顾》中分析俄亥俄州克利夫兰市的案例时,提出了公平规划(equity planning)的概念,将规划师的角色定义为弱势群体利益的监护人或保护人。但在 1990 年代以来的规划学者看来,倡导规划也好,公平规划也罢,就严酷的现实而言,都过于天真和浪漫了(Sandercock,1998a)。

2) 公众参与阶梯

尽管从规划立法与规划实践中都出现了规划公众参与的呼声,但规划公众参与的概念化与理论化要到 1960 年代末。美国规划学者阿恩斯坦在 1969 年发表的文章《公民参与的阶梯》中,提出了公民参与阶梯的概念,成为其后学者最常参照的公众参与标准模型。阿恩斯坦与戴维多夫的理论出发点,都是承认规划的背景是一个多元世界,其中存在许多目标各异的利益团体。阿恩斯坦在文中表述了两个其他学者以前未曾论及的观点:第一,参与行为可被诠释为几种不同的方式;第二,参与有程度上的差别。

阿恩斯坦以图式的方式表达了这一程度差别(图 5-2)。在抽象化的被分为八层的阶梯中,公民参与事务的深浅有三大程度上的差别,从不参与到象征性参与再到具有公民权。不参与表明公众毫无发言权;象征性参与只是被告知政府或决策层做了什么,或者具有提供咨询的权利;公民权则代表公民全权控制。阿恩斯坦的观点较为激进,她认为参与不应该是仪式性的、象征性的、咨询性的;应该有权力的重新分配,否则就是空话。实质上,公众参与问题是民主问题的一部分。自柏拉图撰写《理想国》以来,参与的深浅程度就是讨论的焦点。但其中一直存在一个悖论:一方面,公民参与因被视为民主的一部分,从而成为人权的象征之一,不可剥夺;另一方面,决策与目标的制定又被认为是需要专业知识与技能的行为,必须由专家团体来进行。如何协调这两个方面并打破专家技术论的巢窠,这是各类公众参与理论探讨的焦点问题之一。

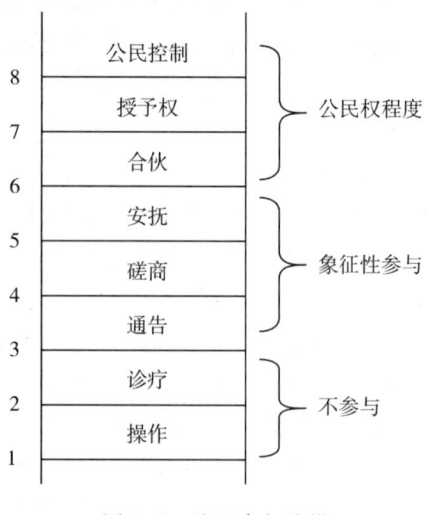

图 5-2 公民参与阶梯

5.3.3 规划中的棘手问题、批判政治经济学与新马克思主义

> 规划从广义上代表了政治哲学,即实现不同的美好生活观念的方式。规划师已经不能再以个人科学家的置身事外的客观中立性来逃避(这一点)了。
>
> ——诺顿·朗《城市发展中的规划与政治》

上述两种规划理论分析视角分别注意到了规划中过程与目标的区分,以及规划参与者不同身份的差别。但还有学者注意到了规划的对象,也即城市问题的性质,发现应该将城市的物质问题与社会问题相区分,而这一点以往的学者很少注意到。对城市问题社会属性的强调,结合 1960 年代末马克思主义的回归,引发了从批判政治经济学视角对城市与政治制度、规划与政治相互关系的分析及相应的规划理论的出台。

1) 规划中的棘手问题

M. 韦伯的 1963 年文章不仅区分了规划的方法与目标,他还指出规划职业要在土地利用规划的传统基础上拓宽视野,将多元化社会中的自由与机遇等社会目标包含进来,更多地利用社会科学方面的知识。他的这一呼吁,其实是注意到了城市规划实践中不仅要处理土地问题、技术问题、物质空间问题和经济问题,还要处理社会问题与政治问题。他与同事里特尔于 1973 年发表了《规划一般理论中的难题》一文,对规划中的好处理的问题(tame problem)与棘手的问题(wicked problem)做了区分。很显然,好处理的问题是土地、技术、物质空间与技术问题,可以用理性规划来解决。而难处理的棘手问题是社会与政治问题,他们认为要用渐进主义的方式进行解决。

里特尔与 M. 韦伯还定义了棘手问题的十项特征,某个问题可能具备其中的部分或全部特征。(1) 棘手问题没有明确的表述。不可能像处理普通问题那样,对这类问题进行明确陈述。(2) 棘手问题没有终止规则(stopping rule)。解决一般问题的解决方案是否形成是能够判断的,而对棘手问题,其解决方案的寻求永远不会终止。(3) 棘手问题的解决方案没有对错之分,只有好坏之分,因为在很大程度上它是一个判断问题。而一般问题的解决可以进行客观的对错评价。(4) 棘手问题的解决方案没有直接的或最终的检验,因为随着时间推移其解决方案会产生意想不到的后果,因此很难衡量其有效性。然而,却可以立即检验一般问题的解决方案是否有效。(5) 每一个棘手问题的解决方案都是一次性的,因为没有机会反复验证。并且,由于是一次性的,所以其后果也是无法挽回、不可更改的,所以每一次尝试都很重要。而一般问题的解决方案很容易进行测试与放弃。(6) 棘手问题没有成套的写得异常清晰的潜在解决方案,也没有成套的相关操作步骤与方法。相比之下,一般问题的潜在解决方案清晰、有限。(7) 每个棘手问题本质上都是独一无二的:没有先例,经验主义解决不了问题。一般问题大都是类似的问题,可以用相同的方式解决。(8) 每个棘手问题都可以被认为是另一个问题的症状或表现,也即该问题与其他棘手问题交错在一起,没有单一的根本性原因。一般问题则是自成一体的。(9) 差异性的存在表明棘手问题可以有多种解释。因为棘手问题涉及许多利益相关者,它们对问题的真正含义及其原因都有不同的看法。(10) 规划师无权犯错。处理棘手问题的人要对其采取的任何行动的后果负责。因为这些行动会造成巨大影响,且很难证明是合理的。

里特尔与韦伯的这一区分非常关键,因为它为批驳物质主义、技术至上主义、设计导向的规划方式提供了依据,解释清楚了为何上述这些规划方式在 20 世纪下半叶以后越来越不适用。从迈耶森、班菲尔德到里特尔、M. 韦伯的分析,表明城市规划正从物质范畴逐渐迈入社会和经济范畴。但是学者也意识到,城市规划所涉及的领域越来越广,最终会使规划变得没有意义。对这一问题,瓦尔达沃斯基就在其于 1973 年发表的同名文章中做出了著名的论断,"如果规划什么都是,也许它什么都不是"(If planning is everything, maybe it's nothing)。

2) 批判政治经济学

二战以后马克思的经济学与社会学理论在欧美的复兴并非偶然。马克思的学说关心现代社会中经济与社会大系统的起源、特征与发展脉络等问题,因此在学术界一直具有旺盛的生命力。新马克思主义产生的 1970 年代,欧美正处于经济停滞和通货膨胀纷至沓来的滞胀时期。要解决资本主义社会中存在的问题,从对资本主义制度进行过深刻揭露与批判的马克思的学说中寻求答案也是自然而然的事。但新马克思主义学者借鉴马克思理论时有所选择,都或多或少避开了其最激进的力图推翻资本主义制度的理论核心。

批判政治经济学的代表人物有列斐伏尔、卡斯特尔、哈维、马西等学者。随着英国的哈维和原籍西班牙的卡斯特尔移居美国，1970年代以后美国也成为这一思想的重要基地。列斐伏尔的法语著作虽然出版于1970年代，但其英文翻译版20多年后才得以出版，所以其在英语世界的影响的出现反而晚于用英语写作的哈维等人。

马克思主义的分析方法在地理学与社会学爆发后被引入城市研究领域。哈维于1973年出版了《社会正义与城市》一书，旨在寻求欧美国家1960—1970年代经济危机的根源，并认为城市空间是这场危机的中心。但是他又视资本家之间的竞争为城市地理空间布局的主要决定因素，以及摧毁资本主义制度最有可能的力量。而马克思主义理论中的主要内容——阶级矛盾与阶级斗争——却成为次要因素。这与经典马克思理论有相当大的差异，也遭到其他马克思主义学者的批判。但他的开创性研究启发了其他批判政治经济学学者。

1977年有三部将马克思主义理论应用到城市社会中的著作面世：卡斯特尔的《城市问题：马克思主义方法》、考克伯恩的《地方国家：城市与人民的管理》、哈罗编著的《受控的城市：城市与区域政治经济学的研究》。其中卡斯特尔在《城市问题：马克思主义方法》当中采用了结构主义思维，指出城市是社会在空间上的投影。英国地理学家马西则于次年与卡塔拉诺合作出版了《资本与土地：英国资本的土地所有权》（1978年），是对英国资本主义土地所有权的马克思主义分析。其后她的研究主要聚焦空间分工，探索权力与空间的多维本质，并出版了《空间分工：社会结构和生产地理》（1984年）。

城市规划作为城市空间的作用力量及政府职能的一部分，自然也同城市一样成为马克思主义分析的对象。按照批判政治经济学的观点，规划是资本主义国家功能的一部分，要为这种以自由市场为代表的资本主义制度服务。这是马克思理论中经济基础决定上层建筑的观点的应用——资本主义国家的经济基础即资本主义生产方式，而其上层建筑即与之对应的资本主义国家。国家建立规划体系是为了解决资本主义的某些问题，尤其是城市形态和空间发展方面的问题。而这些问题往往是以私人利益为导向的市场无法应对的，如一些社会公益问题。对统治阶级而言，规划无论在资本积累方面还是出现阶级冲突时维持社会控制方面都是必需的（Fainstein et al.，1979）。并且，大部分马克思主义者认同城市规划作为资本主义国家的一种功能行为运作时，很大程度上反映的是整个资产阶级而非个别资本家的利益。这也是为何规划制度并未取代私人土地占有和土地开发体系，而只是去规范和协调它，以及为何在规划体系作用下的土地利用与开发，同完全被自由市场机制控制的土地开发区别不大的原因。不过，对于城市规划在多大程度上为资本主义生产方式所左右，不同的马克思主义理论流派有两种不同的看法。其一，结构马克思主义者（structural Marxist）如阿尔都塞在1965年的《阅读资本主义》一书当中提出，规划与资本主义经济制度紧密联系,完全为它所左右。卡斯特尔受到阿尔都塞影响,也在《城市问题:马克思主义方法》一书中指出城市在政治、意识形态与经济生产中并不是一个特殊角色,而是在消费尤其是集体消费中发挥了独特作用。因此,他将集体消费视为城市社会运动的斗争场所,也是推动政府改善、扩大非市场化的公共服务的场所(哈丁等,2016)。其二,阶级理论马克思主义者(class theory Marxist)如高夫则主张,这种决定关系不是绝对的,规划还需要考虑不同社会阶级的需求,例如当工人阶级联合起来成为一股不可忽视的力量时。

3) 新马克思主义规划理论

N. 泰勒与奥曼丁格将批判政治经济学分析视角下的规划理论称为新马克思主义规划论,认为其可视为规划的政治经济理论中的一种,建立在马克思的社会理论基础上,具有马克思主义的政治意识形态。例如列斐伏尔在《资本主义的幸存:生产关系的再生产》(1976年)一书中指出,城市规划是"资本主义和国家的策略工具,用以处理分裂化的城市空间和被控制空间的生成"。卡斯特尔则在《城市社会运动之经验型研究的理论命题》(1976年)和《面向政治城市社会学》(1977年)两篇文章中阐明了自己的立场。其后又在1978年出版的《城市、阶级与权利》一书中指出,城市规划是一种社会调节手段、政治进程和宣言。作为社会调节手段它有两个首要目的:意识形态上,通过建设公共设施使统治阶级的整体利益合法化、合理化;政治上,作为赋予了特定权力的工具,为调和统治与被统治阶级之间的矛盾而服务。城市规划作为政治进程,是各种不同利益集团协商与谈判的方式。而城市规划作为一种城市宣言则遵循不同社会利益形成的社会组织逻辑,并最终代表共同利益的合理化。

奥曼丁格认为,新马克思主义规划论的实质在于,它认定规划作为研究对象必须与社会相联系,城市与规划都是资本主义的反映,并协助构建了资本主义制度(Allmendinger,2002)。该制度在土地市场与地产开发上的体现以私有财产权不可侵犯、土地市场的自由❷竞争的市场机制为代表,规划必须放在这样的政治经济背景下进行探讨,规划的效用与市场机制密切相关(Taylor,1998)。但就规划与市场谁决定谁的问题上,新马克思主义规划论与城市管理主义(见第6章)的观点有异。前者认为,规划与自由市场没有强烈的主次关系,两者共同作用但都不是要因,资本主义社会经济制度才是决定性因素;而后者认为是规划促成并决定了土地发展模式。

5.3.4 决策与实施,知识与行动

规划系统论与程序规划理论等1970年代的主要规划理论区分了规划过程与规划目的,或规划方法与规划结果。但规划过程其实还可以分为规划方案制定与方案实施两个步骤。系统论、理性论、过程论等等规划理论

对规划制定过程有各种清晰分析,而对规划的实施缺乏考虑。就规划与实施之间——或者广义上讲,政策与行动——之间的关联,学者提出了两派观点,一派以弗里德曼的观点为代表,一派以美国政治学家巴达克等人的观点为代表。

1) 决策与实施的统一与分离

弗里德曼很早就意识到了规划的制定与实施需要进行区分,并指出当前的规划研究对规划实施过程缺乏关注。他在1969年发表的《社会行动短评》一文中指出,把规划制定和规划实施视为独立、分离的两种行动的观念是积习难改。当前的情况是规划做得太多,而得到落实的太少。这是因为理性决策是一个线性的、一步一步地发展过程,规划师总是先考虑怎样才能更好地决策,而后才分别去处理决策的执行问题,自然也就对执行甚少留意。所以,问题不是如何才能更理性,而是如何才能令决策得到贯彻执行。有鉴于这一积习,弗里德曼提倡用行动规划模型(action-planning model)(图5-3)以取代基于理性过程的、线性的、传统的政策制定规划模型。行动规划模型是以行动或实施为核心的理性规划模式。它与传统模型的区别是它在规划制定时就已经开始考虑规划实施,而传统模型把实施步骤放在后面。所以,行动规划模型能够有效地将规划与实施合二为一,避免了线性模式下规划与实施的各自为政。

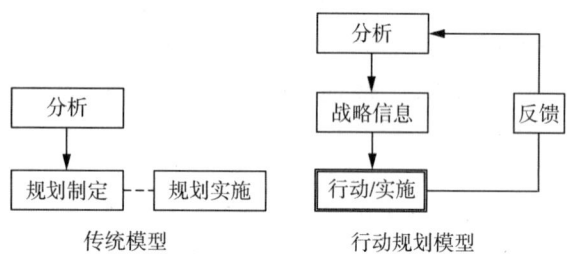

图5-3 传统模型与弗里德曼的行动规划模型

学者也对行动规划模型进行了批判。查德威克在1978年出版的《规划的系统论》第二版当中表明这种模型只是一个简单的自动伺服装置(servomechanism)。该模型把规划(plan)这个概念与曾经备受批判的终极蓝图相等同,所以不放进模型中。但实质也没什么差别。巴雷特与富奇在其共同编纂的《政策与行动:公共政策实施文集》(1981年)一书中指出,弗里德曼的观点其实是一种二元论,即认为规划与实施之间,或政策与行动之间是二元对立的。以政策或行动为核心,将分别导致政策中心论与行动中心论。传统的政策中心论奉行政策制定者观(policy-makers perspective),将实施视为使政策(或纲要、规划)生效的一个过程。应该提倡行动中心论,以行动观(action perspective)替代政策制定者观。行动观以"做了什么"为中心,实施或行动是对思想奉献、环境压力以及其他想要影响或左右行动的利益团体行为的一系列反映。不过,他们也指出,人们在制度环境下的行动是一种微观动态,观察它才能知道政策制定、资源分配与监管之间的关联如何建立。这种行动使得政策与行为发生相互作用,而它可以使得社会秩序通过协商而制定,并形成体制文化(希利尔等,2017)。

巴达克完全处于弗里德曼的对立面。他在《执行博弈:法案成立后发生了什么》(1977年)一书中表明他不认同决策与行动之间有二元对立,因为成功的实施需要政策与行动双方都行之有效。关键在于要能有效抵抗住实施进程中来自各种政治与文化势力的压力,并在决策出错时进行纠正。N. 泰勒认可了弗里德曼关于规划与实施的区分,但对两者的关系做了线性解析。他认为,其一,必须有实施的对象,所以决策制定逻辑上应先于实施,其二,因为在逻辑上目标之确定应先于决策制定,那么在树立目标及决策时也应注意其实施的可能性及会遇到的困难与阻挠,这样才不会使规划成为空头支票或墙上挂挂的无用图纸。N. 泰勒提出的第二点其实与巴达克的观点一致,因为在资本主义制度下,规划在实施过程中要牵涉很多私人业主,他们对规划的接受度和认可度很大程度上决定着规划是否能够得以完全或部分的实施。得到成功实施的规划通常会经过修改,以与开发商达成某种妥协。因而,N. 泰勒认为问题不出在是否把规划过程分为清晰的步骤上,而在于每一步当中是否有考虑到其他步骤,这尤其表现在规划制定过程中是否考虑到实施的问题上(Taylor,1998)。上述对规划实施问题的探讨受到了美国实用主义哲学的影响。这一传统注重实效,研究政策、策略在实施过程中的问题,评测各种可能性和困难等。

2) 交际、互动、知识与行动

弗里德曼还认为,规划实施过程中需要规划师具有良好的交际能力,这是规划师成功的关键。他要学会处理纠纷并将各种矛盾力量应用到建设活动当中。普雷斯曼(Pressman)与瓦尔达沃斯基在其合著的《实施:华盛顿的巨大希望如何破灭于奥克兰》(1973年)一书通过深入剖析美国经济发展局(Economic Development Agency,EDA)在奥克兰市进行的弱势群体长期就业计划试点,从更宏观的政策执行视角对规划师的社交能力进行了分析。该试点虽然得到社会各界广泛的支持和宣传,但因资金不到位、有关各方没有达成最终协议等原因仍然夭折。两位作者认为要解决问题,关键在于联合行动(joint action),让试点计划中的各方相互沟通达成一致。对于决策者与规划人员来说,这就需要他们具备人际社交的能力——接触、联络和协商。

就规划师需要具备好的社交能力而言,普雷斯曼与瓦尔达沃斯基、弗里德曼的结论不谋而合。但社交行为也可能是在背后交易、私下交易这样的不公开状态下进行的,所以规划师也可能成为进行肮脏交易的交易者(fixer)。弗里德曼认为规划师为了达到规划的目的,有必要"把手搞脏",去和那些资本开发商斡旋谈判。由于规划实施理论这种指导原则是实用主义的"把事情搞定",为此采取一些妥协和让步甚至是不光彩的措施都是可以允许的，这导致了对它的批判。里德在其《英国城乡规划》(1987 年)一书第 3 章"规划体系的效用"(The Effects of the Planning System)的末尾就对这种不择手段的实用主义做法进行了批评。他认为规划师与开发商之间很有可能因这种交易而成为具有共同立场、认知和价值观的亚文化群，并以他们的共同观点作为公众利益，而非把公众利益建立在公开讨论和民选代表共同达成的正式决议上。

行动规划模型提出四年后，弗里德曼采纳了真实、非线性与偶然的社会建构的概念来补充及深化这一模型，于 1973 年提出了互动式规划❹的概念，作为对 1960—1970 年代哲学领域中的变化的一种回应(希利尔等，2017)。他认为，互动式规划解决的是专业规划师和客户之间日益加宽的沟通鸿沟的问题，是对话所要求的彻底开放，通过完整的人际关系序列把知识转化为行动。在同年出版的《再访美国：互动式规划理论》(1973 年)一书中，弗里德曼提出新人文主义理论并强调学习系统(learning system)的重要性以应对动荡的环境。这一论断表明弗里德曼逐渐脱离逻辑实证主义，开始注重个人经验和直觉。他在次年与 B. 哈德逊共同发表的《知识与行动：规划理论指南》一文中，提出互动式规划是规划范式的激进转换。这种新范式坚持规划的核心在于人类的心理—社会发展，规划自身便是社会学习(social learning)的一种形式。因此，互动式规划需要学习型社会(learning society)。社会要重构为学习型的，必须从人的再教育开始。

在发表于 1978 年的《社会实践的认识论：客观知识批判》一文中，弗里德曼对五年前提出的互动式规划设想从科学哲学视角——知识与行动——进行了诠释。弗里德曼超越波普尔否定的证明与推崇的证伪，采用了费耶阿本德对知识的看法，即"结果未知的对知识的追求"，提出要在互动式规划中通过社会学习不断创造新的知识。围绕知识与行动这组终极命题以及 1980 年代以来巨变的国际局势，弗里德曼在《公共领域的规划》一书中将规划思想分为四种传统，每一种的知识与行动之间的关联都不同。

第 5 章注释

❶ 蓬皮杜(1911—1974 年)，法国政治家，曾任总理(1962—1968 年)和总统(1969—1974 年)。任内兴建的巴黎的蓬皮杜艺术中心是最负盛名的后现代建筑之一。

❷ 戴高乐(1890—1970 年)，法国将军和政治家。第二次世界大战中，流亡的戴高乐领导了自由法国运动，因此赢得广泛的拥戴。战后，他成为法国第五共和国的首任总统(1959—1969 年)。

❸ 拉卡托斯(1922—1974 年)，英籍匈牙利科学哲学家，现代欧美科学哲学的历史学派的重要代表人物之一。

❹ 文丘里(1925—2018 年)曾引领对实用建筑主义的后现代主义式的反击。他的颇具幽默感及不拘一格的设计通常含有历史参照因素。

❺ 此处采用了周卜颐翻译的《建筑的复杂性与矛盾性》(知识产权出版社，中国水利水

电出版社,2016年)的译文。

❻ 詹克斯把1972年7月15日下午3时32分美国圣路易斯的普吕—伊戈住宅开发公司被炸毁作为现代主义死亡、后现代诞生的标志。该建筑是日本建筑大师山崎实的作品,现代主义建筑的经典力作。山崎实设计它时曾经力求为居住者提供一个安全、卫生、良好的居住环境。讽刺的是建成之后却适得其反,由于公共的大空间太多,反而导致犯罪率居高不下。

❼ 福柯(1926—1984年),法国当代著名哲学家、思想家和社会学家。

❽ 元叙事,英文原文为meta-narrative,也被译为宏大叙事、后设叙述。

❾ 贝尔在1959年就提出了"后工业社会"的概念。

❿ 疏离指原有的人格遭到持续的限制,进而放弃,并转化为另外一种陌生的人格。

⓫ 此处采用了张卜天翻译的《大问题:简明哲学导论》(广西师范大学出版社,2004年)的译文。

⓬ 吉利根把基于人道(caring)的道德准则与基于公正(justice)的道德准则进行了对比,前者与女性传统、团结有关;而后者与男性传统、个人联系更多一些。

⓭ 该报告是英国交通部专门小组在布坎南领导下所做。

⓮ 锡耶纳(Siena)是意大利中西部的一个城市,位于佛罗伦萨南部,由伊特鲁里亚人建立。12世纪时获得自治,并逐步发展成为一个富饶城市,特别因其在锡耶纳派艺术(13—14世纪)中的领导地位而闻名。

⓯ 莱维敦(Levittown)是美国纽约州东南部的一个非社团的社区,位于米尼奥拉东南偏东长岛西部。始建于1947年,当时是为第二次世界大战的退伍军人提供的低价住房。

⓰ 非人(non-human),广义上指不是人类的地球上的所有生物与非生物。

⓱ 人类世,英文原文为Anthropocene,是荷兰大气化学家克鲁岑(1933—2021年)于2000年提出的地质学概念。其中词头anthrop-来源于希腊文 νόσθρωπος (ánthrōpos),意即人或人类;词尾-cene源于希腊文 καινάν (kainós),意即新或最近的,用于地质学当中表示最近的一个时期。他认为人类的活动对地球造成了不可逆的、"划时代"的影响,使得地球进入一个新的地质时代。

⓲ 此处采用了王凤武翻译的《系统方法在城市和区域规划中的应用》(中国建筑工业出版社,2016年)的译文。

⓳ 倡导,英文原文为advocacy,也有学者将其译为辩护,将advocacy planning译为辩护性规划。

⓴ 自由是相对而言的,因为所有的自由竞争市场都须在国家制定的规则中运行.这些规则包括私有财产权、公平竞争、契约合同、防止欺诈等等,因此绝对意义上的自由放任是不存在的。

㉑ 互动式规划,英文原文为transactive planning,也被译为交易规划。

6 第二次理论弦振(1980年代以来):迈向复杂性

数字统治宇宙。
——毕达哥拉斯

由无数这样振动着的弦组成的宇宙,
就像一支伟大的交响曲。
——格林

1970年代欧美普遍的经济危机引起了对国家作用的重新思考。进入1980年代之后,英国受新右翼政策影响,规划当中以推崇自由竞争的公众选择理论占优。在奉行自由主义政策的美国,管理性和辩护性的理论居于主导。在欧洲,权力分散和地方主义成为一个重要议题。20世纪晚期以来,经济乃至文化全球化下城市空间出现尺度重构,城市规划的边界也超出了传统范围。同时,欧洲一体化进程下欧盟发布一系列空间战略❶,多数欧洲国家也在将传统的城乡规划或土地利用规划转换为新的空间规划。21世纪以来,多数规划理论家已很少称自己研究的是城市规划理论,而以空间规划理论代之。

N. 泰勒认为,战后对规划理论的批判进行了两轮:第一次发起于1950年代末至1960年代初,针对战后城市规划中的物质主义和设计本位思想;第二次出现于1970年代,针对理性理论或程序规划理论的抽象、空洞、一般及对实施的不重视。荷兰规划学者德罗、希利尔与韦泽梅尔也认为,规划理论的第一次危机是1950年代末规划的理性选择或决策面临的问题,其后被有限理性下的几种规划理论化解。第二次危机指1980年代末有限理性下的理论无法解决的问题,通过沟通规划理论得到化解。这是本章要涉及的内容,即考虑到规划的执行过程需要对规划行动做更多关注,且良好的规划实施还需要人际社交的能力如交往和磋商。三位学者还指出了规划理论的第三次危机,并认为需要引入复杂性理论与后结构主义来化解(Roo et al.,2012)。

步入21世纪后,规划理论仍受各种带有"后"与"新"前缀的哲学思想的影响。除了1970年代已进入到规划理论学者词汇表的后现代、新马克思主义、新自由主义等术语以外,后实证主义、后实用主义、后结构主义、后政治、后人类主义、后殖民主义等层出不穷的新术语也被添加进来。尽管规划理论探讨似乎变得越来越多元,但理论的研究活动在1990年代却进入一种规范化过程,表现在国际化研究会议的召开、各种论文集的出版和专门研究期刊的发行上。1987年和1991年召开了两次规划理论大会,突出反映出规划学者在规划理论上的不确定性与缺乏共识。但《规划理论》期刊在创刊后很好地提供了一个理论思考者发表创见的平台,推动了规划理论自21世纪以来的多元化发展,也使理论研究这个狭小的圈子对规划理论的范围界定、发展历史、过程机制、职业道德等保持了某种潜在的默认。各种各样的理论之弦的振动,使得20世纪末以来出现了规划理论之弦的交响乐。

6.1 时空背景

明显不同于战后20余年的黄金期,1970年代整个欧美社会处于政治与经济动荡之中,1970年代末时局已开始转变。经济危机影响下欧美各国都摒弃了盛行于1950—1960年代的凯恩斯主义福利国家经济政策,代之以自由主义性质的经济与政治政策。特征是减小国家干预经济的力度、大幅缩减社会公共开支，通过市场竞争机制来振兴经济。自由主义与保守主义思想在欧美国家中复苏，与经济危机引发的对国家作用的重新思考有很大关系。1990年代以后，英德等国出现第三条道路（the third way）等中间偏左政治倾向。2008年次贷危机后全球经济不振，地区摩擦与文明冲突有激化之势。

6.1.1 经济与政治态势

1970年代末以后，为振兴经济，美国的里根政府时期（1981—1989年）奉行的政策是紧缩联邦国内预算、鼓励私有化、缩小国家对经济的干预、逐步取消早期的规划补贴与援助，世称里根主义（Reaganism）。在英国，铁娘子撒切尔夫人执政时期（1979—1990年）执行新右翼政策，亦被命名为撒切尔主义，以其全面支持市场、反对规划和国家干涉为特征，其名言是"收缩国家的战线"（rolling back the frontiers of the state）。这一时期，其他国家如丹麦、挪威、比利时、荷兰、加拿大等一度也为奉行新自由主义政策的政府左右。法国总理密特朗和西班牙首相冈萨雷斯都是名义上的社会主义者，其政府也被定性为左翼政府，但在实践上摒弃了社会主义，奉行一些新自由主义的经济政策（斯特龙伯格，2005）。

1990年代以后，卷土重来的经济不景气再次袭击美国及西欧国家。不过，美国在克林顿总统上台后进入新经济时代（New Economy），经济持续稳定地以较高速度增长。欧洲国家当中，德国在东西德合并以后实力增强，逐渐超越英法等国，成为欧洲第一大经济体。1990年代末英国中左翼政党工党领袖布莱尔竞选获胜成为首相，开始推行由社会学家吉登斯提出的第三条道路。这一施政纲领与德国社会民主党倡导的新中间（Die Neue Mitte）施政纲领异曲同工。第三条道路发端于欧洲工人运动、标榜既批判资本主义也不认同共产主义，是某种现代化左派。1999年欧元开始使用并成为欧盟成员国的通用货币，欧盟成长壮大成为可与美国抗衡的潜在竞争对手，在国际事务上也在寻求更多的发言权与决断能力。但同时欧美双方又是长期合作伙伴，双方关系微妙。

推动美国、德国等国在1990年代经济增长的不再仅仅是金融服务，艺术、文娱、教育、卫生保健和旅游等也成为增长的刺激因素。同时期迅猛发展的电信、互联网络等高技术则成为20世纪末以来的新兴推动力量。生产方式与消费方式上则出现了从福特主义到后福特主义的转变，即从标准化大生产、一般价值论和对科学与进步的信仰，转向小规模、专门化、高技术和灵活的生产方式。这种后福特主义方式在劳动过程、劳动力市场、产品和消费模式上比福特主义的方式更具灵活性与机动性。与生产方式上的变化相应，劳动力市场也发生了变化。常规就业日益向非全日、临时或转包劳动安排转变，企业人员也日益分化为核心与外围两种类型（哈维，

2003)。此外,生产方式的多样性又与全球性市场联系在一起,造成了销售与消费的全球化,导致了全球连锁零售业、餐饮业的形成。

1990年代以来,经济领域的全球化进程在市场投资、生产方式、劳动力和资本流通等基本经济环节中同时进行,表现为全球经济发展中的分散与集中的趋势。其中"分散"指工业与制造业的分散、转移。而且,转移的地区是全球性分布的——1970年代以来不断涌现的跨国企业按照福特主义的分步进行的规模化大生产方式,把生产的每一步骤分散到全球不同的生产地区。这样做的目的是最大限度降低成本并提高生产能力,拉开成本与产出之间的比率,使利润最大化。"集中"指国际金融活动和劳务交易向少数几个国家与城市集中、汇聚。萨森在《全球城市》(1991年)一书中指出,与这一趋势相应,经济活动的重心也从前制造业中心转移到金融与服务高度专门化的中心。生产的全球性分工导致制造业或劳动密集型产业向拥有大量廉价劳动力的发展中国家转移;发达国家中的制造业衰落,代之而起的是服务业(尤其是高级服务业如时装、奢侈消费品等)和高技术产业(信息产业、生化技术等)。经济的全球化还波及社会、文化领域。这既表现为欧美价值观对全球的覆盖,也表现为当地文化对传入文化的吸收与抵制,集中体现为文明之争或全球性与地方性之争。

6.1.2 社会动态

1980年代以来,整个人类社会受到两种倾向的影响,其一是可持续发展,其二是文明冲突与对话。可持续的概念萌芽于1960年代的生态学研究,指一种管理资源的战略。国际文件中,"可持续发展"一词最早出现于1980年由国际自然保护同盟制定的《世界自然保护大纲》当中。1983年11月,联合国成立了世界环境与发展委员会(WCED,World Commission on Environment and Development,WCED)。WCED在挪威首相布伦特兰领导下经过四年论证与研究,于1987年向联合国提交了《我们共同的未来》的报告,正式提出了可持续发展的概念和模式,即既满足当代人的需求又不危害后代人满足其需求的发展。可持续概念的范围也从生态扩大到包括社会、经济、文化、技术和自然环境等多个方面。与可持续发展相关的重要全球性纲领文件还包括1992年的《里约热内卢环境与发展宣言》,是环境与发展领域中的国家和国际行动的指导性文件,以及1997年的《京都议定书》,主要针对温室气体排放。

可持续发展概念对城市发展与城市规划原则的转变都有很大影响。1996年在伊斯坦布尔召开了人居二会议——联合国第二次人类住区会议,提出了两个中心议题——人人有适当住房与城市化世界中的可持续人类住区发展,并发表了《人居环境议程:目标和原则、承诺和全球行动计划》的纲领性文件。2016年在厄瓜多尔首都基多召开了人居三会议——联合国住房和城市可持续发展大会。会议发表了《新城市议程》,为城市可持续发展设定了新的全球标准,并将帮助重新思考城市规划、城市管理及城市生活。

2001年发生在美国纽约的世贸大厦袭击案——"9·11"事件——是改变世界历史进程的大事件。一方面,"9·11"事件是世界范围的恐怖主义抬头与高涨的体现,反恐与防恐自此成为世界各国政府的新任务。另一方面,它从负面与消极意义上体现了两个世界的对抗——发达与不发达、欠发达或发展中;两种文明的冲突——欧美与东方、基督教文明与阿拉伯文明;两种价值观念的对立——资本主义价值观与非欧美价值观。21世纪以后这种对立泛化为南北对立,即南半球与北半球国家、发展中国家与发达国家、非西方文明与西方文明的对立。2008年,美国住房市场泡沫破裂引发次级住房抵押贷款危机❷并传导至欧美乃至全世界,引发经济衰退及通胀。与1970年代由石油危机引发的欧美经济危机有所不同的是,在经济全球化下2008年经济危机是全球性危机。此后美国经济一直未能振兴,而中国则发展成为世界第二大经济体。经济摩擦引发中美贸易战,并形成了新的文明冲撞。

6.2 高维世界:学术思潮与相关领域发展

1980年代以来形成的哲学思潮中,以法系哲学中的后结构主义与德系哲学中的交往理性理论对规划理论的影响最为突出。此时,系统科学已"进化"为复杂性科学,为巴蒂所称的城市科学的建立提供了思维、视角与方法论,规划研究也已开始引入复杂性的相关理论与学说。跨学科的复杂性研究受到了信息化与数字化的助推。进入21世纪的第三个十年,这些研究与技术的发展,似乎在导向人工智能发展中的"奇点",即人工智能超过人类智能的时刻。

6.2.1 哲学:后结构主义与交往理性

1980年代以来,分别有法系和德系的各一支哲学思想对世界产生较大影响,并传入规划理论研究界。其中法系哲学的思想源自结构主义又对其进行批判与"解构"的解构主义与后结构主义,有多位哲学家从不同立场推动了后结构主义的发展。德系哲学思想则源自韦伯对理性解读传统的主客体理性分析,主要由哈贝马斯发展。

1) 解构主义与后结构主义

德里达提出的解构主义(deconstruction)学说在1980年代曾盛极一时。如同后现代对现代的反叛与挑战,解构主义是对结构主义的叛逆与再思考。德里达提出解构主义时,将其视为阅读西方哲学的一种文本分析方法。所以解构主义分析的核心是文本,而对文本的阐释也正是结构主义与解构主义最根本的分歧所在。结构主义认为文本有意义,这种意义可能存在于某种逻辑结构中。而解构主义则断定文本没有意义,文本作者的经历、所处的时代等等都与文本毫无瓜葛,文本的解释因时、因地、因人而异,不同的解释之间具有差异性而且是变化的。这一理解,导致了对所有经典理论、著作的再诠释。

由于解构主义认为结构由一系列无中心的差异所构成,且差异又在变化,因而结构也在变化,导致结构具有开放性与不稳定性。解构主义对结构的这些理解,使其成为后结构主义的一支,德里达也被称为后结构主义哲学家。除他以外,福柯、鲍德里亚、拉康、拉图尔、德勒兹等学者也都被认为是后结构主义流派的代表学者。后结构主义超越了语言结构主义,如法国语言学家索绪尔的学说;经济结构主义,如受马克思影响的政治经济学理论;社会结构主义,如帕森斯的思想。各个后结构主义哲学家的学说与思想千差万别,唯一的共性可能是对结构主义的批判。结构主义去分析结构与能动者及其相互关系,而后结构主义者则认为结构和能动者之间的关系是不可判定的,这正如结构和能动者本身的无法判定。

在这些后结构主义哲学家中,福柯对规划理论的影响可能是最大的。因为,福柯虽然提出了一些后结构主义哲学思想,但他对权力与知识的解读影响的是一整代规划理论学者——几乎所有人都或多或少地运用他的学说作为自己理论的论据,或用来批判他人理论缺乏对权力这一资本主义世界重要因素的分析。对权力的看法上,福柯与他之前的学者完全不同。福柯认为权力不是一种固定的形式,而是一种能量流。福柯在《词与物:人文科学的考古学》一书中指出,知识就是一种文化内部的特定形式的权力分布,每个历史阶段都有其自己的知识型(épistémè)。

德勒兹的相关学说对后结构主义规划理论影响也较大。德勒兹在其与加塔利合著的《千高原》❸一书中提出了块茎式(rhizome)的思维方式,以与传统的树状(arborescence)的思维模式相区别。树状思维模式是在对因果关系、等级体系、二元论等的强调下产生的,C. 亚历山大在《城市并非树型》一文中也对这一结构有清晰说明。但德勒兹与加塔利提出的块茎则比 C. 亚历山大的半网格结构从含义上讲要复杂与含混得多。简单来说,块茎状结构假定一种隐藏或潜在的统一性,尽管在表面上看起来是无中心、非统一的,有四个特征——连接性、异质性、多元体、非示意的断裂。而树状结构用来比喻线性的、循序渐进的、有序的系统。块茎结构的特点是(其根系)能够水平延伸、自身没有起点也没有终点。此外,两位哲学家还提出了解域(deterritorialise)、再建域(reterritorialise)、逃逸线(line of fight)等概念来描述块茎的变化。这些动态词汇都与德勒兹的核心概念生成(becoming)有关,是一个与存在(being)相对的概念。德勒兹不认为事物有一个确定的源头作为生成的起点,而是提出了内生性的生成或动态生成的观点,将生成置于存在之上。他们的思想及相关概念影响了希利尔的后结构主义规划理论。

2) 哈贝马斯的交往理性

哈贝马斯以他对理性主义的重新诠释而闻名。他在自己的每部著作中都与当代同侪或前代先辈的思想进行比较,在此基础上构建自己的思想体系。这一做法反映出德系哲学严谨的逻辑框架。

哈贝马斯在1979年著有《交往与社会进化》,后又在其两卷本的《交往行动理论》中系统阐述了自己的观点。其中第一卷为《行动的合理性》(1981年),第二卷为《功能主义理性批判》(1984年)。在第一卷中他明确了行动与合理性的概念,并区分了四种行动类型:(1) 目的性行动,又称工具性行动;(2) 规范调节的行动;(3) 戏剧式行动;(4) 交往行动(communicative action)。其中的交往行动是哈贝马斯理论的中心,因为他认为交往行动综合考虑了前三种,从而比其行动在本质上更具合理性。

他还阐述了生活世界(lifeworld)与系统过程(system)的概念,认为生活世界有三种诠释模式或三个组成部分:文化和符号系统、社会和社会制度、个性导向和自我本体。这三种模式又分别对应于社会的三种功能需要。由于在现实生活中生活世界与系统过程相互关联,为了使系统服务于生活,哈贝马斯又提出了话语伦理学或商谈伦理学(discourse ethics)的理论,其关键是共识。而达成共识需要形式语用学(formal pragmatics),是关于形式的、理想的话语环境的学说。他认为可以把人类的交往形式归结为三种话语:(1) 理论领域—科学领域的理论话语;(2) 道德领域—实践领域的实践话语;(3) 表现领域—审美领域的审美话语。此外,哈贝马斯还总结了要使交往行为合理必须达到的五个标准。哈贝马斯的诸多理论中,尤以他的交往行动理论对1980年代末以来的沟通与协作规划思想影响甚深。

6.2.2 复杂性科学:涌现与自组织

如果说系统科学的老三论和新三论都有明确的学科创始人、明确的术语界定和明确的相关理论的话,那么复杂性科学或复杂系统科学则没有。复杂性科学是1980年代在遍布于整个20世纪的系统科学发展的基础上发展起来的,但还糅杂了生命科学、计算机科学等的概念、理论、学说。所以,美国科学家M.米歇尔说现代复杂系统科学仍然是一个松散的大杂烩(M.米歇尔,2018)。这个松散的学科复合体或交叉学科领域的建立,要得益于1984年5月成立的美国圣塔菲研究所(Santa Fe Institute,SFI)——世界复杂性问题研究的中枢,汇聚了世界上顶尖的物理、生物、计算机科学、生物学的学者。

在复杂性科学研究领域当中不断诞生新的概念与术语,或对传统术语的新的解释与表达。核心的分析对象是复杂系统(complex system),是由大量组分组成的网络,无中央控制,通过简单运作规则产生出复杂的集体行为与信息处理,并通过学习与进化产生适应性。所以,复杂系统的共性为:(1) 复杂的集体行为;(2) 信号与信息处理;(3) 适应性(M.米歇尔,2018),与简单系统截然不同(表6-1)。复杂系统又包括复杂适应系统

(Complex Adaptive System,CAS)和复杂非适应系统(Complex Non-adaptive System,CNAS)两类,但一般所指的和所研究的都是CAS。复杂性科学的核心研究问题就是涌现与自组织行为如何产生。核心的概念包括信息、计算、适应、(共同)进化、智能等等。而用于描述现象与运动的概念则包括涌现(emergent)、自组织、非线性、分散控制、层次、分布式反馈、随机性等。但这仍然是一些研究片段,尚未出现统一的、简单的、被广泛接受的理论。各个学科或领域中的复杂系统的表达与解释也不一致,尚未找到"复杂性背后的简单性"。

表 6-1 复杂系统与简单系统性质对比

	复杂系统	简单系统
组织	自组织,分散权力和权威	他组织,集中化决策制定和权力
行为	反直觉,无因果行为	因果行为
反馈	通过各种持续反馈调整行为	相互作用及反馈/前馈循环均很少
简化	不可简化,部分崩溃不会导致整体崩溃	可简化或分解,组成部分之间的弱作用

1990年代末复杂性思维被引入社会科学(Roo et al.,2012)。21世纪以来,复杂性科学的一些方法与结论已经深刻改变了社会学研究(M.米歇尔,2018)。在城市研究领域,英国城市研究与规划研究学者巴蒂在1990年代就通过建模方法来研究城市。他将城市视为复杂系统,并分析其随时间演化的路径,认为这一演化展现了空间结构的自相似性。英尼斯与布赫将复杂适应系统的学说应用到其共识建立与协作规划、协作政策过程的研究中。

6.2.3 社会学:女性主义与结构化理论

社会学或城市社会学自1980年代以来的探讨方向与著述都十分丰富,包括社会学受到后现代地理学影响而出现的空间转向(spatial turn)、受到结构主义影响的结构化倾向、受政治经济学影响的社会消费学等(桑德斯,2018)。索亚在于1989年出版的《后现代地理学》中批判了历史决定论对地理学的限制,提倡重新思考空间、时间与社会实在的辩证关系,提倡将历史叙事空间化,即人文与社会学科的空间转向。这是1960年代人文社科研究领域最重要的研究倾向。本书探讨的女性主义与吉登斯的结构化理论是对规划理论影响较大的社会学理论,而非这一时期整个社会学研究的总体态势。

1) 第二波女性主义

历史上已经有多次重大女性主义浪潮爆发——从古希腊的希腊化时代、文艺复兴、启蒙运动到英国爱德华七世时代争取选举权的运动(斯特龙伯格,2005)。在现代,女性主义理论的发展则可分为两个阶段。第一阶段是20世纪中叶现代女权主义起步时期至1980年代的女权主义,以反对大男子主义,提倡以女性视角重新审视社会为特点❹。美国女性主义者吉利根的著作《以不同的声音》,就对个性道德发展确定阶段出现的男性偏见进行了挑战。第二阶段是1990年代以来的女性主义,有时被称为第二波女性主义。其特征是期望利用多学科的、感性的、重视人际关系的、主观主义的、基于视觉媒介的思想体系来超越理性、公正等启蒙思想观和欧美的二元论思想,后者通常是男性视角下形成的。

女性主义思想其实只是一个标签,其内部包含了各种截然不同的要求与主张,相互之间天差地别。正如女权主义同时还可被译为男女平等主义,在女性的地位、作用与权利是与男性平等还是高于男性方面,就存在很大争议。提倡女权的,会认为出自女性的阴性气质(贴近自然,具有培育和照料方面的优势)比尚武的阳性气质在孕育和平文明上更具优越性,因此主张女性应具有与男性至少平等甚至是超越的发言权(所罗门,2004)。这一主张的极端化表现形式即大女子主义。提倡男女平等的,则倡导同一和均质,即平权女性主义(equal rights feminism)或平等女性主义(feminism of equality)。但这两种主张或思想时常被批评为是规范性男性特质的苍白映像,表面上看似价值中立,其实仍以男性为中心。此外,女性主义还与种族问题和同性恋问题相结合,产生了诸如黑人女性主义、非欧美女性主义、同性恋女性主义、中产白人异性恋女性主义等的区分。并且,正如男权制和父权制对女性主义的压迫,在女性主义领域中,中产白人异性恋女性主义是居统治地位的学说(Hooks,1984),同样对其他女性主义思想的发展采取有意无意地排挤和压制。由于后现代主义的核心原则是多元化,这些涵盖于女性主义标签之下的差异性,也随着后现代思潮而逐渐彰显出来,在女性主义发展第一阶段就有所体现,并成为第二波女性主义的探讨焦点之一。

虽然存在差异,各类女性主义观都关注如下议题:其一,同性别或不同性别的人与人之间是否存在切实的差异性;如果存在,如何在实践中把它纳入考虑(Milroy,1996)。其二,性别是对现实的文化、社会、政治和经济的一种关键诠释,由性别(gender❺)引起的差异遍及人类生活的方方面面(Ritzdorf,1996)。各类女性主义观至少包括以下三项基本假设之一:(1)妇女被社会剥削、压迫和贬低;(2)女性主义思想家在改变妇女生活条件中所做的努力;(3)关于女性受到的不合理对待和/或压榨,传统的并仍占统治地位的理论、研究与实践要么忽略、要么为之辩护。由于女性主义提供了一种全新的诠释视角,可能改变既定判断与经典思想,因此引起了包括一些男性研究者在内的浓厚研究兴趣。但女性主义立场同学术中立性之间也可能会产生令人不安的冲撞(斯特龙伯格,2005)。

2) 结构与能动

吉登斯的社会学理论建立在对前人成果的批判性继承上,呈一种螺旋式发展。他对现代性进行了入木三分的分析,并提出了反思现代性

(reflexive moderne)的观点,或称第二种现代性。吉登斯认为,从现代性向反思现代性转变的原因有全球化、非传统化(enttraditionalisierung)与社会反思性(soziale reflexivitaet)。由此,他被视为与哈贝马斯一样,都持晚期现代主义的立场。他更有名的观点,是他基于欧洲20世纪末的政治文化背景而提出的社会民主的第三条道路。他在1998年的《第三条道路:社会民主的更新》一书中详细阐述了这一思想,称其"试图超越老派的社会民主主义和新自由主义",从中可以看出吉登斯的改良主义立场。由于英国前首相布莱尔的施政纲领是以吉登斯的第三条道路理论为核心的,所以吉登斯被誉为布莱尔的精神导师。吉登斯还试图探索全球性的第三条道路的可能性。

吉登斯对规划理论的影响,主要体现他在《社会的构成:结构化理论纲要》(1984年)一书中建构的结构化理论(structuration theory),主要利用了马克思主义理论、现象学和文化人类学的相关知识。该理论主要涉及结构与能动者或行动者(agent)之间的相互作用及其性质,建构理论的目的是要克服传统社会理论上的几对矛盾,即客观主义与主观主义、整体论与个体论、决定论与唯意志论之间的二元对立。吉登斯认为,通过关联因素如权威体系、配置体系和参照体系,结构得以在持续不断的实践中形成并得到维持。这一论断,使得吉登斯的结构化理论与新三论中普里高津提出的耗散结构理论有很大相似之处,两人成果的发表时间也均在1980年代初。

吉登斯一方面反对结构决定论只注重社会结构、经济基础、政治制度等对行动者的制约性,轻视行动者的主观能动性;另一方面,他也反对主观主义的社会理论在强调行动者及其行动的目的与动机时,对历史进行制度性或结构性的整体分析的忽视。吉登斯的理论主要影响了希利构建的协作规划理论。她表明,她的协作规划理论的理论基础之一就是吉登斯的理论及其向制度动态的社会建构观的引申。她指出,社会秩序长期存在,在一定范围内的结构化力量所产生的辩证张力,与人类能动的积极创造性力量之间有互动。

《社会的构成:结构化理论纲要》一书还集中论述了关于社会生活的时间空间构建,他在此完全承袭了爱因斯坦的四维时空流形观,把时间与空间视为不可分割的整体而投入社会的构成当中。这种对待社会生活与城市空间的态度对规划思想影响很大,因为一直以来规划不仅把时间与空间视为各自独立的外部容器(Graham et al., 1999),而且它们还具有同质、连续、线性、普遍、均匀等特性。这种观念长期以来一直主宰规划界,然而在时空的相对性已经是常识的当今,观念变革显然已经刻不容缓。

6.2.4 信息化与数字化

计算机自战后产生以来,至1970年代已迭代了四代,但之后的半个世纪中却进展缓慢。这是因为1980年代以来计算机的发展不体现在单机上，而在计算机之间传输信息的互联网络上——自1990年代以来互联网的增长呈指数级。它使信息（理论上）得以即时地、畅通无阻地在世界各地进行传播。这不仅减少了人们用于信息传递的费用，还使处于不同地点的人们之间的"距离"有时可以缩短为零。此外，移动通信也发展迅猛。移动电话自发明以来其普及速度及占有率的提升，可与1920年代美国家电的一夕普及相提并论。无线通信网络的发展虽稍微滞后于有线网络，却后来居上，至21世纪第三个十年时已进入6G网络的开发与应用。从有线到无线的过渡，这似乎已经成为电讯业的惯例，电报、电话乃至今日的全球互联网都体现出这种发展规律。

1) 信息化与信息社会

通信技术的发展旨在最大限度促进信息的传输与交流，形成了信息化（informatization）现象，即信息技术的广泛运用。信息化使信息成为商品——越准确、越及时的信息，价格越高昂。这使得对信息流通的控制程度成为各种竞争中的重要武器（哈维，2003）。对于信息这一要素的日益重视可能要归功于香农于1940年代提出的信息熵概念及其计算方法。如今，信息已经与物质和能量一起成为构成宇宙的三个基本要素。学者甚至认为信息化与信息革命下形成了一种足以与农业社会同工业社会相提并论的第三种社会形态——信息社会，与发生在经济领域的从制造业到服务业的转移相关联。

韦伯斯特在《信息社会理论》（1995年）一书中定义了信息化社会的五个主要特征或含义：（1）技术，信息化社会最主要也最一般的特征，尤以计算机技术的发展及对社会的影响为突出；（2）经济，指信息产业引领下的信息经济的发展，和对国民经济总量的贡献；（3）职业，信息社会的一项巨大转变是社会从第二产业到第三产业的转移，即从制造业变成服务业为主；（4）空间，时空结构被信息社会大大改变，表现为互联网络的建立使时空浓缩或压缩（time space compression）；（5）文化，各种传媒如电视、个人计算机、个人通信等的普及和全面覆盖所导致的一种信息社会文化。

2) 数字化与大数据

古希腊哲学家和数学家毕达哥拉斯曾认为万物本原是抽象的数，这与他同时代的观点——认为世界的四个基础元素是具象的土地、水、火与风——非常不同。他的看法在几千年后的当代以一种奇异的方式得到了验证——几乎所有的信息都可以转化为0和1的不同组合方式（二进制，比特）。这一转化过程被称为数字化。信息要能够被计算机处理并在互联网络中流通，需要将其数字化。具体而言，数字化指将信息（图像、声音、文本、信号等）转换为数字格式的过程，其中数字通常是二进制形式以便于计算机进行处理。在这一过程中，信息常被称为模拟源，而数字格式或转换的结果被称为数字文件。

21世纪以来，随着数字采集设备的普及与渗透及数字化能力与速度的提升,全世界数据产生的数量与速度与日俱增。大数据(big data)的概念于是应运而生,指巨大或复杂的数据集,亦指各种来源的大量非结构化或结构化数据。大数据的定义标准是3Vs标准,即量(Volume,数据大小)、速(Velocity,数据输入输出的速度)与多变(Variety,多样性)。囿于传统数据处理工具的能力限制,以往只能处理抽样或采样数据,并不能处理终端收集到的所有数据。这一问题限制了需要处理巨量数据与资料的学科或应用研究如气象学与气象预测、神经网络研究、金融等。但随着技术发展如电脑集群的应用,已可以处理所有观察、追踪和采集的数据。

大数据的出现促进了跨学科研究以及涉及广泛主题的新型研究,同时也导致了相应的大数据统计方法的发展。除上述自然科学领域以外,大数据在商业、经济等决策领域发挥的作用也日益凸显。在城市交通领域这个最先应用计量化与计算机的城市研究与城市技术领域,大数据的引入也是最早的。林德布鲁姆等欧美政治学家提出有限理性下的决策模式与规划理论,就是因为在当时的技术水平下任何决策者与规划师都只能得到有限的信息,从而只能做出有限理性的判断与决策。然而,大数据的出现有可能再次修正决策模式,使决策更多基于数据和分析,而并非基于经验和直觉。

6.3 高维世界:城市理论研究

尽管欧美国家在20世纪末以来出现了从城乡规划向空间规划转变的强烈倾向,但全世界城市化进程仍在推进,并于2007年达到全球城市化50%的程度。50%临界值的超越,表明世界上多数人已生活在城市而非在乡村这样的非城市区域中。所以城市仍然是相关学科的重点研究对象,也出现了很多新的研究结论与成果。

6.3.1 城市等级、全球城市与城市尺度

1980年代以来,城市加速向网络结构与等级体系发展,现代国际城市体系正在形成、完善与进一步的发展之中。不少学者提出了城市等级(urban hierarchy)学说(表6-2)。其中弗里德曼使用了"世界城市"(world city)一词来描述位于城市等级顶端的那些城市。该词的出现最早可追溯到1886年《伦敦新闻画报》,用以指类似利物浦的能够左右世界经济与贸易走势的城市。其后格迪斯于1915年在《进化中的城市》一书中也使用了该词。"世界城市"还被用于描述1920年代的柏林,它在当时是欧洲新兴的大都市。霍尔也于1966年注意到了世界城市现象,并将之定义为对全世界或大多数国家造成全球性经济、政治、文化影响的国际一流大城市。他还界定了七个世界城市区域:伦敦、巴黎、荷兰的兰德施塔特地区、莱茵-鲁尔地区、莫斯科、纽约与东京。弗里德曼则于1986年提出世界城

市假说,不仅延续了世界城市的研究,还较早将世界上的城市按等级进行划分。

表 6-2 几种城市等级学说

提出者	文献名称	观点
弗里德曼	《世界城市假说》(1986 年)	二级体系:新的世界城市:欧洲的苏黎世、法兰克福、鹿特丹、巴黎和伦敦,欧洲以外的东京、洛杉矶、芝加哥和纽约;第二梯队:布鲁塞尔、米兰、维也纳和马德里
萨森	《全球城市》(1991 年)	五级体系:顶层为三个全球城市,纽约、伦敦和东京
凯尔;利瑟	《法兰克福:全球城市-本地政治》(1992 年)	三级体系:国际性竞争城市,新的生产据点,因经济全球化而变得边缘化的地区
全球化及世界城市研究网络(GaWC)	《GaWC 视角下的世界》(1998 年)	五级体系及城市职能划分:综合中心、金融中心、物流信息中心、历史文化中心

萨森的全球城市(global city)学说在城市等级体系假说中最具代表性,接受度也最为广泛。萨森在《全球城市》一书中提出了"全球城市"这一概念,并认为在城市等级体系的尖端的是三个全球城市——纽约、东京和伦敦。第二级城市是 20 个左右的次全球或区域中心城市,它们主要分布在三个高度发达的城市化地区——北美、西欧与中欧、日本,并且形成三条超级城市链或巨型城市地区。而在这些传统的发达地区之外,在太平洋地区、拉美和东亚、东南亚等地,城市的爆炸性发展也在进行之中。第二级以下还有三个等级的城市,分别为国家级城市、区域级城市和地方级城市。萨森的研究掀起了评定全球城市的热潮,不少国际机构提出了全球城市评价指标,如全球化及世界城市研究网络(Globalization and World Cities Research Network,简称 GaWC)的世界城市名册、城市策略研究所(Institute for Urban Strategies)的全球城市实力指数(Global Power City Index,GPCI)、《对外政策》期刊等的全球城市指数(Global Cities Index)、全球城市实验室(Global City Lab)的全球 500 强等。

从世界城市到全球城市及其等级划分,其实与从物理学到地理学与城市研究等相关领域的尺度研究有很大关系。其中美国城市研究学者博任纳的空间重构与尺度重组等概念较具代表性。他认为,1990 年代以来城市与区域重构问题成为学术探讨热点,全球城市及城市等级是其中的一个反映。这导致地理尺度问题——包括空间组织、社会生产、政治主张及历史重构等——进入城市研究领域。地方(本地)、城市、区域、国家、全球等带有尺度含义的地域名词其实表达了一种静态的、封闭的地理空间,一种社会空间发展过程中暂时稳定的结构断面。而对于博任纳来说,"尺度并不存在",尺度化与尺度重组的过程才是尺度研究的分析焦点。博任纳在专为中国读者编纂的《城市·地域·星球：批判城市理论》(2019年)一书中阐述了有关尺度重组的主要观点:(1) 尺度源于社会关系垂直分异;(2) 社会过程是尺度化的,决定了尺度的存在;(3) 要相对地去理解尺度;(4) 尺度间组织的形式是马赛克式而非金字塔式的;(5) 尺度间结构内嵌于多形态地理中;(6) 尺度重组过程中常出现路径依赖;(7) 尺度重组过程修正了社会空间形式的关系结构,进而重新调整了权力关系的地理和结构❻。有鉴于全球化时代城市的发展通常需要在超城市尺度及其重构中探讨,所以他提出"城市问题就是尺度问题"。

6.3.2 城市管理主义、城市企业主义与城市管治

1980年代以来新自由主义与新右翼倾向的出现,使得学术界也开始从这一视角出发来分析相关现象与问题。在城市的治理日益市场化、城市管理者日渐企业家化之下,城市研究中出现了相应的城市管理主义、城市企业主义与城市管治等概念。

帕尔于1970年代提出的城市管理主义认为,住房管理者、地方规划师等城市管理者与其说在为人民谋福祉,不如说他们与企业、政府与专业人士一起控制民众。但是1980年代以来,对城市管理者的这种消极评价发生了转变。受新自由主义思想影响,也因为经济危机后欧美国家无法再为福利制度买单,所以只能削减政府开支以及对地方的国家拨款和投资,将地方的管理放手给市场。经济危机的另一个后果是欧美政府因无法像以前那样单方面承担起公共服务的开销,所以必须与私人合作完成。政府在某些领域的垄断被逐步打破,并逐步开放给市场。这样一来便在城市层面上激发了实用主义风格的企业主义(entrepreneurialism)(Ward,2002)。

哈维于1989年发表的《从管理主义到企业主义:晚期资本主义中的城市管治转型》一文分析了上述现象,并提出了城市企业主义或城市企业家精神(urban entrepreneurialism)的概念。他认为,通过把项目转包给私人企业或是与私营企业竞标,政府的职能由1960年代的管理型(managerial)转变为1980年代的企业型(entrepreneurial)。城市管理者不再被视为城市当中剥削与不平等的参与者,而是被视为城市的经营者。其职责是合理配置与优化城市资源,使城市能够像企业那样最大化地产生经济效益。企业的目的是赢利,而把城市比作企业,则城市的治理与经营的目的也是要牟利。因而,城市企业主义下的城市经营者注重寻求能够促进和鼓励地方发展与就业增长的新途径,这与城市管理主义当中城市管理者主要向城市人口提供服务、设施和福利的做法形成了鲜明对比。

美国政治经济学家斯通则提出了城市体制理论(urban regime theory)以解释城市从管理型向企业型的转变。在他看来,管理型城市具备的是控制权力,即政府对其他力量进行命令与控制;而企业型城市是组

合权力(assembling of power),即政府要与其他力量合作。因而,他在《体制政治:管理亚特兰大(1946—1988)》(1989年)一书中建议建立他称之为体制(regime)的治理联合(governing coalition)。它是政府与私人利益共同发挥作用的非正式协商,成立前提是政府职能的弱化与私营部门作用的强化,目的是高效地制定并执行管理策略。但由于每个地方的经济状况不同、地方政府的政策不同,因此体制也会有差异。他总结了四种体制:维持体制、发展体制、中产阶级进步体制、致力于下层阶级机会扩大化的体制。城市体制理论虽然强调地方政府与非官方部门的合作,但与多元政治理论有区别。虽然斯通认为体制理论奉行中间路线,但城市体制理论的立足点仍是自由主义政治经济体制,主要由私人控制的利益决策引导。在这一理论假设中,地方政府的效率很大程度上取决于公私合作,以及国家能力与非政府资源的联合。而多元政治论中的包括经济在内的几种决定力量无强弱之分。

城市企业化经营自然引发了城市间如同企业之间的竞争关系,各个城市都以增强自身的经济能力、提升竞争力为要务,相应地也带动了21世纪以来对城市竞争力(city competitiveness)的相关研究。与企业竞争力的计算不同的是,城市自身独有的资源要素如城市历史与文化资源等作为新的城市资本要素被纳入城市竞争力的计算指标体系中。世界经济论坛(World Economic Forum)、联合国等都发布了相应的城市竞争力报告,对城市竞争力进行界定、提供案例分析与政策指导等。

至于政府如何经营城市这个企业,则隶属于城市管治[7]的范畴。"管治"一词的词源可追溯至中世纪,其拉丁文词根的意思是操舵、驾驶、领路,有史可考的第一次使用该词是在14世纪。如今,管治概念的核心在于政府职能的转变,从作为行政手段的管理,转变为作为协商手段的管治。其本质在于运用制度学派[8]的理论建立地域空间管理框架,提高政府运行效率,发挥非政府组织管理城市的能力(顾朝林,2000)。这也是同规划界自1960年代以来的发展趋势相吻合的,而针对城市管治进行研究的理论主要研究政府与非政府、官方与非官方之间如何协作进行管理。对此,希利在其协作规划理论建构中有大量阐述。

6.3.3 新城市主义、紧缩城市与精明增长

美国与欧洲的城市化与城市发展步伐一直是有差异的。美国在战后出现了郊区化或逆城市化倾向,使得城市与郊区及其结合部成为美国城市研究的关注点之一。美国记者兼作家加罗1991年撰写出版的《边缘城市》一书,即是对城郊地带或城乡接合部这一最富有动态性、变化性的地区富有新意的研究成果。他在美国主要大都市周围确立了约200个这样的边缘城市,最知名的要数洛杉矶周围如星座般密集的边缘城市群。他认为在欧洲,边缘城市的现象不如美国突出,例如拥有悠久的紧凑型城市化传统

的荷兰就很少看到边缘城市的产生。

而对郊区化下的郊区式生活方式的否定,导致美国于20世纪末形成了广泛影响世界的城市设计理念——新城市主义。1980年代,理念的主要提出者在美国进行了一些住宅社区设计与实践,如杜安伊在佛罗里达州的锡赛德(Seaside)市的设计实践。1993年,以卡尔索普、杜安伊、兹伊贝克等为首的六名美国建筑师组成了新城市主义协会(Congress for New Urbanism,CNU),1996年的第四次CNU大会通过了《新城市主义宪章》。

新城市主义的思想来源主要有城市美化运动、田园城市思想、雅各布斯的城市社区思想。该理念主要内容如下:(1)土地利用上提倡用地紧凑与混合使用、建筑临街、强调公共空间、不同收入者的混合居住、各种建筑类型混杂等。(2)城市风貌上提倡与传统城市邻里联系起来的怀旧建筑风格。(3)交通上主张步行以及与公共交通的连接。新城市主义期望通过物质形式上的改变如模仿美国传统小城镇的怀旧风格、步行可达的社区服务中心等等,来唤起共同的社区意识、降低犯罪率,以建立可持续发展的大都市发展模式。新城市主义认为低密度、性质单一的郊区式生活方式虽然具备很多优点,但也割裂了社会,把人与亲友分隔开来,割断了昔日使国家如此美好的社区内的纽带,是人际关系疏远、犯罪率上升与环境恶化的元凶。人们对于这一具有返古倾向的设计理念褒贬不一,有人对其采用的手法及提倡的社会精神大加赞扬。有人则谴责其隐含的环境决定论倾向(Fainstein,2000),即认为空间秩序的建立是道德与美学秩序的基础,却并未意识到现代主义的根本困境在于它一贯把空间模式凌驾于社会进程之上(哈维,2003)。

新城市主义在交通方面的主张发展成为公共交通导向发展(Transit-Oriented Development,TOD)模式,主要倡导者为卡尔索普。TOD模式要点如下:(1)区域层面上主张整合公共交通与土地利用模式,从而形成更为紧凑的区域空间形态。(2)交通上,倡导增加各种出行方式的选择机会,打破以往的小汽车出行的主导地位。(3)用地功能上,提倡将商业中心、公园、公共活动中心等公共设施布置在合适的步行距离内,从而促进步行活动、增强社区活力,形成地区的复合功能。

新城市主义倡导土地的高密度与混合使用原则,与差不多同时期在欧洲出现的紧缩城市(compact city)概念以及美国的另外一种城市发展理念精明增长相近。欧共体委员会(Commission of the European Communities,CEC)于1990年的《城市环境绿皮书》中定义紧缩城市为一种理想的可持续城市形态,并倡导高效利用城市土地以及公共交通、步行和自行车的大范围使用。建筑评论家詹克斯等人则在1996年出版的《紧缩城市:一种可持续发展的城市形态》一书中提出了紧缩城市的六项原理:(1)保护乡村;(2)较少汽车出行需要以减少燃气排放;(3)推广公交、步行和自行车出行;(4)距离更近的服务与设施点;(5)效率更高的公共与基础设施;(6)内城区的复兴与重建。但也有观点认为一味提倡紧缩,会导致忽略分散化可能带来的好处；或认为紧缩城市是一种物质决定论思想，城市的经济与社会关联仍被忽视。

美国的精明增长（smart growth）理念出现于1990年代，被视为通过土地利用规划解决城市蔓延问题的方法。其目的是控制城市扩张与城市蔓延，方式是划定城市增长边界、乡村保护区和城市服务边界等以进行城市土地发展总量管制。但也有学者批评精明增长增加了居住密度、引起房价上涨、并未减轻交通拥堵、将权力与自主权从地方转移到区域层级、限制了边远地区土地业主的利益等。总体而言，这些城市设计或城市发展新观念都是在土地混合使用与可持续发展的总体导向下出现的，但各有侧重。新城市主义主张传统导向、公交导向的土地混合使用，紧凑城市偏向于土地的高密度利用；精明增长把重点放在控制城市蔓延上。

6.3.4 数字城市、智慧城市与人工智能城市

信息化与数字化下，出现了虚拟世界中的数字城市、利用人机接口传输信息、控制物联网的智慧城市，以及可能会出现的由人工智能进行城市公共服务决策的人工智能城市。

1) 伊托邦与数字城市

在信息化与数字化趋势下，1990年代中期以后出现了不少描写数字化世界的专著。W. 米歇尔在1999年的《伊托邦："城市生活——但非我们所知"》一书中对未来数字化时代的城市——作者称其为伊托邦——进行了详细的预测。M. 米歇尔还分析为了实现伊托邦，该如何进行各种软硬件设施的建设。他还将对伊托邦及其实现的探讨扩大到对城市空间与城市布局的分析，并主张建筑与城市规划的领域应该延伸至虚拟世界的范围。

在这些技术分析的背后，是作者对城市社会、经济、文化的更深层考虑。在网络通信技术将带来"距离之消亡"（death of distance）的今日，城市何去何从？《经济学人》的记者凯恩克罗斯的看法代表了第一种观点。他在《距离消亡：通讯革命怎样改变我们的生活》（1997年）一书中指出城市将消亡，因为新的通信技术让任何人可以在任何地方做任何事，从而没有必要一定集中于城市来完成以往一定要在城市中进行的事务。霍尔的观点属于第二种。他以现实情况为举证来说明城市不仅没有消失，通信技术反而在传统的城市地区（尤其是发达城市地区）汇聚并发展得更好。原因很简单——新型技术的创新和发展本身亦需要在这样的地区进行。第三种观点以W. 米歇尔与B. 盖茨为代表，主张新技术会反过来影响城市并最终促成新类型城市的诞生。新的城市或许叫伊托邦，或许未来还有其他名称，其本质并无太多区别。

数字化还推进了数字城市研究，可追溯到1980年代的更为宏大的"数字地球"项目，数字城市是其中一个主要组成部分。数字城市是信息时代的综合产物，其技术基础是计算机技术、海量数据存储技术与互联网技术。

它从影响与改变人们运用与处理信息的方式入手,也必将极大地改变人们的生活方式。数字城市与伊托邦是两个既有联系又有区别的概念。伊托邦是对未来城市形态的一种构想,既包括虚拟或数字部分,也包括实体部分。而数字城市则只存在于计算机、网络或其他数据存储或输送装置中,只有数字部分。数字城市是伊托邦得以实现的基础。

2) 智慧城市与人工智能城市

2008年IBM提出智慧地球概念,希望把新一代信息技术充分运用于各个行业。与数字地球引发数字城市概念一样,智慧地球很快引发了智慧城市(smart city)的概念的形成。智慧城市可被视为数字城市的升级版,是人类物质社会与数字信息世界的结合。它有三个要素,即物联网(internet of things)、互联网与连接两者的新一代信息通信技术。而目前尚无法实现完全数字化的真实世界的物体及其网络,通过传感器将其行为数字化并与互联网内的信息相连,通过执行器来执行物联网中人类对这一系统的指令。智慧城市的设计初衷是提升城市人的生活质量,所以主要控制的是生产生活系统(供电、给水、交通等),以提升空气质量、垃圾处理、能耗、交通状况(耗时、运量、停车)、服务(商业、医疗)、城市政务等。

人工智能(Artificial Intelligence, AI)的概念提出于1950年代。但经过半个多世纪的指数型发展,如今可能已经走到了人工智能发展预测中的"奇点"时刻。人工智能很难被界定,因为对智能的定义也有多种。一般而言,人工智能指能够模仿人类认知过程的任何代码或者算法,又可分为弱人工智能与强人工智能。智慧城市中运行的即为弱人工智能,也即其管理与运行上的关键决策仍需要人的参与。而人工智能城市运行的则是强人工智能,其中机器可以通过深度学习进行决策。2018年伦敦已提出要发展自身为欧洲人工智能之都(artificial intelligence capital of Europe),认为人工智能将在城市的教育、金融、医疗、保险、法律、媒体与娱乐、零售与网购、市场营销方面发挥积极作用。当然,对人工智能还有悲观一派的看法,认为技术奇点后人工智能将远远超越人类,从而带来人类灭亡的隐患。

6.4 弦的交响乐

步入1980年代时,希利等学者对当时的规划理论总体态势进行了归纳,认为在对理性主义的程序规划理论的维护与批驳中出现了七种理论立场(theoretical position):(1)程序规划理论;(2)渐进主义与其他决策方法论;(3)实施与政策;(4)社会规划与倡导性规划;(5)政治经济方法;(6)新人文主义;(7)实用主义。希利等人在梳理了这些立场后,还提出理论立场可以依据不同的标准进行归类,它们或者由过程论派生而来,或者处于其对立面,因而程序规划理论是多元化的肇端(Healey et al., 1982)。

近20年后,费恩斯坦于2000年撰文《规划理论新方向》表示,1990年代以来规划理论出现了三种方向。(1)沟通或协作理论模型,针对精英主义的自上而下的理性规划;(2) 新城市主义或新传统主义(neo-traditionalism),承袭自传统的物质规划与设计导向,针对破坏了邻里社区的市场导向发展模式;(3) 正义城市,源于后马克思主义政治经济学,针对由资本主义导致的社会与空间上之不平等。三个方向之间既有不同又存在交集,其共同的基础是后实证主义。

步入2010年代,希利尔与希利在《阿什盖特规划理论研究指南》当中明确指出规划已从传统的城乡规划拓展到空间规划领域,并认为需要重新研究不确定性、冲突与政治复杂性。

贡德等人主编的《劳特累奇手册:规划理论》在导言中也明确了空间规划在欧洲地区的主导地位。他们指出,过去20年中,空间规划已经成为欧洲大部分地区的主导规划范式,在全球其他地区也多有实施(Gunder et al., 2018)。与空间规划一同进入规划领域的还有战略规划,一般在大都市区或更大的空间层面当中发挥作用。它作为一种协调机制,为不同组织与当局之间的行动制定框架,以实现理想的共享社会成果。比利时规划学者阿尔布雷切特是研究战略规划理论与实施方面的专家。此外,《劳特累奇手册:规划理论》还从构成规划框架的网络、流程、关系和制度,以及这些框架造成的内在后果等角度对当前规划理论成果进行了收录。

6.4.1 规划中的后现代主义

后现代主义思潮于1960—1970年代产生以来影响遍及社会方方面面,但其影响规划理论要到1980年代以后,并受到了后现代地理学家与新马克思主义地理学家的相关学说的影响。

1) 规划中的现代性

为了要对规划理论中的后现代主义做出明确的辨析,首先要对规划理论中的现代主义进行概述。持激进规划观的规划理论学者桑德考克从文化多元论的角度出发,总结了现代主义规划的五项原则:(1) 规划力求使公共决策或政治决策更为理性,因此其重心首先放在高等决策——未来的发展性图景上,也放在谨慎考虑并衡量备选项与抉择所具有的工具理性上。(2) 规划若是综合的就是最具效力的。已被写入规划立法的综合性,指多重功能/多个组成部分的空间规划与经济、社会、环境及物质规划的交集。规划的功能因此被认为是一体化的、相互协调的和分等级的。(3) 规划建于经验之上,既是科学又是艺术,不过重心通常会放在科学上。规划师的权威性很大程度来源于对社会科学之理论与方法的掌握上。因此,规划知识与技能以实证科学为基础,并具有定量分析与模型化倾向。(4) 规划作为现代化工程的一部分,是一项由国家决定未来的工程。国家被视为具有进步性、改革性倾向,并与经济相分离。(5) 规划操纵着公共利益,规划师所受的教育也使他们具备特权去界定公共利益。规划师在公众心中建立了中立的形象,而建立在实证科学基础上的规划政策在性别与种族问题上是中立的(Sandercock,1998a)。

桑德考克的分析比较中肯,但对规划中的现代主义进行负面评价的也不少。戴维多夫从现代主义的反传统核心出发,认为现代主义规划是创造性的破坏(creative destruction)。卢森堡建筑评论家克里尔的观点则与20多年前亚力山大的论点不谋而合。他在《传统—现代性—现代主义:某些必要解释》(1987年)一文中批判了现代主义规划的功能分区原则,认为这种规划原则反而造成不同分区之间的人们必须通过各种交通途径——所谓的人造通道——进行交流。这种人为造成的人员流动是规划师关注的核心,但它却是机械的、违反生态的。不过,克里尔提出的替代方案——传统的古典都市,即由自给自足的独立社区组成的城市,令人感慨历史的回归。因为克里尔的观点太过类似于霍华德约一百年前提出的田园城市网络,以及西特提倡的中世纪城市之美学,新意仍欠缺。不过,从形式上复兴历史本来就是后现代的表现手法之一——可以回想一下复古拼贴类型的后现代建筑——作为建筑师的克里尔提出这样的观点也不足为奇了。哈维则指出,持有现代主义观念的城市规划师们为了要控制作为一个整体的大都市,而有意设计出一种封闭的城市形态,以技术理性与效率为特征。而后现代主义者们却认为处在完全开放情境下的城市的结构是分裂、叠加、拼贴与短暂的,城市发展是不可控制和混乱无序的(哈维,2003)。

2) 规划中的后现代性或后现代规划

后现代规划观有相当一部分内容是从后现代视角对现代规划的批判。批判从两个角度进行:其一是援引福柯的学说,来解构规划中的权力之"隐藏世界",另一派则通过聚焦于规划的黑暗面来达到批判的目的。

后现代规划方法论存在各家之言,因为后现代本身具有多重定义,极端后现代本来就提倡排除单一定义。索亚确立的后现代规划原则是:(1)任何后现代规划理论都必须建立在开放性和流动性的基础上;(2)这种开放性是理解与促进碎片化、多样化及异化的社会现实的基础;(3)许多后现代理论家为后现代规划确立了各种发展方向(Soja,1997)。桑德考克则认为后现代规划需要为保证社会与城市的多样性和差异性而努力,为此需要遵循以下原则:(1)社会公正,而目前的社会公正等同于市场产出(market outcome)。这种公正观的问题在于,对不公正和不平等的关注局限在物质和经济领域。(2)差异性政见,其基础是通过讨论而达成的包容性承诺(inclusionary commitment)。(3)公民身份,公民的外籍身份加剧了社会的碎片化,公民身份因而也需要更为灵活地定义。(4)社区之理想,与公民身份的概念相关联,社区也是多样化的。(5)从公共利益到市民文化,公共利益在现代规划中是均质、统一的,而在后现代规划中是异质的。要让背后的声音出来说话,要改变现有的进程和结果并寻求更全面的公正。这样才能建立多元、开放的市民文化(Sandercock,1998a)。

不过,这些观点中存在一些共性。例如所有后现代研究都强调空间性,因为现代性只注重时间性而忽略空间性,而后现代正是要把时间辩证关系纳入到空间研究中来(孙施文,2007)。这其实是从牛顿经典力学所持的分离的、静止的时空观,到由爱因斯坦相对论所确立的动态的、融合的时空观之范式转换的一种体现。另一个共性是后现代规划理论大都源自于后现代社会学与地理学理论。但是,后现代社会理论本身具有避免制度化和结论化的倾向,而这种倾向却是规划的天性之一。因此,也有观点认为规划的本质属性就是现代主义的,不会存在后现代规划。

6.4.2 沟通规划与协作规划

沟通规划❾或协作规划理论是1990年代以来主流规划理论之一。两种理论是在欧美诸国多名规划理论学者的贡献下逐渐形成的。一般认为沟通规划是一种规划理论流派,有欧美诸国学者对其研究与发展;而协作规划是沟通规划流派的一个分支,主要发展该理论的是英国的希利与美国的英尼斯。也有学者认为沟通规划是理论称谓;而协作规划多用于实践领域,是一种规划模型(model)或规划方法(approach)。还有学者认为,协作规划与协商规划是沟通规划理论分别在英、美两国的实践(Tewdwr-Jones et al., 2002)。

1) 沟通规划

就沟通规划的美国源头而言,可追溯到弗里德曼1969年的行动规划模型和1973年的互动式规划,以及普雷斯曼与瓦尔达沃斯基1973年提出的规划师的接触、联络和协商等社交能力的建构。福雷斯特于1989年出版的《面对权力时的规划》(1989年)一书由于引述了哈贝马斯的理论并明确了规划的交往或沟通本质,可被视为沟通规划的美国肇始。在英国,希利于1992年发表的《通过辩论做规划:规划理论中的交往转向》一文,指出了该时期规划的沟通转向。在挪威,萨格尔于1994年出版的《沟通规划理论》一书,正式明确了"沟通规划理论"这一术语。美国加大伯克利的英尼斯于1995年发表了《规划理论正在出现的范式:沟通行为与交互实践》一文,认为沟通行为理论(theory of communicative action)是规划理论中的一种新范式。除沟通规划外,还有学者提出了相近术语,但都可视为沟通规划理论的变体(表6-3)。N.泰勒称这些理论为谈话模式的规划(the discourse model of planning)(Taylor,1998)。

表6-3 沟通规划理论的各种变体理论

理论名称	提出者	来源
互动式规划	弗里德曼	《再访美国:互动式规划理论》(1973年)
规划师的接触、联络和协商能力	普雷斯曼;瓦尔达沃斯基	《实施:华盛顿的巨大希望如何破灭于奥克兰》(1973年)
通过辩论做规划	希利	《通过辩论做规划:规划理论中的交往转向》(1992年)

续表 6-3

理论名称	提出者	来源
辩论规划	费舍尔；福雷斯特	《政策分析与规划中的辩论转向》(1993 年)
协作规划	希利	《协作式规划：在碎片化社会中塑造场所》(1997 年)
共识建立	英尼斯；布赫	《评估共识：在现实中织梦》(1997 年)
协商规划	福雷斯特	《协商实践者：促进参与式规划过程》(1999 年)

虽然沟通规划的起源地有多个、提出者有多名，但根据各人的理论陈述，哈贝马斯的理论是这些学者共同依据的理论来源。但就美国而言，费恩斯坦认为沟通规划理论源于杜威等人的新实用主义和哈贝马斯的理论(Fainstein，2000)。根据哈贝马斯的交往行为理论，交往是行动者个人之间以语言或非语言符号作为媒介的一种互动，而媒介是行动者各方理解相互状态和行动计划的工具。两人或多人之间要进行有效的交流与沟通，需要满足一定的条件，即交往的一般前提。例如 A 要与 B 交流时，A 需要先假设四个合理性声明(validity claim)，即：(1) 可理解，A 须假设自己所说的能够被 B 所理解；(2) 真实，A 须假设自己对 B 所言为真；(3) 诚恳，A 与 B 在交流中必须真诚，不能欺诈；(4) 合理，A 须寻求与 B 达成协议，所以 A 所言必须恰当、合理。哈贝马斯把满足这四个声明的交往称为理想语境(ideal speech situation)，为现实生活中的规划过程提供了检验与衡量的标准。

福雷斯特在他所著的《面对权力时的规划》一书中从权力视角解析了规划的沟通本质。他指出规划有两大前提：其一是规划是为了人民；其二是规划要受坚固的资本主义社会这个政治现实的极大限制(Forester，1989)。因此，规划师需要的技能就是在面对权力时如何令其在规划中的效用最大化，这导致"在规划实践、交谈和商议事务中……规划师的日常工作基本就是在不断沟通"。而规划师需要进行沟通的主要是两个层面的人群：其一是权力层，如政府机构和开发商；其二是公众层，尤其是弱势和边缘群体。为了要确保规划的民主性与参与性，与后者的沟通尤为重要。当然，也可能出现违背了哈贝马斯四条理想语境声明的任一条或多条，而使得沟通规划出现误导或扭曲的情况。福雷斯特因此提出了沟通伦理(communicative ethics)的概念，并在第 3 章开头指出"规划师可以专注于政治权力运用，也可以忽略它，以此来控制规划过程中民主成分的高低、技术中心论含量的多寡，以及被既定支配者管制的程度……规划师无法给问题提供权威解答，但可以引导或扰乱公众的关注点。这样就能为行动提供各种选择，比如引导他们去关注各种行动选项、效益与成本，或者某些要么支持要么反对规划方案的论点"。1999 年，福雷斯特在《协商实践者：促进参与式规划过程》一书中，以"协商规划"(deliberative planning)正式取代

"沟通规划"的称法。

规划中的沟通转向的出现及沟通规划理论的产生,是理性原则从现代发展到后现代或晚期现代的一种体现,也是自 1960—1970 年代以来一直占统治地位的理性综合规划(rational comprehensive planning)被质疑、反叛、修正与超越的结果。沟通规划不仅视规划师为不同利益群体的漠视政治的仲裁人,它还视规划为一种参与的过程。沟通规划所持的这种政治姿态中,包含着与以往那种被专家、客户、公众和社会所认定的规划师含义彻底决裂的思想(Allmendinger,2002)。由于沟通规划理论的主要来源是哈贝马斯的学说,而他又以其对工具理性的批判著称,因此这种规划理论有时在狭义上也被称为批判规划理论(Mäntysalo,2002)。福雷斯特亦著有《批判理论、公众政策与规划实践》(1993 年)一书,来明示其中之渊源。

2) 协作规划

希利与英尼斯注意到了规划理论中的交往理性动向之后,采用了新的理论术语来描述这一动向。两人对理论动向的总结源自于各自对规划实践的总结、解释与实验。希利强调协作规划,并于 1997 年出版了《协作规划:在碎片化社会中塑造场所》一书。而英尼斯与布赫则既强调协作规划,也强调协作规划中的共识建立(consensus building)。

希利在其《规划理论的沟通转向及其对空间战略拟定的启示》(1996 年)一文中提及,她的协作规划思想来源有三个:(1)哈贝马斯的交往行动理论;(2)福柯关于话语及权力方面的理论,对协作规划理论建构的贡献主要在于他的关于权力(power)与语言(language)之间关系的阐述;(3)吉登斯的结构化理论与制度学派的观点。在《协作规划》一书中,希利认为协作规划是处理"我们在共同的空间中的共存"(our co-existence in shared space)问题。她进一步在 2003 年的《透视协作规划》一文中表明,规划是一个发生在复杂、动态制度环境中的管治(governance)行为与交互行为,被广泛的经济、社会与环境力量左右。管治则指社会与社会群体管理其集体事务的过程。希利受到吉登斯的结构化理论中结构(制度)与行动者之间关系的影响,采用了制度主义视角及方法,侧重于规划中的制度建构及积极进行建构的行动者。在制度建构方面,她认为管治过程与协作规划的制度设计需要关注两个层面的问题:其一是制度软环境(soft infrastructure),即可以形成并维持服务特定场所发展战略的制度环境;其二是制度硬环境(hard infrastructure),即由规则和政策体系构成的制度环境❿。在行动者方面,吉登斯的积极的行动者即规划中的利益相关者。他们各自所代表利益的多样性,是协作规划考虑和处理的重点。希利还解释了为何城市地区是社会、经济和环境政策的重头戏,及政界如何运作以提升地区的质量(Healey,1997)。在公共政策中强化对社会性空间与地点的考虑,而非仅只强调物质空间,是希利的协作规划理论的一大特征。

是否达成共识,是希利与英尼斯的最大分歧所在。希利认为,协作规划鼓励所有利益相关者以各种方式进行协作,但不必寻求建立共识。而建立共识则是英尼斯的协作规划模型的核心。在她与布赫于1997年发表的《评估共识：在现实中织梦》一文中，他们认为建立共识将成为一种在不同的群体和利益之间建立桥梁的方式。在传统的分析与决策过程都无法解决的某些棘手问题方面，共识的建立有助于找到解决问题的新方法。两年后，他们在《共识建立与复杂适应系统：评估共识的框架》（1999年）一文中进一步明确了共识的重要性，即它是具有广泛协作性的"更为系统和完善的版本"的沟通规划形式，并将协作过程与复杂适应系统相联系。此后，两位学者不仅阐述了达成共识的方法，如合作性的角色扮演游戏（cooperative role-playing game）以及对话、话语、网络等在建立协作时的重要性，也阐述了评估共识达成的原则。他们的思想集中体现在其于2010年出版的《规划顺应复杂：公共政策的协作理性简介》一书中。

6.4.3 规划中的女性主义与南北问题

欧美规划理论界中对非主流的研究，集中于在性别、阶层、种族、民族等方面与主流——白人、中产、男性——有差异的群体上。鉴于欧美国家的发展历史差异，美国比较关注种族、性别与民族问题，而欧洲国家较关注阶层、性别与民族问题。其中性别差异与移民现象在两个地区都较受重视，前者形成了规划中的女性主义思潮，后者与20世纪末期逐渐流行起来的南北对话、正规与非正规或正式与非正式问题相关。

1) 城市女性主义与规划中的女性主义

虽然一直在提倡规划中的社会公正与公众参与，然而规划一直以来仍然是权力的代表与象征，掌握在少部分人手中。因此规划界、规划理论界仍然是最坚持男权传统、拒受女权主义思想影响的坚冰领域之一（Sandercock et al.，1996）。女权主义❶坚持与以往的男权传统划清界限，然而男权传统却经常被标以价值中立、理性等标签。如果有人以女性视角进行规划实践，立刻会被认为是反对所谓的中立、无差别，从而等同于站在其专业社会化的对立面（Leavitt，1986）。

尽管如此，有关女性与规划之间关系的讨论仍逐渐于1970—1980年代展开，并主要集中在女性在城市环境中的行为上。英国作家摩根于1974年出版的《女人的起源》❷可能是英国最早从新女性主义视角来解析城市问题的著作之一（Greed et al.，1998）。从1970年代末至1980年代初，在美国有一系列探讨城市女性主义问题的开创性著作面世，如托雷的《美国建筑中的女性：历史与当代观》（1977年）、海登的《家庭大革命：家庭、社区与城市的女性主义设计》（1981年）、韦克勒编纂的《女性新空间》（1980年）、凯勒的《女性建筑》（1981年）、斯廷普森等人编纂的《女性与美国城市》（1981年）等。此后城市女性主义的研究在各国展开，包括内城问题在内的许多问题在女性主义视角下进行了重新研究，并得出了与以往从男性视角出发截然不同的观点或结论。

这些研究认为,城市规划对女性施加的不利影响有如下几个方面:(1)男性所规划出来的城市是为男性服务的,目前的规划实践加剧了女性在社会中被排斥的状况及妇女的从属地位。《城市与区域研究国际期刊》于1978年出版的特辑《女性与城市》就对这一问题进行了深入分析。(2)女性规划师缺乏为保护女性权益而调整规划的权力。

女性主义规划师为了改变这些现状,需要在那些与女性生活紧密相关之处优先考虑女性的需求,并采取相应措施如消除女性贫困、保护受虐妇女、同工同酬、设立社会服务基础设施使妇女能够在工作地点和工作时间上有更多选择。这些措施将代替以经济发展为规划成果衡量标准的做法,以妇女社会与经济地位这一标准取而代之。桑德考克与福赛斯于1990年撰文《性别:规划理论新议程》,总结了几种实用方法:(1)说,如口头传统、说故事、闲聊等;(2)听,被福雷斯特在《面对权力时的规划》中誉为日常生活的社会策略;(3)默认或直觉地去了解;(4)创造象征性形式,如绘画、壁画、音乐等;(5)行动,从做中学或边干边学(learning by doing)。费恩斯坦在其1996年发表文章《以不同的声音做规划》来致敬吉利根的著作《以不同的声音》,总结了桑德考克与福赛斯的观点,认为规划中的女性主义方式即是要用直观的、参与的、非理性(nonrational)——而非无理性(irrational)——的方法解决规划问题。

当然,女权主义的规划方法并非要全盘否定理性思想——那等同于否定规划自身——而是要对它进行重构。规划的理论与实践要为多元化的公众(multiple publics)而做,其核心是对差异性的认可与倡导。更为开放而革新的规划需要在保持理性传统的前提下认识到各种差异性,需要鼓励规划师探索其他的美好生活图景(Milroy,1996)。

2) 规划中的南北问题

21世纪以来,南北问题逐渐成为规划研究焦点之一,凸显了规划文化博弈的特征。这一时期崛起了许多优秀而有创见的南半球规划理论学者,都认为要从异于北半球的背景、文脉及环境下形成新的规划模式与规划思想。这些学者的身份特征如下:其一,女性占比很高;其二,地域分布较广;其三,几乎都在欧美国家名校中受教育,师从上一代规划理论大师。这些特征决定了无论他们提出规划理论的出发点是什么,他们的研究方式与理论逻辑仍然是基于欧美体系及传统的。但这些特征也导致并无一个统一的"南半球"声音或规划理论,因为这些理论提出者及其理论的唯一共性是它们不是北半球的理论。这些理论倾向也显现出全球化进程在21世纪可能进入倒退或逆全球化阶段,或社会碎片化的全球化。

南非规划理论学者沃森发表的《从南半球看过来:在全球核心城市问题中重新聚焦城市规划》(2009年)一文的观点比较有影响力。她认为突出南半球国家或发展中国家的话语权,并非要形成南半球和北半球对立的二元规划观,而是要拓展规划思维的广度、要充分认可地区差异性。茹依的观点较为激进,她在《置规划于世界中:作为实践与批判的跨国主义》

(2011年)的评论文章中表明,要打破北半球制定的霸权规则与各类规划模式,要把知识和经验从南半球传到北半球,要倡导批判式跨国主义。以色列规划理论学者伊夫塔切尔也持激进的观点,并在《重新思考规划理论?面向东南观》一文中指出,不是等着"更好的理论"从西北部(因为大部分发达国家在西北欧)产生,而是要让重要的理论创新在与西北部语境迥异的东南部产生。伊夫塔切尔显然是要让规划的南北问题多元化,主要扎根于以色列(属欧洲的近东地区)的他认为东半球问题还不同于南半球,显然要做出更为细致的区分。

6.4.4 美好城市与正义城市

对规划能够营建的美好生活图景展开最为广泛探讨的可能要属弗里德曼。他的思路历程是从赋权、美好社会、市民社会到美好城市(good city),属于规划理论当中较为激进、理想化的派别。而费恩斯坦则通过探讨正义城市,较为冷静地提出了美好生活图景的靠近与建立方式。希利则在2003年的《透视协作规划》一文中指出,美好(good)和正义(just)这些概念本身是通过知识与权力之间的关系建立起来的。剔除了一定的特殊性后,这些概念的含义带有或然性和争议性。这意味着清晰表述价值观和方式的过程很重要。在表述过程中,价值观和方式或可嵌入既有的探讨与实践中。换句话说,实质与过程的领域是互构(co-constituted)而非相互分离的。

1) 赋权与市民社会

赋权发展模式是某种社会与政治赋权的过程,其长期目标是通过让国家负起更多责任、市民社会在管理自身事务时具有更大的权限,以及企业更强的社会责任感来重新均衡社会中的权力结构。

——弗里德曼《叛逆》

弗里德曼于1992年出版《赋权》一书,指出贫困是一种去权状态,即权利被剥夺。贫困不仅是物质上的,还包括社会、政治和心理上的权利缺失,要解决贫困问题需要进行这三方面的赋权。其中,社会赋权是关于如何建立家庭再生产的基础,譬如生活空间、空余的时间、知识与技能、社会组织、社会网络、工作与谋生的手段还有经济来源;政治赋权是关于如何让个人和家庭接近决策过程,尤其是那些会影响到他们未来的决策;心理赋权是关于个人的力量或成就感,主要经由社会与政治领域内的成功行动而形成。除这三方面赋权外,引入使用价值的概念以解决贫困与去权问题也很重要。使用价值与交换价值相对,与关爱、关心、照料孩子、志愿者工作、演奏乐器的愉悦等看起来没有市场价值的东西有关,但这些是生活与家庭再生产所必需的。基于上述探讨,弗里德曼提出了与集中式发展政策不同的赋权发展模式。

与赋权模式相对应的社会结构是市民社会,一种非政府的、第三部门(third sector)式的结构。它是推行赋权模式的保障,两者相辅相成。市民社会被引入规划领域,也将话语式民主(discursive democracy)、市民的权利与义务、市民空间、社会公正、志愿组织、社会运动等相关概念一起带入。四年后弗里德曼与道格拉斯共同编辑出版了《市民的城市:全球化时代的规划以及市民社会的崛起》(1998年),将市民社会与规划进一步联系起来。他们希望通过规划上的一种新型政治经济学来推动市民社会的组织,而传统的社区规划方式在此无法施展。

2)美好社会与美好城市

弗里德曼的市民社会的前身是美好社会。他从1960年代的激进运动中获得启迪,认为借助社会下层的非暴力运动这种柔软的力量,既有的国家及资本的权力结构是可以改变的。他于1979年出版了《美好社会:与整个社会规划所作斗争的个人陈述和对激进实践根源的辩证探求》一书,又于近20年后发表了《美好城市:护卫乌托邦思想》(2000年)一文,对他所构想的美好社会思想进行了阐述,即由一些以行动为导向的群体通过自我发展来改造当前的社会来实现的。这些小群体或组织通过对话、通过不分阶层的相互关系而联系起来,在更广阔的社会中维护和拓展自身的空间。弗里德曼也承认,自己的美好社会带有无政府主义的性质。所以在1992年《赋权:另一种发展的政治学》一书中他将美好社会概念与他对贫困、对欧美以外国家的发展问题相联系,将美好社会升华为市民社会。它是不与政府相关的社会或城市,与之相应,其规划也不与国家相关。

弗里德曼把他的乌托邦理想向实际可操作层面推进。他在《美好城市:护卫乌托邦思想》一文中提出了不受文化条件制约的美好城市物质基础的四个支柱:(1)为社会提供充足的公共服务与社区基础设施配套的住房;(2)可支付得起的医疗保健;(3)一份薪酬够用的工作;(4)为那些以其自身努力无法达到社会最低保障线的人提供充分社会保障。在此标准之后是弗里德曼对规划的价值判断:在大的社会背景下,每个人生来拥有全面发展自身固有的脑力、体力与精神潜能的权利。如果都以人类繁荣作为信条,那么某些文化、习俗、种族、社会条件对实施这一标准的制约就会失效。

尽管弗里德曼认为他对规划、对美好城市所做的价值判断是超文化的,在各种文化环境下都适用,但规划本身就有文化上的差异。1990年代以来开始有欧洲学者研究瑞士、德国、法国和意大利等国规划文化之间的差异。2000年以来不断有相关研究著作面世,如尼尔《城市规划与文化认同》(2004年)、桑亚尔编纂的《当代规划文化》(2005年)、蒙克鲁斯与瓜尔迪亚的《文化、城市主义与规划》(2006年)及格里格·杨《通过文化重塑规划》(2008年)等。弗里德曼则于2005年撰文《全球化与正在浮现的规划文化》,将规划文化定义为在某一跨国区域、国家或城市中,以正规或非正规形式对空间规划进行设想、制度化或加以实施的各种方式,也即宏观制度层面的差异——大至政体或政府组织形式、小至地方政府自治程度,都会造成规划文化差异。

3) 正义城市

城市与正义问题在 1970 年代时就由新马克思主义学者探讨过。哈维在《社会正义与城市》(1973 年)一书中探讨了城市规划与政策中的核心问题如就业、住房位置、分区、交通成本、贫困,并将每一问题都与社会正义与城市空间之间的关系相关联。费恩斯坦也一直专注于规划中的女性声音与正义问题,并于 2010 年出版《正义城市》一书,提出规划师应该给予公正城市的标准概念以更多的关注,并将此作为衡量规划实践的准则。

费恩斯坦在罗尔斯的正义论的基础上还讨论了其他与正义有关的哲学思想,包括包容性协商、后结构主义对群体差异的分析、民粹主义等。在哲学探讨的基础上,她结合城市规划与规划理论的发展,分析了对规划中的理性与综合性的批判。然后,她将民主、多元性与公平视为构建正义城市的三个特征,并提出了三条普适性的、不受语境影响的城市规划与政策制定原则:(1) 秉承公平。这条原则涉及住房供应、经济发展计划、大型项目、公共交通费用等方面,并认为规划师应促进要求平等的解决方案的提出,并阻挠明显会使富人受益的计划。(2) 促进多元性,涉及社区、分区制、公共空间、土地混合使用等方面。(3) 推进民主,涉及已建(已开发)或待建(未开发)区域。费恩斯坦最后指出,虽然规划师无法让政策实施,但他们的权力体现在政策制定(与规划拟定)上❸。所以他们应该将人们对效益成本分析上的关注——功利主义的核心——转向谁得到效益与谁承担成本这一问题上来,也即转向对公平的关注。

6.4.5 非欧规划与不完备的规划逻辑

城市规划既处理物质环境问题,也处理社会经济问题。这些领域的学术探讨和社会观念都会影响城市规划对自身及规划观念与理论的理解。人类对空间或时空的理解自 19 世纪以来发生了极大的从欧式空间到非欧时空的变化。这种变化甚至重构了人类的宇宙观,当然也引起了城市规划及其理论的相应探讨。时空理解的变化主要源自物理学探讨;而哲学与数学领域对不完备性的突破性分析,也影响到城市规划对自身逻辑的判断与相应修改。

1) 均匀空间、单向时间与传统规划观

古希腊数学家欧几里得通过其著作《几何原本》(约成书于前 300 年)及五条公设与五个公理,奠定了欧式几何空间及其基本原理。在高斯、施魏卡特、波尔约、罗巴切夫斯基和黎曼等欧美数学家的努力下,19 世纪诞生了非欧几何(non-Euclidean geometry)(Trudeau, 1987)。它将几何从二维、三维的平直、均匀空间——欧式空间——扩展到 N 维的弯曲或不均匀空间——非欧空间,打破了空间的绝对性。爱因斯坦基于非欧空间,尤其是黎曼几何,于20世纪初提出了相对论,将抽象的非欧空间带入具象的现实世界。爱因斯坦指出,现实世界所在的空间并非平直几何空间,而是他称之为四维时空流形的弯曲几何空间。在这一四维空间中,时间与空间均是相对的。在非欧几何学的建立与相对论的提出下,基于牛顿经典力学的时空观念——时间的单向匀速流动与空间的平坦与均匀——均被打破。

在城市规划领域,1970年代以前的传统规划观视城市的空间、地域为均质、统一、一元的物质实体,可为规划工具所调控。时间与空间不过是城市生活的客观的、外部性容器(Graham et al., 1999)。1970年代的后现代主义学者批判了城市规划中把城市空间看成是均质欧氏空间的这种做法。例如列斐伏尔在1970年代就指出,传统上,空间被视为一个空白的舞台,而影响城市的空间关系与空间作用就在其中发挥作用。提倡规划的后现代主义的哈维在《后现代的状况》(1990年)一书中也指出,欧氏几何为"征服与控制空间"的人如建筑师、工程师、土地管理者等提供了基本的语言,空间被认为具有普遍、同质、抽象、连续、客观的性质。索亚也在《后现代地理学》(1989年)一书中总结说传统的地理学与规划方法将城市空间当成是一种死板、固定、非辩证、静止的空间,是被动的度量的世界,而非能动的有意义的世界。

同理,在传统的规划观中,时间也被视为是均匀流动的、单向的、线性的。并且,时间与空间被认为是作用于城市规划之中的各自独立、互不干涉的两个因素。这种时间观念最典型的表征是每隔一定年限制定一次的有时效的发展规划。在这类规划中,时间如同空间一样,也被当成是没有特性与变化的规划执行与实施的容器。然而,相对论已经指明时间是不匀速流动的,虽然在常态世界中很难觉察这一点。时间的不均匀所隐含的意义在于,不能给未来描绘一个固定的图景,而要有可调节性。

2) 非欧规划

C. 亚历山大在发表于1994年《非欧规划模式》一文中指出,无论是传统类型的欧几里得规划还是非欧规划都有一个共同点——规划的未来指向,是规划本身固有的内在属性。这一属性是规划区别于决策、管理与经营等行动的表征。城市规划是未来导向的,是对未来状态的描述与指导。弗里德曼则在发表于1993年的《面向非欧规划模式》一文当中区分了欧几里得模式的规划(欧式规划)与非欧规划。在他看来,欧式规划等同于规划编制(plan-making),即对理想未来和实现它所需的实际措施做出设定。其主要特征为:其一,由于受到工具理性的限制,欧式规划要为既定目标寻找可选方案;其二,受到蓝图式规划的限制,它成为一种结果状态的描述。他指出,非欧规划要意识到城市与区域中时空地形特征的存在,这种规划是日常生活中的实时的面对面交流,是地方与区域级别上的交互作用。因此规划中要引入价值理性和调解机制,规划要把有机的市民社会(civil society)中的各组成成分都请上磋商的圆桌,使规划成为一种协商和协作的过程。所以,非欧规划是现在式的、当前的、实时的。因为只有在逐渐消逝的、不确定的现在,规划师才能有所成效。对于规划究竟是未来式还是现在式的争论,或许会像几何学中对直线的重新定义引起了传统几何学的崩解,其结论将加深对规划本质的认识。

3) 不完备的规划逻辑

数学曾被认为是具备最严谨、最系统的逻辑推理体系。数学逻辑用来证明命题,而逻辑必须有出发点——公理。公理要求连贯一致且不多不少,其中连贯一致指相容性、互不矛盾;不多指独立性、不重复;不少指完备性。欧几里得的伟大贡献之一在于他建立了一套数学逻辑用来支撑整个几何学框架,并把定义、公设、公理❹和定理等这些结点串联起来。英国哲学家罗素、德国数学家希尔伯特等人在此基础上,于20世纪初发展出一套自认为完备的公理化系统。然而,随着非欧几何学的建立及相对论的提出,时空的绝对性都被打破,数学逻辑的坚固性也随着哥德尔的不完备性定理的提出而被打破。这一定理的基本含义可概括为:任一公理体系总有一条定理用此体系无法判定,也即完备性与一致性二者不可得兼。至此,时空的绝对性和逻辑的绝对性都被推翻,人类的思想因此产生了范式转换般的巨变。

哥德尔有句名言,"数学不仅是不完全的,还是不可完全的"。这句用于抽象的数学领域的断言,同样也适用于应用学科的城市规划。一直以来,数学被认为是客观独立存在于人类用于思考这些数学逻辑的思想之外,然而哥德尔证明了数学对于思想世界来说只具有不完全的、片断的认识。与之类似,规划师一直拥有自信认为凭借其专业知识与技能可以解决规划中出现的任何问题。但自1960年代戴维多夫提出倡导性规划以及M. 韦伯与里特尔提出规划中的棘手问题以来,这一逻辑就一直在被质疑。按照哥德尔的不完备定理,城市规划的专业知识与技能(对应于定义与公理),以及规划程序(对应于用以推导及证明定理的数学逻辑)并不能保证由此得出的规划目标与实施程序(对应于定理)是完全符合逻辑的、自明的、完备的。因此,规划过程一定要引入外部性因素,如不同利益集团的意见。

6.4.6 规划中的后结构主义与复杂性

规划中的后结构主义与规划中的复杂性,在本书看来是从不同的途径去分析城市与空间的作为复杂系统的性质,以及相应的城市规划或空间规划的性质。例如德勒兹强调生成(becoming),复杂性强调涌现。所以很多研究后结构主义的规划理论学者同时也研究复杂性。当然两者并不完全等同,而是有交叠之处,也有非常多的差异之处。总体而言,复杂性简明、直接且具有天然的跨学科性,而后结构主义是晦涩难懂的哲学概念,所以前者在规划研究与规划理论研究的未来空间都相应更大。

1) 规划中的后结构主义

后结构主义是当前规划理论研究的前沿之一(Hillier et al. , 2010)。因为是前沿之一,所以很难对后结构主义规划理论下统一的界定。也因为对规划的后结构主义理论化的重点是在复杂的、相关的背景下对意义与行为做出界定与分析。在这种背景下意义和性质并非一成不变,在出现新的诠释和甄别时也会发生变化(希利尔等,2017)。不过,默多克在《后结构地理学:关联空间指南》(2006年)一书中分析了如何将后结构主义用于分析空间与场所。他总结了与规划理论有关的后结构主义思想的几种重要推论:(1)概念开放且灵活,不是描述而是共鸣;(2)知识在表述性语境(performative context)下概念化;(3)空间不是凝固的,而是善变的;(4)理论并非用以理解某种真理,而是一种生成(becoming)的实践手段,能够认识到自身的背景局限性;(5)理论强调通过持续的碰撞产生影响,而不是通过刻意编制的代码与符号;(6)碰撞可以是在支配或抗拒意义、特质和规则方面的激烈冲突。很显然,这种后结构主义视角下的规划观,与20世纪初期和中期许多观点形成了决裂。

希利尔是研究后结构主义规划理论的主要学者之一,其理论主要参考了福柯、德勒兹与加塔利、拉康等人的后结构主义理论。希利尔在《权力的阴影:土地利用规划中的审慎的寓言》(2002年)一书中,利用哈贝马斯对沟通行为的分析以及福柯的权力分析理论,考察了地方规划决策(尤其涉及公共空间的决策)领域中关键人物、决策方式及其原因等问题。她认为,不同的价值观与思维方式与系统性权力结构相关并影响着规划的结果。其后,她在2007年出版的《超越地平线:空间规划与管治的多平面理论》一书中,借助了德勒兹与加塔利的显现(emergence)与生成这两个概念,形成了空间规划的多平面理论,去解析场所质量与空间管治的多重时空关系动态之间的复杂相互关系。她指出,要以轨迹而非既定终点的方式来思考空间规划,因为她将空间规划当成某种带着疑问和不确定性的试验性实践,在修订和编制时要带着推测,而不是带着科学家式的证明—发现。由于在法语当中,plan这一单词既指一个平面(或高原),也指一项计划、方案或项目。所以她利用《千高原》中对平面的界定,建构了两种平面:一种是内在平面❺或连贯(consistency)平面,对应于空间规划的一般轨迹/见解;一种是超验或组织(organisation)平面,对应于更为具体的、地方的/短期的规划和项目(表6-4)。

表6-4 内在/连贯的和超验/组织的平面(规划)对比

内在/连贯的计划(平面)	超验/组织的计划(平面)
生成/显现	超验
开放式轨迹	闭合目标
块茎状多样性	树状权力等级关系
偶然性	经过规划的开发
永世❻的时间	长期❼的时间
平滑空间(有些虚拟条纹)	条纹空间(部分光滑)

续表 6-4

内在/连贯的计划(平面)	超验/组织的计划(平面)
非结构化	结构化
未成型要素的推动力	判断与鉴别的稳定性
变迁与流动性	缓慢运动的惯性
赋予权力	施加权力

两年后,希利尔与贡德合著出版了《用十个或更少的术语来做规划:拉康视角下的空间规划》(2009 年)一书,运用了后结构主义哲学家拉康的精神分析来探讨空间规划问题。他们指出要让空间规划中十个使用最频繁的术语——理性、美好、确定性、风险、增长、全球化、多元文化主义、可持续性、责任与规划本身——的神话性破灭,因为这些术语及相关术语都是空洞的能指与修辞,意味着什么都是,也便意味着什么都不是(means everything and nothing)。在逐一分析了十个术语下的城市规划的问题之后,作者建议用拉康有关于话语、文化、愉悦、真实等概念的探讨来思考空间规划,让意识形态问题成为核心。

2) 规划中的复杂性

近年来规划中的复杂性的研究要得益于城市研究领域率先进行的已持续数十年的研究。巴蒂在《新城市科学》(2013 年)一书当中对这些先期研究作了致敬,认为研究包括城市增长研究、等级体系与网络结构、城市结构的空间句法等,而基于复杂性的城市研究已经从复杂网络中的距离、分形生长与形态发展到城市仿真[18]。他先在与他人合编的《复杂城市系统的动态性:跨学科方法》(2008 年)一书中对发展受限的城市与特大城市的动态进行建模和预测,认为这些研究反映出结构发展(物理与数学模型)同社会发展(空间决策与城市规划模型)之间的依存关系。此外,他还在《创造未来城市》(2019 年)一书中解释了城市科学建立的依据,因为城市与经济、生态系统一样,是具有涌现结构的自组织系统,而不是传统上认为的是一个物质实体或空间实体[19]。

规划理论很早就吸纳了复杂性科学的前身——系统性科学的相关理论用于建构自身。1960 年代的系统规划论与程序规划论都运用了系统科学的老三论。M. 韦伯与里特尔在 1970 年代撰文分析了规划中的棘手问题,即社会、经济、政治等非物质空间的问题,并认为这些问题是简单性(与复杂性相对)的理性综合规划无法处理的。所以有分离渐进主义、混合审视模型等有限理性下的规划理论,也有 1990 年代以来基于交往理性的沟通规划与协作规划的出现,来解决规划必须面临的现实中的复杂问题。

但 1980 年代以来规划对复杂性科学的借用,比城市研究滞后许多。当复杂性被引入规划后,这些问题或许还可以通过复杂性视角下的规划来处理。这就是提倡要将复杂性引入规划实践与理论的学者的基础出发点。例如,从物质空间问题到棘手问题的各类城市或空间、场所的问题,可定性为不复杂的(简单的、直接的)、复杂的或高度复杂的(混沌)的问题,但都是复杂性的表征,只是在复杂程度上有差异,当然也可以都用复杂性的方式去处理。不过,正如复杂性科学本身是许多相关学科的融合与交叉——所以圣塔菲研究所才集结了那么多领域的顶级专家,规划中的复杂性研究并不专门针对某一具体的学科,而是会纳入生物学、心理学、计算机科学、人工智能等领域的学说。正因为复杂性科学仍在飞速发展,所以规划中的复杂性研究也仍处于未定型状态。

英尼斯与布赫于1990年代明确了基于共识建立的协作规划理论后,从复杂适应系统的角度考察规划的协作过程中各类参与者、利益相关方的动态。在他们的《规划顺应复杂:公共政策的协作理性简介》(2010年)一书中,他们指出协作政策过程与复杂系统有许多相似之处。例如协作式的政策制定过程包含协作网络中数百名参与者,其工作的偶然性、消极或积极反馈等都会对这一复杂适应系统中的方法造成影响。此外,这一决策过程对初始条件敏感,这是任何CAS都具备的典型特征[20]。与英尼斯的研究同时期开展的还有以荷兰规划学者德罗为首的一批学者对于复杂性对规划影响的深入研究。

德罗与席尔瓦合编了《规划师邂逅复杂性》(2010年)一书。两位编者认为,(空间)规划要处理的对象——日常环境——的变化是不连续和非线性的,在稳定与不稳定中交替,这是规划对象的复杂性。所以规划中也需要复杂性的思维。德罗还指出在规划中引入复杂性,是解决规划理论面临的第三次危机的可能办法。两年后,德罗与希利尔、韦泽梅尔合作主编了《复杂性与规划:系统、装配与仿真》(2012年)一书。其中装配或集群(assemblage)一词也是德勒兹哲学学说中的核心概念。而德勒兹的另一个概念"褶子"与多样性有关,因而又与复杂性相关联。所以规划中的复杂性研究与后结构主义有很多交叉。同年,波图戈里等人编纂的《城市复杂性理论的时代已来临:城市规划与设计引申概览》也得到出版。编者认为,由于城市是连续层次与集体活动的历史积累,呈现出复杂系统的特征,所以不能用静态、固定的定量方式去理解与捕捉。要通过规划与设计来控制城市形态及其动态模式,规划与设计本身也需要是动态的。

发展了系统规划论的麦克罗林与查德威克都借用了生物学中关于系统论的观点来说明规划中的类似情况,并利用自然系统或生态系统来比拟城市和区域这样的人类系统。有鉴于生物学,尤其是遗传进化方面的飞速发展——在2019年以来的抗疫及对病毒、人体免疫机理的研究中,"进化"这一概念目前也有复杂性那种包容许多学科的特征与能力。或许会在未来十年的规划理论研究中当中以"规划中的进化"取代"规划中的复杂性"。

第6章注释

❶ 欧洲层面上最早的空间规划战略是1999年发布的《欧洲空间发展展望:欧盟的平衡

和可持续的地域发展》。

❷ 次级住房抵押贷款危机,英文原文为 subprime lending crisis,简称次贷危机。

❸ 此处采用了姜宇辉翻译的《资本主义与精神分裂(卷2):千高原》(上海书店出版社,2010年)的译文。

❹ 在欧美传统文化观念中,虽然存在男性与女性,但女性通常作为男性的补足物、副产品而存在,因此被认为是只有一种性别及其配对物。而新兴的女权主义要建立与男性观念对等的女性主义观念,而非其苍白的对应物,这是差异性之精髓所在,但这在以男性统治观念为中心的文化传统中是无法建立的。1970年代早期,女权主义者认识到存在这种排斥观念;1970年代晚期,女权主义者开始建立树立女性观念的理论体系。开始是以把女性放入传统分析中的方式,在发觉行不通后便逐渐以经验性分析的方式,向居于优势地位的科学与技术知识(主要利用实证分析)发起挑战。

❺ gender(性别,社会性别)与 sexuality(性,自然性别)是既有联系又有区分的一对概念。gender 与社会、文化上的差异相关,而 sexuality 则多针对与生理上的差异。

❻ 此处采用了李志刚等人翻译的《城市·地域·星球:批判城市理论》(商务印书馆,2019年)的译文。

❼ 城市管治,英文原文为 urban governance,也译为城市治理。

❽ 制度学派,英文原文为 institutional school,也译为机构学派。

❾ 沟通规划,英文原文为 communicative planning,也译为交往规划或联络型规划,因为该理论的哲学思想来源是哈贝马斯的交往理性(communication rationality)与交往活动理论。

❿ 此处采用了张磊与陈晶翻译的《协作式规划:在碎片化社会中塑造场所》(中国建筑工业出版社,2018年)的译文。

⓫ 女权主义,英文原文为 feminism。可译为女权主义,也可译为女性主义,张卜天认为偏重政治经济领域时可译为女权主义,偏重艺术人文领域时可译为女性主义。

⓬ 《女人的起源》,英文名为 *The Descent of Woman*。作者在这里有意模仿了达尔文的名著《人类的起源》(*The Descent of Man*)的名字。

⓭ 此处采用了武烜翻译的《正义城市》(社会科学文献出版社,2016年)的译文。

⓮ 近现代数学中已不再区分公设与公理,凡是不证自明的基本假定都是公理。

⓯ 内在平面,英文原文为 plan d'immanence,一译内具性平面、内在性平面,是德勒兹学说中的一个核心概念。

⓰ 永世,英文原文为 Aeon,伊恩,表示十亿年或无尽的时间。

⓱ 长期,英文原文为 Chronos,克罗诺斯,希腊神话中的时间之神。

⓲ 此处采用了刘朝晖与吕荟翻译的《新城市科学》(中信出版集团,2020年)的译文。

⓳ 此处采用了徐蜀辰与陈翔怡翻译的《创造未来城市》(上海书店出版社,2010年)的译文。

⓴ 此处采用了韩昊英翻译的《规划顺应复杂:公共政策的协作理性简介》(科学出版社,2020年)的译文。

7 规划理论研究的平行宇宙

理论如果与实验结果不符,那就是错的,
再漂亮也没用。
——费曼

方程有美感比方程与实验相符更重要。
——狄拉克

我不打算用一套规则来取代另一套,而是想告诉读者,
所有的方法,哪怕是最常用的几种,都有其缺陷。
——费耶阿本德

每一名理论研究者心目中都有自己的研究体系与分析框架,本书中称之为研究宇宙及坐标系。多名学者的研究体系,则构成规划理论研究的平行宇宙。由于理论物理中采用相应的几何框架来分析物理理论,本书也建构了一个由坐标系、坐标轴与相应度规组成的几何框架来分析理论学者的研究体系。

本章首先对构成规划理论研究坐标系的几种坐标轴及相应度规进行了比较。然后回溯了几位知名规划理论学者的研究宇宙(研究体系)及其坐标系与度规。鉴于这些学者的研究宇宙的维度,其坐标系也分为单轴或多轴等不同情况。各种研究体系的并置,形成了规划理论研究的平行宇宙。最后,本章建构了基于主题轴的本书第 3 个研究宇宙。它有别于第 2 章和第 3—6 章建构的两个研究宇宙——分别基于高维世界轴(相关领域轴)及时间轴。

7.1 坐标系

规划理论研究宇宙的结构取决于理论学者建构时采用的维度的性质与数量。一维会产生线性的分析结果;叠加的维度越多,则研究世界的非线性越强、复杂性越高。由于人类的真实四维宇宙处于时间之箭的约束下,时间维度的研究宇宙最容易建立,历史学当中将其称为历时性分析。但除时间以外,还可以结合研究主题、流派、空间等维度进行理论演变的研究,以及将任意两个或多个维度结合,形成不同维度的研究平行宇宙。

要想对这些研究宇宙或空间进行研究,需要建立一种分析框架或坐标系。坐标系的轴与属性取决于学者建立的研究宇宙的维度及其特征。坐标轴的属性常见的有时间、空间、主题、流派等。坐标轴的度规则取决于建构者本人所持的测量标准,也即度规是因人而异的、相对的。本书第 1 章分析了度规相对性的由来,因为在四维时空当中,空间、时间的度量也是因尺度而异的。

7.1.1 坐标轴及度规:时间、主题、流派、空间

1) 时间轴

如果以事件发生的先后顺序为依据来研究相关事件与问题❶,则可用时间轴来度量这样的研究。时间轴是最常见的分析坐标轴。在历史学研究中这种分析方法被称为历时性方法,这样分析的长处与不足都很明显:长处在于简洁、明了、符合人类自身发展规律,可以把握时空背景与高维世界对规划理论之弦的影响。不足在于它割断了一些规划理论的纵向联系。因为尽管以某种标准(常为政治事件)而划分出的一个阶段业已结束,某种理论可能仍然在延续和发展。把同一传统的理论放在不同章节(时段)进行论述,显然无法对该理论做出纵观的、全局性的把握。因此,还需要按照

规划理论的主题、流派、传统、类别作为度规,以弥补历时性分析的不足。

本书第 3—6 章即在时间轴下度量规划理论研究。采取的时间度规受到了其他理论学者对规划理论研究起源、起源之后的两次或三次理论危机的观点的影响。最终,对欧美现代城市规划思潮、思想、理论、观念的发展,从时间上大体分为四个时期或断面做了阐述。

2) 主题轴

主题轴是理论研究者选取的规划理论所涉重要议题或关键主题词,例如规划程序、制度、公众参与、规划师伦理。在主题轴下研究规划理论发展,其思路与时间轴形成错位,优缺点也正好相反。主题轴是将重点放在(尤其是处于不同时期的)每一主题下诸理论的前后关联上,使其成为完善的、自足的、有文脉关系的整体。它不会像历时性分析那样详述每一种理论的来源、内容、特点、影响等。

希利尔与希利的《规划理论的评论文集》、贡德等人编纂的《劳特累奇手册:规划理论》都采用了主题轴建立研究体系。本章也提出了本书的主题轴。不过,不同规划理论学者在选取主题时观点大相径庭,受到其研究背景、兴趣偏好、所在区域方面的影响。也即主题轴的度规差异性非常大。

3) 流派轴

流派轴与主题轴在建立逻辑上类似,都是探寻跨越不同发展时段的纵贯性的规划理论内核。区别在于主题是规划理论分析者总结出的一些关键议题或主题词。而流派类似学派,或者真实存在于规划理论发展当中,或者受到哲学流派与传统的影响。弗里德曼在"两个世纪的规划理论概览"一章中,即在流派轴下将规划理论流派划分为四派。奥曼丁格的三个版本的《规划理论》也采用了这一框架,以哲学传统划分流派。

本书的第 2 章第 1 节采取了较为纯粹的流派轴,列举了九个哲学传统并分析了受其影响的规划思想与理论。部分哲学传统则在第 3—6 章当中结合时间轴进行阐述。第 2 章第 2 节采用了"相关领域"轴,是从对规划理论有影响的相关学科的角度来分析。这一节是对影响规划理论时空的高维世界的解读,但也可以视为对规划理论演变的另一种分析。因为相关领域被大体分为建筑与工程、社会科学、复杂性学科三个领域群,其对城市规划、空间规划及规划理论的影响也是先后施加的。

时间轴与主题轴或流派轴所对应的研究平行宇宙,涉及的规划理论不会完全重叠。例如,因为有些理论延续时间很短,难于构成一个核心主题又不能统合到其他主题当中。但为了论述的完整亦无法弃置不顾,会在时间轴下的宇宙中被完整呈现。同理,为避免叙述的烦冗,有一些贯穿主题发展始终的理论,在某些阶段的发展因为变动不大而在前文中可能被忽略,但在主题或流派轴下的宇宙中会被完整分析。

4) 空间轴

空间轴是从规划理论起源、传播与实践的空间范围角度来探讨规划理论。空间轴同样有各种度规,霍尔曾总结说欧美的规划体系大致可分为英美系和欧陆系两种,是从理论起源角度来度量空间。因为英国是现代城市规划的发源地,老牌规划研究重地;美国是目前世界上学术最发达的国家,两国的规划理论在流传与被研究方面都是最广泛的。

但细究起来欧洲内部不同国家与地区之间的思想与理论仍有差异。欧洲学者如 P.纽曼和索恩利在《欧洲的城市规划:国际竞争、国家体系与规划工程》(1996年)一书中基于法律与行政制度特征,对欧美的城市规划家族或规划派系(planning family)进行了详细划分。根据法律渊源,可将欧美国家分为两类:其一是源自英国中世纪法的重演绎的英美法系,又称习惯法、判例法、普通法;其二是源自古罗马法的重归纳的大陆法系,又称成文法、民法❷。欧美各国的行政体制可大致分为三类:集体合作制、联邦制与单一制❸。借此,可将各国规划体系分为北美系、不列颠系、拿破仑系、日耳曼系和斯堪的纳维亚系,其中互有交叠(图7-1)。当然,这是对规划家族而非规划理论流派的划分,两者形成的空间结构并不完全类似。规划理论的形成与发展还受到不同地区哲学与社会思潮的影响,这无法从各国的法律与行政特征当中反映出来。相应地,也会形成其他的空间轴的度规。

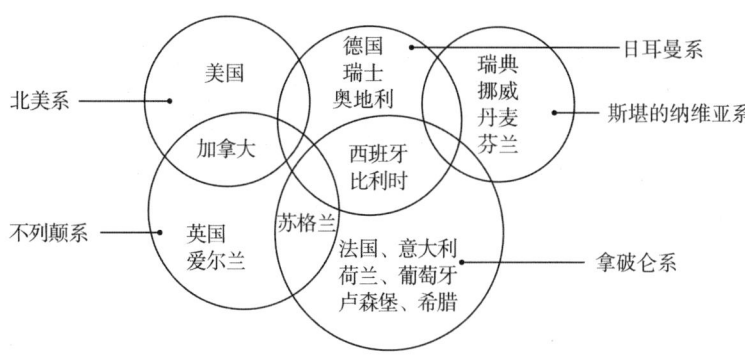

图 7-1　欧美各国规划体系

不过,在全球化时代中已经很少有单纯的源自一地一国的思想,发达的资讯网络使各种思想与观念相互影响。一些思想家本身就是国际性的,勒盖茨与斯托特在1996年出版了第二版的《城市读本》,并在序言中指明了这一点。他们说,不少专家学者已经是真正的世界公民(world citizen),他们的出生地、受教育地和当前居住地分属全球各地,其观念亦是全球性的。所以很难把他们归结为某一国或者某一规划派系的研究者,他们的思想传统也是多元化的。基于上述原因,刻意地划分某一种理论或思想属于某个国家或地区的做法似乎过于机械。但是仍有必要弄清理论基于地域的文化与思想背景,这有助于理解理论的内容与本质。霍尔的《明日之城》一书就在章节标题中罗列了每一种思想或实践的主要发生地、传播地与影响地,体现了规划理论分析的空间轴的重要性。

7.1.2 多轴及度规

坐标轴可以进行多种组合，形成两轴或多轴的坐标体系。例如，霍尔的《明日之城》的研究体系，以坐标系而论的话采用了"主题轴＋空间轴＋时间轴"的组合。希利尔与希利的《规划理论中的批判文集》则是"时间轴＋主题轴＋流派轴"的组合，见下文具体分析。

需要注意的是，时间、主题与流派都具有历时性特征，将其僵硬地与空间割裂，是时空分离的牛顿机械时空观。应该向时空一体的爱因斯坦的相对四维时空观转化。物理学者对时空认知的不断深化拓展了人类的宇宙观与世界观，相应也影响了其他学科研究问题的角度与方式。物理学进展推动了地理研究、城市研究当中的尺度研究的发展，也推动了历史学当中对时间尺度的重新认知。牛顿经典力学的适用范围在常规和中观范畴，爱因斯坦的广义相对论在天体尺度的宏观范畴，量子力学则适用于原子尺度的微观范畴。而弦论的升级版 M 理论在高维时空中能够统一广义相对论与量子力学。相应地，博任纳等学者提出了空间研究与城市研究当中的尺度化与尺度重组。另外，于 1950—1960 年代首先出现于英美历史通识教育中的新研究流派全球史，是对以国家为研究空间单元、以古代—中世纪—现代三段论为绝对时间标度的欧洲传统研究方式的挑战，也是历史学研究受到物理学相对时空观影响后出现的时间转向。全球史在时空上则采用了结构化的相对时间与尺度化的相对空间，示范了历史研究如何从割裂的时间与空间过渡到时空一体。如果视规划理论演变研究为一种历史研究，则也可以借鉴全球史在研究思维上的革新。

7.2 平行宇宙

以下列举了几部常见的规划理论研究著作，分析顺序依照专著首版出版时间的先后顺序。每一部著作都构成了一个理论研究的宇宙，形成了多个相互平行的研究宇宙。造成这一现象的原因有三点：第一，也是最主要的，是学者的研究度规截然不同。即使同样是采用了时间轴来建构，时间度规也常常有差异。例如霍尔的《明日之城》结合了时间、空间与主题轴后有 13 章，而希利尔与希利的《规划理论中的批判文集》结合了时间、主题与流派后只有三个部分。第二，是因为理论学者对什么是规划理论尚未达成共识。常见的情况是某位学者认为是理论（theory）的，也许另外的学者认为只是方法论（approach）。譬如坎贝尔与费恩斯坦在《规划理论读本》中使用了主流规划方法（dominant planning approaches）来定义倡导规划、后现代规划和沟通规划等，而在奥曼丁格的《规划理论》中这些毋庸置疑都是理论。第三，是由于某一种理论常包含多种思想来源与哲学内涵，很难将其归属到一种主题或流派当中。甚至是其来源思想或哲学渊源本身也存在提出者的、内容上的交叉。例如，边沁的思想既与自由主义，也与功利主义相关;哈维既是新马克思主义的,也是后现代的地理学家;霍华德的田园城市思想中既包含了乌托邦思想,又有社会主义改良思想和无政府主义思想,等等。上述这些情况都造成了理论研究的复杂性,也增加了理论研究的平行宇宙的数量。

7.2.1 弗里德曼:流派轴

弗里德曼《公共领域的规划》(1987年)一书的第2章"两个世纪的规划理论概览"的引用率反而比这本书本身要大。该章被不少规划理论读本与教材视为对近现代规划思想与理论最好的回顾之一。弗里德曼在该章中将规划理论置身于欧美的社会、政治、经济、文化、学术思潮当中,将其分为从右倾到"左"倾的十个流派,分别是:
(1) 从系统工程到系统分析;
(2) 从新古典经济学到福利与社会选择,再到政策科学;
(3) 公共管理;
(4) 从科学管理到组织发展;
(5) 社会学派;
(6) 从德国历史学派到制度经济学;
(7) 实用主义;
(8) 从历史唯物主义到新马克思主义;
(9) 法兰克福学派;
(10) 乌托邦、社会无政府主义者与激进分子。
这些流派相互之间有关联。例如社会学派的韦伯就既对德国历史学派,也对从科学管理到组织发展这一派有影响。

7.2.2 霍尔:主题＋空间＋时间轴

霍尔的《明日之城》有四个版本,分别出版于1988年、1996年、2002年与2014年。其中前三版的时间限定为20世纪,第四版在书的标题当中将时间限定改为1880年以来。中国规划学者童明翻译的《明日之城》(2009年)为第三版。作为一部规划思想史,《明日之城》不仅涵盖理论,也包括实践界的各种思潮与动向,跨越了理论与实践之间的鸿沟。对于每一种规划思想发展趋势,他在章节标题上不仅给出了时间断限,也给出了大致的发展区域。即他的研究宇宙要用主题＋空间＋时间轴的坐标系来分析。以下所列为第四版,全名为《明日之城:1880年以来的城市规划与设计的思想史》,其目录部分参考了童明的翻译:
幻想之城——好的城市的另一种设想,1880—1987年。
梦魇之城——对19世纪有贫民窟的城市之应对:伦敦、巴黎、柏林、纽约,1880—1900年。

杂道之城——公共交通的郊区：伦敦、巴黎、柏林、纽约，1900—1940年。

田园之城——田园城市方案：伦敦、巴黎、柏林、纽约，1900—1940年。

区域之城——区域规划之诞生：爱丁堡、纽约、伦敦，1900—1940年。

纪念之城——城市美化运动：芝加哥、新德里、柏林、莫斯科，1900—1945年。

高塔之城——柯布西耶的光辉城市：巴黎、昌迪加尔、巴西利亚、伦敦、圣路易斯，1920—1970年。

血汗之城——自治社区：爱丁堡、印多尔、利马、伯克利、麦克尔斯菲尔德，1890—1987年。

公路之城——汽车郊区：长岛、威斯康星、洛杉矶、巴黎，1930—1987年。

理论之城——规划与学界：费城、曼彻斯特、加利福尼亚、巴黎，1955—1987年。

企业之城——规划倾覆：巴尔的摩、香港、伦敦，1975—2000年。

锈蚀的盛世之城——信息城市与无信息的隔都：纽约、伦敦、东京，1990—2010年。

永久底层阶级之城——持久的贫民窟：芝加哥、圣路易斯、伦敦，1920—2011年。

但桑德考克和其他研究者也指出，这部规划思想史以宏大叙事的方式书写。虽然作者出于对阶级、民族、种族问题的考虑，而在最后一章集中探讨了贫民窟的社会问题，但书中对桑德考克一直强调的规划史当中的黑暗一面的探讨仍显不足(Sandercock，1998b)。

7.2.3 坎贝尔与费恩斯坦：主题轴

费恩斯坦先后与合作者主编了四版《规划理论读本》，分别出版于1996年、2002年、2012年与2016年。其中前三版与坎贝尔合编，第四版与德菲利皮斯合编，所以该版主题与前几版相差较大。虽然是一部供学生使用的论文精选集，但其主题设定与论文挑选反映了编者对规划理论核心主题的思考。以下对几个版本的内容进行比较(表7-1)。

表7-1 费恩斯坦等人版《规划理论读本》四版内容比较

部分	第一版	第二版	第三版	第四版
一	20世纪规划理论的基础	20世纪规划理论的基础	20世纪规划理论的基础	规划理论的发展
二	规划：辩护、批判与新方向	规划：辩护与批判	规划：辩护与批判	规划师想要做什么
三	规划种类	规划种类	规划种类/标准框架	—
四	规划进行时：成功、失败与战略	规划进行时：成功、失败与战略	规划进行时：成功、失败与战略	实践对理论的意义

续表 7-1

部分	第一版	第二版	第三版	第四版
五	探讨性别	种族、性别与城市规划	种族、性别与城市规划	规划中的棘手问题
六	伦理、专业性与价值体系	伦理、环境与冲突优先级	伦理、环境与冲突优先级	
七	—	—	全球化世界中的规划	全球化世界中的规划

在前三版中，基础部分从霍华德、柯布西耶、城市美化运动、大城市的生死，一直谈到中立城市；辩护与批判部分对规划的本质进行分析；规划种类主要指战略规划、多元规划、平权规划等等；规划进行时部分主要涉及一些实践案例分析；性别的讨论，即女性主义与规划；种族与性别部分涉及美国的政治正确性下对多元社会的规划的思考；伦理部分则是对规划的价值伦理体系的分析。

第四版变动较大。其中规划师想要做什么这一部分涉及规划工程、不确定世界中的规划、新自由主义世界中的规划、绿色与公平城市、灾难与韧性城市等；实践对理论的意义部分涉及地点与场所、家与分区制、社区发展、参与实践等；规划中的棘手问题是关于包容与民主、大都市生活、倡导与多元、少数民族规划师与正义城市、规划职业伦理、叛逆规划等；全球化世界中的规划涉及场所与场所塑造、城市中的非正规现象、南半球视角下的规划、南半球城市等议题。

7.2.4 奥曼丁格：流派轴

奥曼丁格的《规划理论》前后出了三版，分别于 2002 年、2009 年与 2017 年。虽然没有在书名中加时间限制，但从内容来看是集中于 20 世纪下半期以来的规划理论。其中前两章对理论和规划理论当前状况进行总论，从第 3 章开始基本按流派进行阐述。表 7-2 为各版内容对照，其中第三版参照了刘合林的翻译。

表 7-2 奥曼丁格版《规划理论》各版内容对比

第一版	第二版	第三版
什么是理论	什么是理论	什么是理论
规划理论当前状况	规划理论当前状况	规划理论的当前图景
规划的系统论与理性论	规划的系统论与理性论	规划的系统论与理性论
马克思主义与批判理论	批判理论与马克思主义	批判理论与马克思主义
新右翼规划	新自由主义规划	新自由主义规划

续表 7-2

第一版	第二版	第三版
实用主义	实用主义	实用主义
规划与倡导者	规划师作为倡导者	规划师作为倡导者
后现代规划	现代性之后	现代性之后
—	—	规划、去政治化与后政治
—	—	后结构主义与新规划空间
协作规划	协作规划	协作规划
—	—	规划、后殖民主义、反叛性与非正规性

奥曼丁格论述的这些流派通过一些主题相互有交织，例如权力不平衡、社会公正等问题几乎贯穿各条流派的论述。这样的分析方式有些类似弗里德曼，只是后者通过思想家及其思想探讨不同流派的相互影响。此外，针对同一位理论家的观点，奥曼丁格会根据其侧重点而放在不同的章节中。例如林德布鲁姆对系统与理性理论的批判置于"规划的系统与理性论"一章；而渐进主义由于他认为与实用主义有很大的重叠，又放在了"实用主义"那一章；而他关于协定、舆论和相互协调的观点，则放在"协作规划"一章中。这些组织说明奥曼丁格对理论叙述的组织是有机而灵活的。

第三版新增加了后政治、后结构主义、后殖民主义、非正规性等新的规划理论议题。费恩斯坦的第四版《规划理论读本》也通过增设或合并相关章节的形式，对这些新议题做出了相应的回应。

7.2.5 希利尔与希利：时间＋主题＋流派轴

希利尔与希利主编的三卷本《规划理论中的批判文集》（2008 年）是迄今为止收录论文数最多的规划理论文集，其所覆盖的空间范围和时间跨度也是所有类似文集当中最大的。两位编者同为欧美最知名的规划理论学者。其中希利是协作规划理论的提出者之一，希利尔以其对后结构主义规划理论的研究而闻名。她们以其扎实的研究功底，从浩瀚的规划理论文献当中进行挑选并划分在各个主题下，这本身就体现了编者对一个多世纪以来规划理论演进的理解——如何进行发展分期、每个阶段的主流思想及理论是什么、对当时的未来趋势如何把握。文集可置于时间＋主题＋流派轴构成的坐标系下进行分析，三卷可大致视为两位编者将理论演变分为三个时期，体现了编者的时间度规。各卷各部分主题或流派如表 7-3。

表 7-3 《规划理论中的批判文集》各卷各部分标题

第一卷 规划事业的基础	第一部分 规划理论的"工程"
	第二部分 赋予灵感的先驱
	第三部分 作为理性科学管理的规划
第二卷 政治经济学、多样性和实用主义	第一部分 批判政治经济学
	第二部分 转向多样性
	第三部分 批判实用主义
第三卷 规划理论的当代运动	第一部分 交往实践与意义的协商
	第二部分 网络、制度与关系
	第三部分 复杂的"转向"——希望、批评和后结构主义

希利尔、希利的分析主题与费恩斯坦、德菲利皮斯的相当不同。前者带有欧陆学者的理性、批判与宏观架构的特征而放眼全球,所以并未出现涉及地点的术语。而后者实质上仍基于美国背景与实践,虽然增加了南半球议题。在主题的拟定方面也带有编者本人的研究成果倾向,例如希利尔对后结构主义、费恩斯坦对正义城市及规划的侧重。

此外,希利尔与希利对三卷九个部分合著了 12 篇导言。对每一卷撰写的总序,以及对每一卷的每一部分所作的导言,一方面诠释了该卷、该部分的主题以及编者的意图,另一方面在分析每一部分主题的由来、发展与特征时,将因种种原因未被选入的文献的核心观点有机地组织进来。12 篇导言可以在一定程度上将其视为现代规划理论发展史来阅读,并已被本书作者于 2017 年以《规划理论传统的国际化释读》为名在东南大学出版社翻译出版。

7.3 主题轴及度规

哲学是科学之母,对思想与理论的探讨最终总是回归哲学怀抱。从哲学角度而论,规划理论的主题大体可分为两类:一是规划的主体,即规划本身、规划师、规划职业等等,所涉理论为法鲁迪所称的规划的理论;一是规划的客体,即规划所要处理的对象,所涉理论为城市理论。两者所涉研究内容会有交叉,因为主、客体本身就存在交互与互动。

本章在主题轴下再次探讨规划理论研究。主要探讨与规划主体相关的主题,所涉内容是本书认为贯穿规划理论近一个世纪发展的核心概念与观念。其中前四个主题涉及规划是什么——完美的模型还是一门科学、规划与政治的关系、规划与哲学和社会思潮的关系等等。后三个主题讨论做规划的人,这包括做规划、执行规划、参与规划与受规划影响的人,也包括对规划师职业伦理的探讨。本书想利用这些主题来串起前几章在哲学度规和时间度规下的各种理论之弦。

当然,一种理论其构成基础或来源通常是复杂的,其内容既包含对主体,也包含对客体的探讨,对理论理解也可以是多个视角的。所以本章采用了奥曼丁格的做法,拆解理论并根据理论不同的侧重面进行分主题论述。例如沟通规划既是理性与科学主题下晚期理性主义影响下的规划理论,又是探讨规划师角色转变的主流理论之一,所以两个主题都会涉及这一理论。上述情况构成了另一种动态的、复杂的理论研究宇宙,需要在合理的坐标系下将其阐述清楚。

7.3.1 理想主义城市模型

> 逃避式乌托邦不对外在世界做任何改变;重建式乌托邦则试图改变外在世界……好比在咨询了测量师、建筑师和建筑工人后,为满足我们的基本需求而一砖一瓦建造起来的房屋。
>
> ——芒福德《乌托邦的故事》

理想主义城市模型主要出现在 20 世纪中叶以前,确切说是城市规划思想而非城市规划理论。这一模型糅合了本书前述之乌托邦、技术至上主义、极权主义和无政府主义传统。模型之所以具有乌托邦主义的性质,是因为模型下的各种理想城市设想都以建构理想的场所、城市、城邦或国家为目标。但理想主义模型脱离了乌托邦空想或幻想性质,因为它同时具有技术主义传统,这使其具有现实性和可操作性。由于理想模型的构想者通常是个人,也因此与精英主义、权威主义甚至是极权主义联系在一起。由于模型常具有社会公有的政治形态和经济基础,常与现有的政治体制相左;而无政府主义传统却能迎合公有式政治经济制度上的要求,所以模型也常带有无政府主义特征。

多数模型以提出一个普适的城市模型为目标,要表现现代技术的力度与美感以及社会公平思想,通过改革物质环境以改变整个社会生活的手法力求解决城市方面甚至是社会方面的危机(Fishman,1982)。在这样的目标下,理想模型常呈现为一种静态的终极蓝图,对城市的建设从宏观到微观进行指导。大至整个城市的形态、小至单元住宅的设计,都一一呈现在实体模型和图纸当中。但理想模型较少考虑模型与现状的衔接,或是激进地建议摧毁现有的一切为理想模型的实施让位。所以多数模型表现为综合的通盘计划,而不是渐进式的改良;是大规模的推翻重建或辟地新建,而不是循序渐进的城市更新。

这是一个新的起点,随之建立的是在建筑师的血脉中对模式、渴望、手工业、工具、交通模式和交流的认知与感受……对他们来讲,"建造"具有特殊的意义,是建筑师对个体与群体建造责任的体现……在这种意义上,"十次小组"是一种乌托邦、一种关于现世的乌托邦,他们的目的不是理论本身而是结合实践追求,由此,现世的乌托邦才能得以实现。

——《十次小组启蒙》❹

同时具有乌托邦主义、技术主义与精英主义的人常易于成为理想主义城市模型的缔造者,其中很多是建筑师。对外不受政治的干预,对内拥有技术能力的自信,使他们能够无拘无束地建立这些象牙塔般的模型(LeGates et al.,1996)。这些缔造者有不少还是充满激情的实践者,为自己的设想能够变为现实而努力不辍。十次小组的宣言很明确地呈现了这样的"现世"乌托邦主义的倾向。芒福德在其《乌托邦的故事》(1922年)一书中将乌托邦思想分为了两类:其一是逃避式乌托邦,不想改变社会;其二是重建式乌托邦,试图在咨询测量师、建筑师等技术人员后改变外在世界(芒福德,2019)。

例如霍华德是英国的田园城市协会与田园城市有限公司的实际参与者,柯布西耶的城市规划方案遍布四大洲。本书第3章和第4章集中论述了从塞尔达直到柯布西耶的理想化思想。二战后城市规划的理想主义色彩淡薄很多,因为彼时现代城市规划不再是隶属于工程学、建筑学或景观设计的一个边界不清的领域。无论是作为一个行业、一项专业、一门学科,城市规划都已系统确立起来。

7.3.2 理性与科学

> 规划是彻头彻尾的现代性;以积极方式处理问题和解决矛盾,当然,规划恰恰是在有目的的理性这一意义上做出了解答。
> ——尼古拉斯·洛《规划、政治与国家:规划思想的政治基础》

欧美现代城市规划思想的基础之一是资本主义制度,而它的根源是围绕着理性主义的现代主义和现代性原则。理性主义思想几乎贯穿欧美规划理论发展始终,甚至在1960—1970年代的这段时期内左右了理论界,并或多或少影响了所有规划理论流派。第2章已述及理性主义的三个来源、四个发展时期、近现代的三个流派及其对规划理论的影响。其中对规划理论影响最大的是工具理性、有限理性和交往理性(图7-2)。规划理论从工具理性到有限理性与交往理性的发展,是对时代背景与高维世界的反映。

1) 规划中的工具理性

20世纪中叶在经济学、地理学、历史学等学科中爆发的计量革命,可视为工具理性从自然科学领域向人文社科领域进军的体现,导致在当时理性综合规划盛行,规划被视为达成决策目标所需的一种工具,并严格与社会、经济及文化区分开来。城市也被当成可被规划工具处理的单一、综合、整体的物质实体(Graham et al.,1999)。作为掌握专门规划知识与技能的规划师利用规划这一工具,成为官僚技术主义❺的维护者。工具理性视角下的规划理论被称为理性规划论,由法鲁迪在其《规划理论》一书中提出。其内涵是规划成为高级决策过程,是"设计出来的一整套方法,用于以某种方式提供信息以使决策更为理性"(Friedmann et al.,1974)。而决策效用的衡量,是通过利奇菲尔德等人提出的规划中的效益成本分析和规划资产

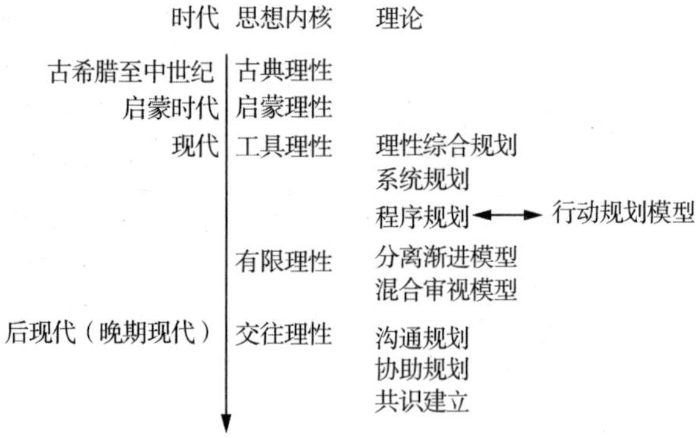

```
时代              思想内核      理论
古希腊至中世纪    古典理性
启蒙时代          启蒙理性
现代              工具理性      理性综合规划
                              系统规划
                              程序规划 ←→ 行动规划模型
                 有限理性      分离渐进模型
                              混合审视模型
后现代（晚期现代） 交往理性     沟通规划
                              协助规划
                              共识建立
```

图 7-2　城市规划思想理性主义内核与理论的发展

负债表。它对规划的成果进行量化分析，并在不同的规划方案（或计划）中进行评测与取舍。但是它忽略了规划的价值观取向和政治意识形态问题，暴露出夸大工具理性而忽略价值理性的倾向。

2）规划中的有限理性

在理性规划论发展的鼎盛时期即已出现几种从有限理性出发对之进行修正与扬弃的规划理论。这些理论重点考察现实约束条件下的决策行为、规划操作及规划目标的实现等问题，并发展出分离渐进主义、混合审视模型、行动规划模型等（表7-4）。其中，分离渐进主义是对理性综合规划的修正；混合审视模型被视为它们之间的第三条道路；行动规划模型将决策与实施进行分离，也体现了渐进的、二元的特征。不过，这些模型并未否定规划的工具理性内核，只是试图对规划这种手段或工具的合理性及有效性进行调整。而交往理性从主客体之间的理性出发思考问题，与探讨主体理性的工具理性、衡量理性程度的有限理性出发点完全不同，使新的理论得以涌现❻。

表 7-4　几种自工具理性内部对理性规划进行修正的规划模型

模型	提出者	理论来源	对理性规划的质疑	对理性规划的修正
分离渐进主义	林德布鲁姆	西蒙的有限理性、波普尔的科学方法与证伪	理性综合方法不可能做到完全理性，时间有限，也无法收集到并处理所有信息	规划必须是零碎、渐进、机会主义和务实的。在实践中规划者要使用连续的有限对照来达到现实的、短期的目标
混合审视模型	埃齐奥尼	系统论与控制论、理性主义、渐进主义	理性主义过于精确、乌托邦化、不现实；渐进主义则畏首畏尾、保守、短视、自我导向	理性主义与渐进主义调和的产物。先后采取两种视角——全方位和深入地进行审视，使备选决策的数量缩减到可实际操作的程度
行动规划模型	弗里德曼	实用主义传统、库恩的范式转换	视理性决策为线性发展过程，使规划制定和规划实施脱节	以行动（即实施）为中心的理性规划模式，把规划和实施合二为一

3) 规划中的交往理性

哈贝马斯的交往理性学说影响了沟通规划与协作规划理论的建立。在指导行为方面,理性的交往取代了由逻辑和科学构建的经验知识。这种新的合理性观念通过主体相互之间的共同努力而达成,关注规划实践并通过交流来发现目标(Healey,1996)。福雷斯特声称自己的理论来源是福柯、杜威与哈贝马斯。所以他对交往理性在规划层面的应用做了进一步的引申和发展,提出了规划中的交往伦理(communicative ethics)概念。英尼斯与希利则各自提出了协作规划理论。有学者称协作规划是宏观的沟通规划理论下的一支。

理性主义思想发展脉络与德系哲学关系密切,在它批判前人理论、奠定自身理论的同时,也在受到其他视角的质疑。同样,规划理论中也有人提倡用非理性因素如民主、公众意志、道德、伦理等去应对理性规划方法力所不及的领域。在今日,哈贝马斯关于权力扭曲了交往理性的说辞也被认为是不适用于规划实践,因为权力在决策制定与实施方面所具有的积极、富于建设性的作用被否定了(Mäntysalo,2002)。

4) 规划的科学与规划中的科学

规划渴望成为一门科学,服从科学活动之规则且信奉所有为科学界奉之为圭臬的原理。

——卡米斯《规划理论与哲学》

与规划追求理性相应的是规划的力求科学化。基布尔的首版于1952年且再版数次、影响面很广的教科书《城乡规划的原理与实践》,在第一页就强调"城乡规划或可被描述为一种技术或科学",显示出战后对将城市规划建设成为一门科学的愿望——虽然仍尊重其技术传统。20世纪中叶以来,起源于美国的规划的理性决策、分离渐进主义、混合审视、理性规划论等理论,都可归为视规划为科学的社会管理这一中心概念。科学方法是这种理性决策的核心。广义上,科学方法指一种长期的批判性探索与实践;狭义上,则指一种逻辑实证主义方法(希利尔等,2017)。

但半个多世纪过去,英国城市科学家巴蒂仍评论说,他与相关学者对什么是城市科学(a science of cities)有了共识,即它是许多科学、许多视角、许多范式中的一种,它们彼此竞争但又相互完善,以建立一个理解城市的比以往的基础更好的坚实基础。在桑切斯主编的《规划知识与研究》一书中,巴蒂撰写了"规划中的科学"(Science in Planning)一章。章名及内容致敬了法鲁迪的经典规划理论分类——规划的理论与规划中的理论。显然,巴蒂认为现在还没有规划的科学(science of planning)只有规划中的科学(science in planning)。他认为,从城市科学到规划科学,还有很长一段路要走(Batty,2017)。

启蒙精神的核心之一即认为社会科学的体系可以建造得如同自然科学那般。然而,社会科学自有一套在自身本体论指导下的方法论和研究手段,是不能够全部为自然科学手段所取代的。而城市规划或空间规划其实是自然科学与社会科学的混合物——其所研究的问题有好处理的,也有棘手的,其所使用的工具与手段也来源于很多学科,奉行"把事情搞定"的什么都行的方针。或许旨在跨越学科边界与研究范围的复杂性科学的兴起,能够为城市规划或空间规划的学科定位困惑给出一个新的解答。

7.3.3 左与右

是自由放任还是宏观调控?自现代资本主义制度建立以来,欧美国家的政治与经济路线一直在这两者之间摇摆,两种势力此消彼长。

资本主义建立初期,欧美各国奉行斯密的"看不见的手"这一命题,通过市场与分工下的自由竞争对资源进行配置。因而这一时期又被称为早期资本主义自由竞争时代。1920—1930年代的世界性经济危机,使得美国于1933年开始采取以国家干预为特征的新政来应对,强化了国家主导与控制的机能。凯恩斯则于1936年出版《就业、利息和货币通论》一书,从理论层面阐述了国家通过财政税收刺激消费与投资需求、干预经济运行的机制。以凯恩斯理论为核心的凯恩斯主义一直延续到战后全面推行福利国家制度的时期,因为大规模重建与复兴同样需要国家的宏观调控。1970年代时,布雷顿森林体系崩溃后美元持续贬值而油价上涨,又一次引发欧美国家的经济危机。但由于危机产生原因与半个世纪前不同,这一次应对危机的思路与之前倡导国家调控的思路截然相反,新自由主义与新右翼思想抬头。新自由主义的代表人物有哈耶克、诺齐克等人,基本思想是自由的社会需要自由的市场,国家的正当性来自可以创造与维持市场的运作。新右翼主义以哈耶克、美国经济学家M. 弗里德曼的思想为基础,综合了自由主义与新保守主义,在1980年代成为英美的主流。新右翼反对国家干预,国家退居二线,历史在循环往复中前进。贝尔早在1960年代就已宣称意识形态的终结❼。但1990年代以来由于政治与经济领域的"左"倾倾向,吉登斯等人认为战后共识业已达成。他们认为社会矛盾趋于缓和,左翼与右翼正在相互调和与折中在自由民主的旗帜之下。

规划思想与理论的发展与这一节律并不完全合拍。至少在20世纪下半叶以前,规划界一直坚定奉行偏右的自上而下的技术专家论或官僚技术主义,认可专家主控权❽。规划师、建筑师等技术专家遂成为城市发展政策与规划政策上有权力、有话语权的人,主导或参与拟定理性综合规划以决定城市未来。但不同国家奉行的具体政策往往不同。例如战后英国奉行严格的城市遏制政策,美国却从财政与基建上大力扶持郊区化。

1960年代时在激进运动影响下技术专家论开始分崩离析。从业专家的地位受到挑战,出现了倡导性规划、互动式规划等分析规划师技能的偏左的规划理论。1970年代经济危机时,在新马克思主义思潮下国家的宏观调控被重新提升到重要位置,规划被视为国家功能的一部分,出现了偏左的批判政治经济学倾向及新马克思主义规划理论。1980年代随着自由主义卷土重来，政治上的右翼保守势力崛起。规划的力量随国家机能一起被削弱，出现了偏右的规划土地利用模式。1990年代后，虽然欧美等国仍在新自由主义思潮影响下，但社会的日益多元化、碎片化等现象已为学者所感知。规划界出现了偏"左"的交往或沟通、协作、协商、共识等概念。21世纪以来欧美学界部分"左"倾规划理论学者呼吁重视南半球问题，来自南半球的声音、提倡鼓励南半球理论的生成，也是偏左的诉求。但2008年以来世界进入新的经济衰退周期，欧美世界在政治上有回归保守的右倾倾向。

7.3.4 后与新

20世纪出现了诸多冠之以后（post-）与新（new-，neo-）前缀的哲学术语派生词，诸如后现代主义、后结构主义、后实证主义、后福特主义、后工业主义、新马克思主义、新自由主义等。近期甚至出现了前缀+前缀的哲学术语，如后新自由主义。这些词藻或观念可视为所有第一期理论、第一期主义、第一期思想的延续、转换、扬弃、否定、发展……所有这些术语也可被笼统地概括在后现代主义的名下，因为后现代的特征就是没有特征，是包罗万象地反对现代。

然而，为了与上一代有所区别而加上的前缀，本身代表着新的概念尚未完全成型，因为很多情况下成熟的思想以提出或创造者的名字作为其称谓。譬如，为了与传统的平面的欧几里得几何（Euclidean geometry）相区别，19世纪发展起来的曲面几何以非欧几何（non-Euclidean geometry）为代称。而随着几何学的发展成熟，两者都被囊括到广义黎曼几何（Riemannian geometry）的名下。又譬如，爱因斯坦的相对论是对牛顿经典力学的质的扩大与超越，所以当前的时代才未被挂上后牛顿时代的标签。因此，后与新的前缀本身代表着形势的混沌与不明确，远未彻底成型与成熟。

如今在研究中"范式转换"一词异常火爆，很多不彻底的变化都在向错误地比作范式转换，以后现代为首的不少新观念都被当作新范式。规划理论领域也出现了许多带有后与新哲学词汇的理论名词，如1970年代的新马克思主义规划、1980年代的后现代主义规划、1990年代以后的后结构主义规划、21世纪以来规划中的后政治、后殖民主义、后人类主义等。但这些新的规划思想也是破而未立，并未完全建立起新的体系与机制。不过，复杂性学科的飞速发展、人工智能的临近奇点，或许能助推规划形成新范式。

7.3.5 规划师的地位与职责

对规划师职责与地位的思考属于规划理论本位论。其中，规划师的职责涉及规划师的道德伦理、价值规范等,属于规划从业者自身判断的问题,而规划师的地位涵盖规划从业者的社会定位问题,即他人眼中的规划师是怎样的。

1) 规划师的地位与身份

虽然现代城市规划作为一门行业与学科已产生一个世纪之久,但学习与充任规划师的人仍然背景不一、来源广泛。不过,规划从业人员的队伍中建筑师、工程师等技术专家出身的人仍占很大比重。时至今日,工程技能方面的训练在城市规划教育与训练中仍占据不少时数。

规划师在专业培训下掌握的专业技能造就了规划人员的技术专家身份,因为他们的学识与能力是经过教育与训练的、是本行业独有的。而启蒙时期传承下来的"理性与科学知识是认识与改造自然的必要手段"这一信条,使规划行业人士自觉或不自觉地带有技术精英的意识,认为只有他们凭借专门的规划手段才能解决城市中的问题。福柯有关权力与知识之间关系的见解,也说明了规划师这种权威意识的根源是其所掌握的专业知识。

这种情况在二战以后的高速、大量的物质建设年代里表现得十分突出,与此同时反技术本位思想开始萌芽。例如雅各布斯就在其脍炙人口的著作中辛辣讽刺了规划和规划师的工作,并以外行人的身份提出了城市规划的新观点。这可能是规划师的权威首次受到无法规避的挑战。其后,戴维多夫以内行身份挑战规划权威,分析规划的多元性并重新定位规划师。里应外合之下,规划师的权力及知识的专业性均受到质疑。

戴维多夫认为规划者要类似律师那样为公众代言,使规划师仍具有半技术专家的身份。而1980年代末以来的沟通规划理论将规划师的专业人士身份进一步剥离,因为这种理论提倡规划师与规划所涉及的各利益群体平起平坐地讨论。即使弗里德曼认为这种平等只局限在局部和地方层面上,它毕竟也是一种改善。

希利尔与希利在《规划理论中的批判文集》一书当中对规划师身份的三阶段变化进行了总结。她们认为第一阶段即20世纪初期,规划师是向政客、管理者指出进步、开明世界道路的引导者。规划师用社会营造和城市营造思想,凸显自己的现代运动引领者的身份。到了20世纪中期的第二阶段,这种福音传教士般的自信已大大减弱。规划师游离于政治世界外,但仍受代议民主制合法性的制约。规划师成为社会价值与目标的技术转变者,其正统性由专业技术和对政治家的责任来保证。到了1980年代的第三阶段,规划师在不同情况中可以拥有不同身份,可以是调停人、调整者、促进者、催化剂、关注力的调动者(mobilizers of attention)、共同设计者、分析员、倡导者、实践者等。

2) 规划师的职责及规划中的民主建构

规划师的地位与职责这一主题下的规划理论发展,可以视为规划师在规划过程中发挥作用的渐变进程,即从决定、辩护,到协商与合作。其中隐含的是欧美社会对民主之含义的不断思考、探查、实验和反思，以及从代议民主制（representative democracy）向参与民主制（participative democracy）的过渡。欧美的现代民主观念扎根于古希腊思想并萌芽于启蒙时代，民主的发展是欧美现代化进程中的核心议题之一。规划师的地位与职责这一主题即围绕民主议题展开，其中可以看到官僚技术主义的建立、动摇与崩解。

公众的角色在这一过渡中也有变化。在代议民主制中，公众对于决策者做出的决议如规划师的规划方案，除了在决议完成后的被告知的权利外尚有建议权。但这些都属于比较被动的权利，公众没有话语权，无权干涉策略的制定。而在参与民主制中，公众可以参加到决策当中来，这的确是民主的一种理想形式。阿恩斯坦于1969年发表的文章又将从代议民主到参与民主之间的光谱进行细分，提出了公民参与阶梯理论，为规划中的民主做出了理性推导。

参与民主制比代议民主制更接近民主的精髓，是民主发展的一个新阶段。当然在实施过程中仍存在很多问题，例如所有公众并非对所有公共事物之决策都有参与的兴趣。同时，代议民主制与参与民主制仍有不少共同的基础，例如竞争政党、定期选举、政治代表等（Held，1987），这些都表明参与民主制目前仍无法完全置换代议民主制。在规划领域同样如此，虽然一直在强调规划师只对客户起建议与辅助的作用，而话要由客户自己来说，决策要由客户自己来做，规划师是各方利益的协调者。但很多时候，规划师的技术专家身份仍然让他们的意见在决策过程中起到引导甚至决定性作用，民众的意愿则受到忽略或不予考虑。这些是规划发展中一直存在的问题，规划理论研究需要提出更具建构性的见解以改变这一现状。

7.3.6 社会公正与各方利益

规划如何体现社会公正？什么是公共利益？规划师如何协调各方利益？这些问题在规划界一直争论不休。在现代城市规划早期阶段，规划师一直以自身的客观、公正、不偏不倚而自豪。他们标榜自己代表着公众的利益、在为大众谋福祉，其职业道德之核心或者说规划者的首要职责，是为公共利益服务（Campbell et al.，2003b）。然而，在何为公共利益的探讨下，规划师的中性色彩也开始受到怀疑。是否存在所有人都公认的公共利益？如果各方利益不统一甚至是截然相反，那么规划师体现的是谁的利益？戴维多夫认为，如同律师代表官司客户的利益，规划师也要体现并倡导规划客户的利益，于是提出了倡导性规划（Davidoff，1965）。注意，这里已经不再是全体的利益，而是规划师为之服务的人的利益。福雷斯特认为，规划师也不能为客户代言，而是要在与客户的沟通中让客户自己站出来说话，于是出现了沟通规划（Forester，1989）。

从规划理论中对公众利益乃至客户利益的解读可以看出，想要实现社会公正,就要让不同的利益群体参加到决策当中来,而不是由某一方(权力者)说了算,不是由某几方(出资者)说了算,也不是由他人(规划师)代言。从这一解读还可看出理论学者对公众与利益相关方的知识能力的思考,即从被规划师教育专业知识的对象,到具备本地知识、具有一定经历、掌握一定经验从而有充足理由与正当而合理的身份参与规划过程的主体。这无疑都是非常重要的理论认知转变。

欧美知识界有关公正、正义、公平的思考源远流长。而在规划的领域内思索这一问题,意味着如何在城市社会与城市空间中体现公正,仍将是未来规划理论的主要研究方向之一(Fainstein,2000)。激进的民主主义者认为,要实现公正,需要让从前被排斥在权力圈之外的人加入权力决策当中来,而政治经济论者则考虑公正原则之下的资源与利益分配。桑德考克作为规划理论研究中偏激进的学者,认为公正的或正义城市理论注重相对缺乏权力的团体在决策中的参与,以及结果的公平。

不过,对于自1960年代以来一直长盛不衰的为弱势及少数族群呼吁及倡导的浪潮,20世纪末却有一种回流的趋势,即希望不要矫枉过正,不要成为反对多数派(anti-majoritarian)。因为这反而压制了在欧美社会中占多数的中层阶级的利益,因为他们才是社会的中坚。《规划理论读本》的编者之一的费恩斯坦主张,企业家制度既提供了社会福利又确保了社会财富的增加,未来不仅是要维护穷人的权利,更重要的是要把中产阶级纳入到考虑中。

上述探讨表明关于社会公正的讨论绕了一个圈似乎又回到原点。新的问题被不断抛出,甚至超出了人的范围而拓展到非人。如何使社会各个层级❾、各个发展方向的人,其权益、其发展权都能够得到最大限度的发挥?如何才能体现机会均等❿的原则,因为它是最可能实现的社会公平?推而广之,如何使地球上的其他物种也同人类一样享有同等之生存权?规划理论当中对于规划中的他者(others)的探讨在尝试回答这些问题。

7.3.7 他者:阶级、种族与性别

规划理论研究中对他者这一主题的探讨大体出现于20世纪中叶以后,与一元中心论、二元对立论以及现代性原则逐渐式微的时代总体趋势相吻合。他者的对应是"我"与"你",或者"我们"与"你们",背后是后现代主义所提倡的多元化或者说是多样性原则。他者是指与"你"和"我"不同的人,包括被边缘化的群体、少数派和弱势群体——下层阶级、有色人种、女性、性少数群体(也叫彩虹族群,英文简称LGBT)、残疾人等。规划理论学者主要从阶级、种族与性别这三个角度来界定某种他者。强调他者,是对居统治地位的意识形态、思潮、观念的一种挑战、反抗、怀疑和否定。

规划理论中,他者与弗里德曼的规划中的激进传统(radical tradition in planning)关系密切。这一传统包括无政府主义、乌托邦思想、批判理

论、马克思主义、女权主义等等，认为这些思想倾向具有一个共同特征，即寻求自身的解放，寻求权力重组以使社会变得更为和平、公正、人道与团结(Friedmann, 1987)。其中比较具有代表性的观点是桑德科克提出的叛逆规划(insurgent planning)。她认为需要以叛逆规划来代替旧的规划模式，对现代大都市的未来、后现代乌托邦的国际都市进行规划，从而确保城市的多样性。叛逆规划的基石是拓展规划语汇、多元化的认识论，以及多样性的变革政治学(Sandercock, 1998b)，只有这些，才能够使那些被工具理性长期压制的价值、意义、文化等非理性因素在城市的塑造过程中重新发挥作用。

1960年代的人权、种族权、女权主义等各种激进运动推动了规划理论的他者主题出现。这些激进运动以反文化(counter-culture)和反主流社会为标志，强调不同于主流——男性、中产、白人——的其他人、阶层与种族的权益。此时规划理论中的他者以规划客户、利益相关者的身份出现。1990年代以来规划理论再次关注他者主题。这一时期理论研究中的他者正努力形成与曾经的主流相当的力量，因而两者之间的冲突(conflict)与对话(dialogue)等词汇频繁出现在理论探讨中。希利尔就在《超越共识的争胜：为何哈贝马斯的理念无法实现》一文中指出，规划实践中的利益相关方常常会具有多元的、无法彻底归一的价值观与利益诉求，这些都需要在决策及规划过程当中得到反映。瓜里尼等人编纂的《城市中的冲突：引起争议的城市空间与地方民主》一书也认为，在规划理论研究中冲突常被视为一种需要消解的问题，其所具有的建构性和变革性力量却被忽视。也有学者根据法国社会学及哲学家墨菲的争胜多元主义(agonistic pluralism)思想建构规划理论，其特征是尊重差异与冲突的存在。

如果说，他者主题出现时人们追求的是政治权利与经济利益上平等，那么他者被再次重视时，寻求的是文化认同基础上的不同或差异。众生平等一直是人类的梦想，然而正因为其是理想，所以注定无法完全实现。因为世界上没有两个人是完全一样的，所以妄谈平等只能是种理想主义。切实可行的平等是在认可差异前提下的平等，即为各种不同的人、不同的群体提供有利于其生存的环境与机会，而不是以某一个或一群居主导地位的人的状况为标准，以此来要求和规定其他所有的人。

在欧美的规划理论研究中，各式各样的他者当中有两类人群受到格外的重视。其一是黑人——传统而古老的社会问题研究对象。在研究当中，黑人已经成为被白人(优势群体)剥削压迫的典型。然而当代美国社会的情况与过去已大有不同，黑人内部早已发生分化，上层非裔美国人在社会各个领域都取得了卓著的成就与地位，并不亚于白人。因此研究的焦点主要在黑人社区及由贫困黑人引起的种种社会问题上。其二是因性与性别因素而凸显出来的女性与性少数群体。这一主题随着1960年代的激进运动而出现在社会学等学科的研究中，自1970年代以来一直是社会问题研究的核心之一。1980年代以来的规划理论探讨中，它也是不会缺位的一个讨论主题。

7.4 走向 M 理论：规划理论研究面临的挑战

处于 21 世纪，已经能够对 16 世纪以来的每个世纪都大体归纳出一个特征——文艺复兴的 16 世纪，启蒙时代的 17 世纪，工业时代的 18 世纪，浪漫与民主的 19 世纪，20 世纪的标签或许为现代。进行时的 21 世纪已经有后政治、后殖民、后人类、逆全球化等标签。

皮特尔斯在《对全球化进行分期：全球化的各种历史》（2012 年）一文中，概述了全球化起点及分期的各种观点，涉及十个学科门类的短、中、长计三大类，起点则从 1980 年代到公元前 4000 年都有。政治经济学上，全球化是 15 世纪大航海时代与地理大发现以来人类社会发展的总体倾向之一。但全球化过程也是欧美不断树立自身的世界中心形象，对非欧美地区进行殖民与掠夺的过程。汤因比在生前最后一部著作《人类与大地母亲》（1973 年）中就已预见到地区性主权国家和全球一体化之间的矛盾，并认为这是人类当前困境之症结所在。全球性（globality）与地方性（locality）的矛盾及冲突并不限于政治领域，其波及面深远而广阔。经济上的全球化带来文化与意识方面的全球化倾向，在一呼万应的偶像号召、铺天盖地的广告媒体宣传等方式下欧美文化在侵袭其他地区性文化，许多古老的、地方的传统有消失殆尽的可能。物种上，人类在地球上的霸权式存在威胁到所有其他物种的生存，导致地球上物种的多样性在快速降低。语言上，几种国际性语言的全球性使用，使不少地方性的、少数民族语言逐渐失传。提倡地方性、提倡多元化，是抵御欧洲中心化下的全球化不利影响的利器。

英国社会学家罗伯森提出全球在地化或全球本土化（glocal）概念，探讨全球与地方的互动以及地方性在融入全球性的同时保持自身的特质与传统。欧美地区作为地方（local）的一部分，虽然曾经在大航海时代以后的几百年里通过殖民与技术领先而制造了欧洲中心主义，但在从全球化到区域化、地方化的 21 世纪也面临来自欧美世界内部和欧美以外其他文明的挑战，对 20 世纪中期以来形成的欧美规划理论造成了很大冲击。本书认为，欧美理论未来会面临两个挑战：其一是形成于欧洲中心时代的理论在面对冲击时的适应与改变问题；其二是复杂性科学涌现下新的规划理论如何生成的问题。如果能够积极回应这些挑战，或许全球的规划理论研究能够实现从早期的玻色子弦论到 M 理论的飞跃。

第 7 章注释

❶ 人类所处的时空受时间之箭的制约，是一个不可逆的单向发展过程。一位史学家甚至主张，按照史实发生的先后顺序对它进行罗列与叙述，本身就包含着事物发生的因果规律在其中，按时间先后次序来记述就是最好的解释、最好的历史规律。

❷ 在遵循大陆法系的国家中,古罗马法、古日耳曼法和拿破仑民法又分别施加了不同的影响。罗马法的特征是法律、判例与法理并重;日耳曼法的特征是团体本位、具体而不抽象;19世纪初制定的拿破仑法在罗马法的基础上增加了人权的内容。

❸ 单一制国家之间的差异也比较大。其中南欧国家中以法国为最纯粹的典型,但与中央集权的君主立宪制的英国又不同。以英国为代表的单一制国家的中央与地方分级格外明晰,中央权力很大,地方权力则受到诸多约束。与之相比,北欧国家显得混杂而灵活,既吸取了其他类别的特长又保有北欧风格,地方上自给自足,同时受到中央的监督。

❹ 此处采用了朱渊的著作《现世的乌托邦:"十次小组"城市建筑理论》(东南大学出版社,2012年)一书中对《十次小组启蒙》的译文。

❺ 官僚技术主义是与个人精英主义及极权主义相联系的一个概念,同样是随着工具理性在意识形态中的扩散而在整个现代化进程中深入人心。推崇技术的结果是掌握了技术的专家或专业人士,以及管理官僚决定了话语及发言权,民众只有选择——在由他们决定的各种决策中——和被告知的权利。

❻ 最近的理论研究认为,有限理性的根基并非不完全信息,而在根本不确定性。根本不确定性的概念由美国经济学家奈特于1921年提出,近年来一些经济学者对此进行了进一步的研究。这种不确定性不仅指外部环境的不确定性,还指人们在决策互动中的不确定因素。这样一来,不确定有限理性又与交往理性产生了关联。

❼ 意识形态的终结,英文原文为end of ideology。由于《圣经》中预言末日大审判,所以欧美人有很深的危机意识,认为末日随时都会到来,因而喜爱使用"终结"一词。1980年代在史学界也有学者在宣扬历史的终结。

❽ 这也是为什么霍华德的社会民主思想内核被丢弃,只有田园城市的外形被保留并广为流传的原因——当时的语境并不适合霍华德的无政府民主社会的建立。

❾ 如果使用层级(hierarchy)概念会使某些人不快——因为它代表了阶级差别——的话,那么或许不同方向的说法比较中性一些,更易于为人所接受。

❿ 均等的含义有三层:结果均等、机会均等和政治权利均等。

人名中外对照

说明:本部件的人名包含简称和详称,在行文中统一采用简称。

A

阿多诺:详称西奥多·W. 阿多诺(Theodor W. Adorno)
阿恩斯坦:详称雪莉·阿恩斯坦(Sherry Arnstein)
阿尔伯斯:详称 G. 阿尔伯斯(Gerd Albers)
阿尔布雷切特:详称路易斯·阿尔布雷切特(Louis Albrecchts)
阿尔都塞:详称路易·皮埃尔·阿尔都塞(Louis Pierre Althusser)
阿尔特曼:详称雷切尔·阿尔特曼(Rachelle Alterman)
阿尔托:详称阿尔瓦·阿尔托(Alvar Aalto)
阿芬那留斯:详称理查德·阿芬那留斯(Richard Avenarius)
埃克隆德:外文为 Ekelund
埃齐奥尼:详称阿米泰·埃齐奥尼(Amitai Etzioni)
埃斯特林:详称索尔·埃斯特林(Saul Estrin)
艾伯克隆比:详称帕特里克·艾伯克隆比(Patrick Abercrombie)
艾达思:详称迈克尔·艾达思(Michael Aidas)
艾略特:详称约翰·艾略特(John Elliot)
艾舍尔:详称莫里茨·科内利斯·艾舍尔(Maurits Cornelis Escher)
爱默生:详称拉尔夫·沃尔朵·爱默生(Ralph Waldo Emerson)
爱因斯坦:详称阿尔伯特·爱因斯坦(Albert Einstein)
安德里亚:详称约翰·凡·安德里亚(Johann Valentin Andreæ)
昂温:详称雷蒙德·昂温(Raymond Unwin)
奥德姆:详称霍华德·奥德姆(Howard Odum)
奥伦:详称乌诺·奥伦(Uno Åhrén)
奥曼丁格:详称菲利普·奥曼丁格(Philip Allmendinger)
奥姆斯特德:详称弗雷德里克·劳·奥姆斯特德(Frederick Law Olmsted)
奥斯曼:详称乔治-欧仁·奥斯曼(Georges-Eugène Haussmann)

B

巴达克:详称尤金·巴达克(Eugene Bardach)
巴蒂:详称迈克尔·巴蒂(Michael Batty)
巴赫:详称约翰·塞巴斯蒂安·巴赫(Johann Sebastian Bach)
巴枯宁:详称米哈伊尔·亚历山德罗维奇·巴枯宁(Mikhail Alexandrovich Bakunin)
巴雷特:详称苏珊·巴雷特(Susan Barrett)
巴奈特:外文为 Barnett
巴特:详称罗兰·巴特(Roland Barthes)

巴托克:详称亚诺什·巴托克(Béla Viktor János Bartók)
白金汉:详称詹姆斯·希尔克·白金汉(James Silk Buckingham)
白兰士:详称保罗·维达尔·德·拉·白兰士(Paul Vidal De La Blache)
柏拉图:外文为 Plato
班菲尔德:详称爱德华·班菲尔德(Edward Banfield)
鲍德里亚:详称让·鲍德里亚(Jean Baudrillard)
鲍尔丁:详称肯尼斯·E.鲍尔丁(Kenneth E. Boulding)
鲍迈斯特:详称莱茵哈德·鲍迈斯特(Reinhard Baumeister)
贝尔:详称丹尼尔·贝尔(Daniel Bell)
贝尔夫人:外文为 Lady Bell
贝拉米:详称爱德华·贝拉米(Edward Bellamy)
贝林顿:详称西蒙·贝林顿(Simon Berington)
贝纳沃罗:详称莱昂纳多·贝纳沃罗(Leonardo Benevolo)
贝塔朗菲:详称路德维希·冯·贝塔朗菲(Ludwig Von Bertalanffy)
本帕顿:详称罗伯特·本帕顿(Robert Pemberton)
本雅明:详称瓦尔特·本雅明(Walter Benjamin)
毕达哥拉斯:外文为 Pythagoras
边沁:详称杰里米·边沁(Jeremy Bentham)
波尔约:详称亚诺什·波尔约(János Bolyai)
波伏娃:详称西蒙·德·波伏娃(Simone De Beauvoir)
波普尔:详称卡尔·波普尔(Karl Popper)
波图戈里:详称胡瓦尔·波图戈里(Juval Portugali)
玻尔兹曼:详称路德维希·玻尔兹曼(Ludwig Boltzmann)
伯恩斯:详称爱德华·麦克纳尔·伯恩斯(Edward McNall Burns)
伯恩斯坦:详称爱德华·伯恩斯坦(Eduard Bernstein)
伯吉斯:详称欧内斯特·W.伯吉斯(Ernest W. Burgess)
伯纳姆:详称丹尼尔·伯纳姆(Daniel Burnham)
伯切尔:详称罗伯特·W.伯切尔(Robert W. Burchell)
勃特勒:详称塞缪尔·勃特勒(Samuel Butler)
博兰:详称理查德·S.博兰(Richard S. Bolan)
博任纳:详称尼尔·博任纳(Neil Brenner)
布迪厄:详称皮埃尔·布迪厄(Pierre Bourdieu)
布尔斯:详称查尔斯·布尔斯(Charles Buls)
布赫:详称大卫·E.布赫(David E. Booher)
布坎南:详称科林·布坎南(Colin Buchanan)
布莱尔:详称安东尼·查尔斯·林顿·布莱尔(Anthony Charles Lynton Blair)
布朗:详称丹尼丝·司各特·布朗(Denise Scott Brown)
布朗·M:详称莫里斯·布朗(Maurice Brown)
布劳克兰德:详称泰尔加·布劳克兰德(Talja Blokland)
布雷布鲁克:详称戴维·布雷布鲁克(David Braybrooke)

布里克蒙:详称让·布里克蒙(Jean Bricmont)
布鲁克斯:详称迈克尔·布鲁克斯(Michael Brooks)
布鲁尼拉:详称比尔格·布鲁尼拉(Birger Brunila)
布罗迪:详称莫里斯·布罗迪(Maurice Broady)
布思:详称查尔斯·布思(Charles Booth)

C

查德威克:详称乔治·查德威克(George Chadwick)
彻里:详称戈登·E. 彻里(Gordon E. Cherry)

D

达尔文:详称查尔斯·罗伯特·达尔文(Charles Robert Darwin)
达莱:详称德尼·维拉斯·达莱(Denis Vairasse D'Allais)
戴高乐:详称夏尔·戴高乐(Charles De Gaulle)
戴维多夫:详称保罗·戴维多夫(Paul Davidoff)
丹尼斯:详称诺曼·丹尼斯(Norman Dennis)
丹下健三:外文为 Kenzo Tange
道格拉斯:详称迈克·道格拉斯(Mike Douglass)
道格拉斯·李:外文为 Douglas Lee
道萨迪亚斯:详称康斯坦丁诺斯·道萨迪亚斯(Constantinos A. Doxiadis)
德菲利皮斯:详称詹姆斯·德菲利皮斯(James DeFilippis)
德勒兹:详称吉尔·德勒兹(Gilles Deleuze)
德里达:详称雅克·德里达(Jacques Derrida)
德罗:详称格特·德罗(Gert De Roo)
狄更斯:详称查尔斯·狄更斯(Charles Dickens)
狄拉克:详称保罗·狄拉克(Paul Dirac)
蒂里翁:详称埃米尔·蒂里翁(Emile Thirion)
杜安伊:详称安德鲁·杜安伊(Andres Duany)
杜波依斯:详称威廉·爱得华·伯格哈特·杜波依斯(W. E. B. Dubois)
杜能:详称约翰·冯·杜能(Johann Von Thunnen)
杜威:详称约翰·杜威(John Dewey)

E

恩格斯:详称弗里德里希·恩格斯(Friedrich Engels)

F

法鲁迪:详称安德里亚斯·法鲁迪(Andreas Faludi)
法斯宾德:详称尤金·法斯宾德(Eugen Fassbender)
菲尔普斯:详称尼古拉斯·A. 菲尔普斯(Ncholas A. Phelps)
费恩斯坦:详称苏珊·费恩斯坦(Susan Fainstein)

费里奇:详称西奥多·费里奇(Theodor Fritsch)
费曼:详称理查德·费曼(Richard Feynman)
费希尔:详称罗纳德·费希尔(Ronald Fisher)
费耶阿本德:详称保罗·费耶阿本德(Paul Feyerabend)
芬伯格:详称安德鲁·芬伯格(Andrew Feenberg)
冯·诺依曼:详称约翰·冯·诺依曼(John Von Neumann)
弗兰姆普敦:详称肯尼斯·弗兰姆普敦(Kenneth Frampton)
弗雷泽:详称爱德华·F. 弗雷泽(Edward F. Frazier)
弗里丹:详称贝蒂·弗里丹(Betty Friedan)
弗里德曼:详称约翰·弗里德曼(John Friedman)
弗里德曼·M:详称米尔顿·弗里德曼(Milton Friedman)
弗里斯通:详称罗伯特·弗里斯通(Robert Freestone)
弗罗斯特鲁斯:详称西格德·弗罗斯特鲁斯(Sigurd Frosterus)
弗洛伊德:详称西格蒙德·弗洛伊德(Sigmund Freud)
福柯:详称米歇尔·福柯(Michel Foucault)
福雷斯特:详称约翰·福雷斯特(John Forester)
福赛斯:详称安·福赛斯(Ann Forsyth)
福尚:详称约翰·亨利·福尚(John Henry Forshaw)
傅立叶:详称夏尔·傅立叶(Charles Fourier)
富奇:详称柯林·富奇(Colin Fudge)

G
盖茨·A:详称亚历山大·盖茨(Alexander Gates)
盖茨·B:详称比尔·盖茨(Bill Gates)
甘斯:详称赫伯特·甘斯(Herbert Gans)
冈萨雷斯:详称费利佩·冈萨雷斯(Felipe González)
高夫:详称伊恩·高夫(Ian Gough)
高斯:详称约翰·卡尔·弗里德里希·高斯(Johann C. F. Gauss)
戈特:详称塞缪尔·戈特(Samuel Gott)
戈特曼:让·戈特曼(Jean Gottmann)
哥德尔:详称库尔特·哥德尔(Kurt Gödel)
格迪斯:详称帕特里克·格迪斯(Patrick Geddes)
格拉斯:详称露丝·格拉斯(Ruth Glass)
格里格·杨:外文为 Greg Young
格林:详称布赖恩·R. 格林(Brian R. Greene)
贡德:详称迈克尔·贡德(Michael Gunder)
古德菲尔德:详称戴维·R. 古德菲尔德(David R. Goldfield)
瓜尔迪亚:详称曼努埃尔·瓜尔迪亚(Manuel Guárdia)
瓜里尼:详称恩里克·瓜里尼(Enrico Gualini)

H

哈贝马斯:详称尤尔根·哈贝马斯(Jürgen Habermas)
哈德逊·B:详称巴克莱·哈德逊(Barclay Hudson)
哈德逊·W:详称威廉·哈德逊(William Hudson)
哈丁:详称艾伦·哈丁(Alan Harding)
哈格:详称克里夫·哈格(Cliff Hague)
哈肯:详称赫尔曼·哈肯(Herman Haken)
哈里森:详称菲利普·哈里森(Philip Harrison)
哈里斯:详称昌西·D. 哈里斯(Chauncy D. Harris)
哈林·K:详称凯斯·哈林(Keith Haring)
哈林·M:详称迈克尔·哈林(Michael Harrington)
哈林顿:详称詹姆斯·哈林顿(James Harrington)
哈罗:详称迈克尔·哈罗(Michael Harloe)
哈塞尔斯伯格:详称比阿特丽克斯·哈塞尔斯伯格(Beatrix Haselsberger)
哈维:详称戴维·哈维(David Harvey)
哈耶克:详称弗里德里希·哈耶克(Friedrich Hayek)
海登:详称多洛蕾丝·海登(Dolores Hayden)
海尔卡:详称西奥多·海尔卡(Theodor Hertzka)
海斯:详称丹尼斯·海斯(Dennis Hayes)
豪伊:详称弗雷德里克·克莱姆森·豪伊(Frederic Clemson Howe)
赫钦生:详称乔治· A. 赫钦生(George A. Higginson)
赫歇尔:详称路德维希·赫歇尔(Ludwig Hercher)
赫胥黎:托马斯·亨利·赫胥黎(Thomas Henry Huxley)
黑凯:详称华尔德· P. 黑凯(Wald P. Heckey)
亨德勒:详称苏·亨德勒(Sue Hendler)
侯世达:详称道格拉斯·理查·郝夫斯台特(Douglas Richard Hofstadter)
霍布斯鲍姆:详称艾瑞克·霍布斯鲍姆(Eric Hobsbawm)
霍尔:详称彼得·霍尔(Peter Hall)
霍尔·T:详称托马斯·霍尔(Thomas Hall)
霍华德:详称埃本尼泽·霍华德(Ebenezer Howard)
霍金:详称斯蒂芬·威廉·霍金(Stephen William Hawking)
霍克:详称查尔斯·霍克(Charles Hoch)
霍克海默:详称马克斯·霍克海默(Max Horkheimer)
霍斯福尔:详称托马斯·霍斯福尔(Thomas Horsfall)
霍伊特:详称霍默·霍伊特(Homer Hoyt)
基布尔:详称刘易斯·基布尔(Lewis Keeble)
基弗:详称基弗安塞姆·基弗(Anselm Kiefer)

J

吉伯德:详称弗雷德里克·吉伯德(Frederick Gibberd)

吉登斯：详称安东尼·吉登斯(Anthony Giddens)
吉利根：详称卡罗尔·吉利根(Carol Gilligan)
加来道雄：外文为 Michio Kaku
加罗：详称约耳·加罗(Joel Garreau)
加洛韦：详称托马斯·D. 加洛韦(Thomas D. Galloway)
加涅：详称托尼·加涅(Tony Garnier)
加塞特：详称奥特加·加塞特(Ortega Gasset)
加塔利：详称费利克斯·加塔利(Félix Guattari)
杰斐逊：详称托马斯·杰斐逊(Thomas Jefferson)

K

卡贝：详称艾蒂安·卡贝(Etienne Cabet)
卡尔纳普：详称鲁道夫·卡尔纳普(Rudolf Carnap)
卡尔索普：详称彼得·卡尔索普(Peter Calthorpe)
卡伦：详称戈登·卡伦(Gordon Cullen)
卡米斯：详称马里奥斯·卡米斯(Marios Camhis)
卡森：详称蕾切尔·卡森(Rachel Carson)
卡斯特尔：详称曼纽尔·卡斯特尔(Manuel Castells)
卡斯托里亚迪斯：详称内利乌斯·卡斯托里亚迪斯(Cornelius Castoriadis)
卡塔拉诺：详称阿勒亚德莉娜·卡塔拉诺(Alejandrina Catalano)
凯恩克罗斯：详称弗朗西斯·凯恩克罗斯(Frances Cairncross)
凯恩斯：详称约翰·梅纳德·凯恩斯(John Maynard Keynes)
凯勒：详称苏珊娜·凯勒(Suzanne Keller)
坎贝尔：详称司各特·坎贝尔(Scott Campbell)
康帕内拉：详称托马索·康帕内拉(Tomasso Campanella)
考克伯恩：详称辛西娅·考克伯恩(Cynthia Cockburn)
柯布西耶：详称勒·柯布西耶(Le Corbusier)
柯林·罗：外文为 Colin Rowe
科特：详称弗瑞德·科特(Fred Koetter)
克拉姆：详称拉尔夫·亚当斯·克拉姆(Ralph Adams Cram)
克莱因：详称菲利克斯·克莱因(Felix Klein)
克里尔：详称莱昂·克里尔(Léon Krier)
克里斯泰勒：详称瓦尔特·克里斯泰勒(Walter Christaller)
克林顿：详称威廉·杰斐逊·克林顿(William Jefferson Clinton)
克鲁岑：详称保罗·克鲁岑(Paul Crutzen)
克鲁姆霍尔茨：详称诺曼·克鲁姆霍尔茨(Norman Krumholz)
克鲁泡特金：详称皮奥奇·阿列克谢耶维奇·克鲁泡特金(Pyotr Alekseyevich Kropotkin)
孔德：详称奥古斯特·孔德(Auguste Comte)
库茨：详称安吉拉·伯德特·库茨(Angela Burdett Coutts)

库恩:详称托马斯·S. 库恩(Thomas S. Kuhn)
库利:详称查尔斯·霍顿·库利(Charles Horton Cooley)
昆兹曼:详称克劳斯·R. 昆兹曼(Klaus R. Kunzmann)

L

拉伯雷:详称弗朗索瓦·拉伯雷(François Rabelais)
拉卡托斯:详称伊姆雷·拉卡托斯(Imre Lakatos)
拉康:详称雅克·拉康(Jacques Lacan)
拉萨尔:详称斐迪南·拉萨尔(Ferdinand Lassalle)
拉斯金:详称约翰·拉斯金(John Ruskin)
拉图尔:详称布鲁诺·拉图尔(Bruno Latour)
拉兹洛:详称欧文·拉兹洛(Ervin Laszlo)
莱纳:详称托马斯·莱纳(Thomas Reiner)
莱普金:详称切斯特·莱普金(Chester Rapkin)
赖特:详称弗兰克·劳埃德·赖特(Frank Lloyd Wright)
赖特·H:详称亨利·赖特(Henry Wright)
郎特里:详称本杰明·西伯姆·朗特里(Benjamin Seebohm Rowntree)
勒盖茨:详称理查德·T. 勒盖茨(Richard T. LeGates)
勒格兰德:详称朱利安·勒格兰德(Julian Le Grand)
勒纳:详称罗伯特·E. 勒纳(Robert E. Lerner)
勒沃:详称路易·勒沃(Louis Le Vau)
雷恩:详称克里斯托弗·雷恩(Christopher Wren)
雷克吕:详称雅克·埃利泽·雷克吕(Jacques Élisée Reclus)
雷克斯:详称约翰·雷克斯(John Rex)
黎曼:详称波恩哈德·黎曼(Bernhard Riemann)
里德:详称埃里克·里德(Eric Reade)
里德雷:详称 B. K. 里德(B. K. Ridley)
里根:详称罗纳德·威尔逊·里根(Ronald Wilson Reagan)
里士满:详称威廉·布莱克·里士满(William Blake Richmond)
里斯:详称雅各布斯·里斯(Jacob Riis)
里特尔:详称霍斯特·里特尔(Horst Rittel)
理查德逊:详称本杰明·理查德逊(Benjamin Ward Richardson)
利奥波德二世:外文为 Leopold II
利奥塔:详称让-弗朗索瓦·利奥塔(Jean-Francois Lyotard)
利奇菲尔德:详称纳撒尼尔·利奇菲尔德(Nathaniel Lichfield)
廖什:详称奥古斯特·廖什(August Lösch)
列斐伏尔:详称亨利·列斐伏尔(Henri Lefebvre)
林德布鲁姆:详称查尔斯·林德布鲁姆(Charles Lindblom)
林奇:详称凯文·林奇(Kevin Lynch)
卢卡奇:详称格奥尔格·卢卡奇(Georg Lukács)

卢梭:详称让-雅克·卢梭(Jean-Jacques Rousseau)
罗巴切夫斯基:详称基尼古拉·罗巴切夫斯基(Nikolai Lobachevsky)
罗宾斯:详称斯蒂芬·P. 罗宾斯(Stephen P. Robbins)
罗伯森:详称罗兰·罗伯森(Roland Robertson)
罗蒂:详称理查德·罗蒂(Richard Rorty)
罗尔斯:详称约翰·罗尔斯(John Rawls)
罗奇:详称蒂斐涅·德·拉·罗奇(Tiphaigne De La Roche)
罗斯福:详称富兰克林·德拉诺·罗斯福(Franklin Delano Roosevelt)
罗素:详称伯特兰·罗素(Bertrand Russell)
洛克:详称约翰·洛克(John Locke)
洛伦茨:详称爱德华·诺顿·洛伦茨(Edward Norton Lorenz)

M

马达尼普尔:详称阿里·马达尼普尔(Ali Madanipour)
马尔库塞·H:详称赫尔伯特·马尔库塞(Herbert Marcuse)
马尔库塞·P:详称彼得·马尔库塞(Peter Marcuse)
马戈利:详称朱利叶斯·马戈利(Julius Margoli)
马海尼:详称里亚德·G. 马海尼(Riad G. Mahayni)
马赫:详称恩斯特·马赫(Ernst Mach)
马克思:详称卡尔·海因里希·马克思(Karl Heinrich Marx)
马什:详称本杰明·C. 马什(Benjamin C. Marsh)
马塔:详称阿图罗·索里亚·马塔(Arturo Soriay Mata)
马西:详称多琳·马西(Doreen Massey)
马歇尔:详称斯蒂芬·马歇尔(Stephen Marshall)
马休尼斯:详称约翰· J. 马休尼斯(John J. Macionis)
马扎:详称路易吉·马扎(Luigi Mazza)
迈尔:详称托玛斯·迈尔(Thmos Meyer)
迈尔西耶:详称路易斯·塞巴斯蒂安·迈尔西耶(Louis Sebastien Mercier)
迈克尔·杨:外文为 Michael Young
迈耶森:详称马丁·迈耶森(Martin Meyerson)
麦克杜格尔:详称格伦·麦克杜格尔(Glen McDougall)
麦克哈格:详称伊恩·麦克哈格(Ian McHarg)
麦克罗林:详称布赖恩·麦克罗林或布赖恩·麦克洛克林(Brian McLoughlin)
麦肯齐:详称罗德里克·D. 麦肯齐(Roderick D. McKenzie)
曼德尔鲍姆:详称西摩·J. 曼德尔鲍姆(Seymour J. Mandelbaum)
曼海姆:详称卡尔·曼海姆(Karl Mannheim)
芒福德:详称刘易斯·芒福德(Lewis Mumford)
梅茨格:详称乔纳森·梅茨格(Jonath Metzger)
梅多斯:详称德内拉·H. 梅多斯(Donella H. Meadows)
梅尔滕斯:详称赫尔曼·梅尔滕斯(Hermann Maertens)

蒙克鲁斯:详称哈维尔·蒙克鲁斯(Javier Monclús)
米查姆:详称斯坦迪什·米查姆(Standish Meacham)
米尔斯:详称查尔斯·赖特·米尔斯(Charles Wright Mius)
米尔斯·R:详称罗伯特·米尔斯(Robert Mills)
米勒·D L:详称唐纳德·L. 米勒(Donald L. Miller)
米勒·D:详称戴维·米勒(David Miller)
米柳金:详称德米特里·阿列克谢耶维奇·米柳金(N. A. Milyutin)
米切利希:详称亚历山大·米切利希(Alexander Mitscherlich)
米歇尔·M:详称梅拉妮·米歇尔(Melanie Mitchell)
米歇尔·R:详称罗伯特·米歇尔(Robert Mitchell)
米歇尔·W:详称威廉·米歇尔(William Mitchell)
密特朗:详称弗朗索瓦·密特朗(François Mitterrand)
缪尔达尔:详称冈纳·缪尔达尔(Gunnar Myrdal)
摩尔:详称罗伯特·摩尔(Robert Moore)
摩根:详称伊莱恩·摩根(Elaine Morgan)
莫尔:详称托马斯·莫尔(Thomas More)
莫里斯·F:详称弗雷德里克·莫里斯(Frederick Maurice)
莫里斯·W:详称威廉·莫里斯(William Morris)
莫利:详称亨利·莫利(Henry Morley)
墨菲:详称尚塔尔·墨菲(Chantal Mouffe)
默多克:详称乔恩·默多克(Jon Murdoch)
穆勒:详称约翰·斯图尔特·穆勒(John Stuart Mill)

N

奈特:详称弗兰克·H. 奈特(Frank H. Knight)
尼德汉姆:详称巴里·尼德汉姆(Barrie Needham)
尼尔:详称威廉·尼尔(William Neill)
尼古拉斯·洛:外文为 Nicholas Low
尼斯特伦:详称古斯塔夫·尼斯特伦(Gustaf Nyström)
纽曼·O:详称奥斯卡·纽曼(Oscar Newman)
纽曼·P:详称彼得·纽曼(Peter Newman)
诺顿·朗:外文为 Norton Enneking Long
诺尔曼:详称赫尔曼·诺尔曼(Herman Norrmén)
诺夫:详称亚力克·诺夫(Alec Nove)
诺齐克:详称罗伯特·诺齐克(Robert Nozick)

O

欧文:详称罗伯特·欧文(Robert Owen)

P

帕尔:详称雷蒙德·E. 帕尔(Raymond E. Pahl)
帕克:详称罗伯特·E. 帕克(Robert E. Park)
帕克斯顿:详称约瑟夫·帕克斯顿(Joseph Paxton)
帕里罗:详称文森特·N. 帕里罗(Vincent N. Parrillo)
帕里斯:详称克里斯·帕里斯(Chris Paris)
帕森斯:详称塔尔科特·帕森斯(Talcott Parsons)
帕特南:详称希拉里·帕特南(Hilary Putnam)
培根·E:详称埃德蒙·培根(Edmund Bacon)
培根·F:详称弗朗西斯·培根(Francis Bacon)
佩雷:详称奥古斯特·佩雷(Auguste Perret)
佩里:详称克拉伦斯·A. 佩里(Clarence A. Perry)
蓬皮杜:详称乔治·让·蓬皮杜(Georges Jean Pompidou)
皮埃提拉:详称雷玛·皮埃提拉(Reima Pietilä)
皮尔斯:详称查尔斯·皮尔斯(Charles Peirce)
皮特尔斯:详称扬·尼德文·皮特尔斯(Jan Nederveen Pieterse)
珀洛夫:详称哈维·珀洛夫(Harvey Perloff)
普拉:详称雷德里克·勒·普拉(Frederic Le Play)
普朗克:详称路德维希·普朗克(Ludwig Planck)
普雷斯曼:详称杰弗里·L. 普雷斯曼(Jeffrey L. Pressman)
普里高津:详称伊里亚·普里高津(Ilya Prigogine)
普鲁东:详称皮埃尔·约瑟夫·普鲁东(Pierre Joseph Proudhon)

Q

齐美尔:详称格奥尔格·齐美尔(Georg Simmel)
契梅尔斯:详称克里斯朵夫·契梅尔斯(Christophe Chimeles)
钱伯斯:详称埃德加·钱伯斯(Edgar Chambless)
乔伊斯:详称詹姆斯·乔伊斯(James Joyce)
乔治:详称亨利·乔治(Henry George)
琼斯:详称马克·图德-琼斯(Mark Tewdwr-Jones)
屈普:详称艾克尔·屈普(Alker Tripp)

R

荣格:详称贝特尔·荣格(Bertel Jung)
茹依:详称安娜亚·茹依(Anaya Roy)

S

撒切尔夫人:详称玛格丽特·希尔达·撒切尔(Margaret Hilda Thatcher)
萨格尔:详称托雷·萨格尔(Tore Sager)
萨森:详称萨斯基亚·萨森(Saskia Sassen)

萨特：详称让-保罗·萨特（Jean-Paul Sartre）
塞尔达：详称伊尔德方索·塞尔达（Ildefonso Cerdá）
塞曼：详称埃里克·克里斯托弗·塞曼（Erik Christopher Zeeman）
桑德考克：详称莱奥妮·桑德考克（Leonie Sandercock）
桑德斯：详称彼得·桑德斯（Peter Saunders）
桑克：详称拉尔斯·桑克（Lars Sonck）
桑切斯：详称托马斯·W. 桑切斯（Thomas W. Sanchez）
桑亚尔：详称比希瓦普利亚·桑亚尔（Bishwapriya Sanyal）
沙恩：详称戴维·格雷厄姆·沙恩（David Grahame Shane）
沙里宁：详称伊利尔·沙里宁（Eliel Saarinen）
圣西门：详称亨利·德·圣西门（Henri De Saint-Simon）
施都本：详称约瑟夫·施都本（Joseph Stübben）
施马克：详称格哈德·施马克（Gerhard Schimak）
施普瑞根：详称保罗·施普瑞根（Paul Spreiregen）
施瓦茨：详称斯图尔特·B. 施瓦茨（Stuart B. Schwartz）
施魏卡特：详称费迪南·卡尔·施魏卡特（Ferdinand Karl Schweikart）
石里克：详称莫里茨·石里克（Moritz Schlick）
斯宾格勒：详称奥斯瓦尔德·斯宾格勒（Oswald Spengler）
斯宾塞：详称赫伯特·斯宾塞（Herbert Spencer）
斯宾司：详称托马斯·斯宾司（Thomas Spence）
斯密：详称亚当·斯密（Adam Smith）
斯塔尔：艾伦·盖茨·斯塔尔（Ellen Gates Starr）
斯坦因：详称克拉伦斯·斯坦因（Clarence Stein）
斯特恩斯：详称皮特· N. 斯特恩斯（Peter N. Stearns）
斯特拉文斯基：详称伊戈尔·菲德洛维奇·斯特拉文斯基（Igor Fyodorovich Stravinsky）
斯特劳斯：详称克洛德·列维·斯特劳斯（Claude Lévi-Strauss）
斯特利布：详称乔治·斯特利布（George Sternlieb）
斯特龙伯格：详称罗兰·斯特龙伯格（Roland Stromberg）
斯特伦格尔：详称古斯塔夫·斯特伦格尔（Gustaf Strengell）
斯廷普森：详称凯瑟琳· R. 斯廷普森（Catharine R. Stimpson）
斯通：详称克拉伦斯·斯通（Clarence Stone）
斯托特：详称弗雷德里克·斯托特（Frederic Stout）
所罗门：详称罗伯特· C. 所罗门（Robert C. Solomon）
索恩利：详称安迪·索恩利（AndyThornley）
索卡尔：详称艾伦·索卡尔（Alan Sokal）
索莱里：详称保罗·索莱里（Paolo Soleri）
索伦森：详称安东尼· D. 索伦森（Anthony D. Sorensen）
索洛：详称亨利·戴维·索洛（Henry David Thoreau）
索绪尔：详称费尔迪南·德·索绪尔（Ferdinand De Saussur）

索亚:详称爱德华·W. 索亚(Edward W. Soja)

T
泰勒·F W:详称弗雷德里克·温斯洛·泰勒(Frederick Winslow Taylor)
泰勒·N:详称尼格尔·泰勒(Nigel Taylor)
汤普森:详称詹妮弗·汤普森(Jennifer Thompson)
汤因比:详称阿诺德·约瑟夫·汤因比(Arnold Joseph Toynbee)
特格维尔:详称雷克斯福德·特格维尔(Rexford Tugwell)
滕尼斯:详称斐迪南·滕尼斯(Ferdinand Tönnies)
图灵:详称阿兰·图灵(Alan Turing)
涂尔干:详称埃米尔·涂尔干(Emile Durkheim)
托雷:详称苏珊娜·托雷(Susana Torre)
托马斯:详称迈克尔·J. 托马斯(Michael J. Thomas)
托姆:详称勒内·托姆(René Thom)

U(无)

W
瓦尔达沃斯基:详称亚伦·瓦尔达沃斯基(Aaron Wildavsky)
瓦格纳:详称奥托·瓦格纳(Otto Wagner)
威尔莫特:详称彼得·威尔莫特(Peter Willmott)
威尔斯:详称赫伯特·乔治·威尔斯(H. G. Wells)
威滕:详称爱德华·威滕(Edward Witten)
韦伯:详称马克斯·韦伯(Max Weber)
韦伯·M:详称梅尔文·韦伯(Melvin Weber)
韦伯斯特:详称弗兰克·韦伯斯特(Frank Webster)
韦克勒:详称格尔达·R. 韦克勒(Gerda R. Wekerle)
韦利坎加斯:外文为 Välikangas
韦泽梅尔:乔里斯·范·韦泽梅尔(Joris Van Wezemael)
维纳:详称诺伯特·维纳(Nobert Wiener)
维尼齐亚诺:详称加布里埃尔·维尼齐亚诺(Gabriele Veneziano)
维特根斯坦:详称路德维希·维特根斯坦(Ludwig Wittgenstein)
维维安尼:详称文森佐·维维安尼(Vincenzo Viviani)
温伯格:详称史蒂文·温伯格(Steven Weinberg)
温思罗普:详称约翰·温思罗普(John Winthrop)
文丘里:详称罗伯特·文丘里(Robert Charles Venturi)
沃霍:详称安迪·沃霍(Andy Warhol)
沃克斯:详称卡尔弗特·沃克斯(Calvert Vaux)
沃森:详称瓦妮莎·沃森(Vanessa Watsons)
沃思:详称路易斯·沃思(Louis Wirth)
乌尔曼:详称爱德华·L. 乌尔曼(Edward L. Ullman)

伍尔夫:详称珍妮·伍尔夫(Jeanne Wolfe)

X

西蒙:详称赫伯特·西蒙(Herbert Simon)
西姆柯维奇:玛丽·西姆柯维奇(Mary Simkhovitch)
西特:详称加米罗·西特(Camillo Sitte)
希尔:详称奥克维娅·希尔(Octavia Hill)
希尔伯塞默:详称路德维希·希尔伯塞默(Ludwig Hilberseimer)
希尔伯特:详称戴维·希尔伯特(David Hilbert)
希利:详称帕齐·希利(Patsy Healey)
希利尔:详称简·希利尔或琼·希利尔(Jean Hillier)
席尔瓦:详称伊丽莎白·A. 席尔瓦(Elisabete A. Silva)
夏普:详称托马斯·夏普(Thomas Sharp)
香农:详称克劳德·艾尔伍德·香农(Claude Elwood Shannon)
休谟:详称大卫·休谟(David Hume)
勋伯格:详称阿诺尔德·勋伯格(Arnold Schoenberg)

Y

雅各布斯:详称简·雅各布斯(Jane Jacobs)
亚当斯:详称简·亚当斯(Jane Addams)
亚历山大·C:详称克里斯托弗·亚历山大(Christopher Alexander)
亚历山大·E:详称欧内斯特·亚历山大(Ernest Alexander)
伊夫塔切尔:详称奥伦·伊夫塔切尔(Oren Yiftachel)
伊泽诺尔:详称斯蒂文·伊泽诺尔(Steven Izenour)
英尼斯:详称朱迪丝·E. 英尼斯(Judith E. Innes)
约翰逊:详称林登·约翰逊(Lyndon Johnson)
约瑟夫一世:详称弗朗茨·约瑟夫一世(Franz Joseph I)

Z

詹克斯:详称查尔斯·詹克斯(Charles Jencks)
詹姆斯:详称威廉·詹姆斯(William James)
詹森:详称赫尔曼·詹森(Hermann Jansen)
兹伊贝克:详称伊丽莎白·普拉特-兹伊贝克(Elizabeth Plater-Zyberk)
佐金:详称莎伦·佐金(Sharon Zukin)

书刊名中外对照

说明:本部件的书刊名中同时含有简名和全名的,除少数特殊情况外,在行文中优先采用简名。

书刊名·图书篇

《1980年代的规划理论》:全名为《1980年代的规划理论:探求未来方向》(Planning Theory in the 1980 s: A Search for Future Directions)(作者:伯切尔、斯特利布)

《2500年传略》:Memoirs of the Year 2500(作者:迈尔西耶)

A

《阿什盖特规划理论研究指南》:全名为《阿什盖特规划理论研究指南:空间规划的概念性挑战》(The Ashgate Research Companion to Planning Theory: Conceptual Challenges for Spatial Planning)(作者:希利尔、希利)

《埃瑞璜》:Erewhon(作者:勃特勒)

《爱欲与文明》:Eros and Civilization(作者:马尔库塞·H)

B

《北欧国家的规划与城市发展》:Planning and Urban Growth in the Nordic Countries(作者:霍尔·T)

《必要的张力》:全名为《必要的张力:科学的传统和变革论文选》(The Essential Tension: Selected Studies in Scientific Tradition and Change)(作者:库恩)

《边缘城市》:Edge City(作者:加罗)

《布坎南报告》(The Buchanan Report):全名为《城镇交通:城市地区长期交通问题的研究,交通部委任下指导小组与工作小组的报告》(Traffic in Towns: A Study of the Long Term Problems of Traffic in Urban Areas: Reports of the Steering Group and Working Group Appointed by the Minister of Transport)(主持:布坎南等)

C

《猜想与反驳》:全名为《猜想与反驳:科学知识的增长》(Conjectures and Refutations: The Growth of Scientific Knowledge)(作者:波普尔)

《超弦论》:全名为《超弦论:超越爱因斯坦的终极宇宙理论》:Superstring Theory: The Cosmic Quest for the Theory of the Universe(作者:加来道雄、汤普森)

《超越地平线:空间规划与管治的多平面理论》:Stretching Beyond the

Horizon：A Multiplanar Theory of Spatial Planning and Governance（作者：希利尔）

《超越时空》：全名为《超越时空：通过平行宇宙、时间卷曲和第十维度的科学之旅》（Hyperspace：A Scientific Odyssey Through Parallel Universes，Time Warps，and the Tenth Dimension）（作者：加来道雄）

《超越左与右：激进政治的未来》：Beyond Left and Right：The Future of Radical Politics（作者：吉登斯）

《城市》：The City（作者：帕克、伯吉斯、麦肯齐、沃思等）

《城市读本》：The City Reader（作者：勒盖茨）

《城市、阶级与权利》：City，Class and Power（作者：卡斯特尔）

《城市：非正当性支配》：Die Stadt：Non-Legitimate Domination（作者：韦伯）

《城市：民主的希望》：The City：The Hope of Democracy（作者：豪伊）

《城市：它的发展、衰败与未来》：The City：Its Growth，Its Decay，Its Future（作者：沙里宁）

《城市发展：公园、花园和文化制度研究，卡内基信托基金丹佛姆林的报告》：City Development：A Study of Parks，Gardens and Culture Institutes. A Report to the Carnegie Trust Dunfermline（作者：格迪斯）

《城市发展史》：全名为《城市发展史：起源、演变和前景》（The City in History：A Powerfully Incisive and Influential Look at the Development of the Urban Form Through the Ages）（作者：芒福德）

《城市复杂性理论的时代已来临：城市规划与设计引申概览》：Complexity Theories of Cities Have Come of Age：An Overview with Implications to Urban Planning and Design（作者：波图戈里等）

《城市规划》：Der Städtebau（作者：施都本）

《城市规划》：Town Planning（作者：夏普）

《城市规划的现代科学的基础》：Grundzüge der Modernen Stadtbaukunde（作者：法斯宾德）

《城市规划入门》：全名为《城市规划入门：民主的挑战与美国城市》（An Introduction to City Planning：Democracy's Challenge and the American City）（作者：马什）

《城市规划与文化认同》：Urban Planning and Cultural Identity（作者：尼尔）

《城市规划原理与实践》：Principles and Practice of Urban Planning（作者：基布尔）

《城市化一般理论》：Teoría General de la Urbanización（作者：塞尔达）

《城市环境绿皮书》：Green Paper on the Urban Environment（作者：欧共体委员会）

《城市交通：土地利用的函数》：Urban Traffic：A Function of Land Use（作者：米歇尔·R.莱普金）

《城市扩展与技术、建筑和经济监管》：Stadterweiterungen in Technischer，Baupolizeilicher und Wirthschaftlicher Beziehung（作者：鲍迈斯特）

《城市·设计与演变》：Cities，Design & Evolution（作者：马歇尔）

《城市设计：城镇与城市的建筑》：Urban Design：The Architecture of Towns

and Cities（作者：施普瑞根）

《城市设计》：Town Design（作者：吉伯德）

《城市审美》：Esthetique des Villes（作者：布尔斯）

《城市问题：马克思主义方法》：The Urban Question：A Marxist Approach（作者：卡斯特尔）

《城市乡村：意裔美国人生活中的群体与阶层》：Urban Villages：Group and Class in the Life of Italian-Americans（作者：甘斯）

《城市意象》：Images of the City（作者：林奇）

《城市英国的遏制政策》：The Containment of Urban England（作者：霍尔等）

《城市在未来》：Die Stadt der Zukunst（作者：费里奇）

《城市中的冲突：引起争议的城市空间与地方民主》：Conflict in the City：Contested Urban Spaces and Local Democracy（作者：瓜里尼等）

《城乡规划》：Town and Country Planning（作者：艾伯克隆比）

《城乡规划的原理与实践》：Principles and Practice of Town and Country Planning（作者：基布尔）

《城镇设计》：Town Design（作者：吉伯德）

《创造未来城市》：Inventing Future Cities（作者：巴蒂）

《词与物：人文科学的考古学》：Les Mots et les Choses：Une Archeologie des Sciences Humaines（作者：福柯）

D

《大城市》：Die Grossstadt（作者：瓦格纳）

《大问题：简明哲学导论》：The Big Questions：A Short Introduction to Philosophy（作者：所罗门）

《大洋国》：Oceana（作者：詹姆斯·哈林顿）

《带形城市：来自城市规划的新概念》：La Ciudad Lineal：Conception Nouvelle Pour L'Amenagement des Villes（作者：马塔）

《单向度的人》：One-Dimensional Man（作者：马尔库塞·H）

《当代城市》：La Ville Contemporaine（作者：柯布西耶）

《当代规划文化》：Contemporary Planning Culture（作者：桑亚尔）

《道德与立法原理导论》：Principles of Morals and Legislation（作者：边沁）

《地方国家：城市与人民的管理》：The Local State：Management of Cities and People（作者：考克伯恩）

《地理大全》：Géographie Universelle（作者：雷克吕）

《第二性》：Le Deuxième Sexe（作者：波伏娃）

《第三条道路：社会民主的更新》：The Third Way：The Renewal of Social Democracy（作者：吉登斯）

《动物学中人类在自然中地位的证明》：Zoological Evidences as to Man's Place in Nature（作者：赫胥黎）

E（无）

F

《法国地理概貌》：*Tableaude Géograhie de la France*（作者：白兰士）

《法国地理学导论》：*Introduction à la Géographie de la France*（作者：雷克吕）

《法兰克福：全球城市-本地政治》：*Frankfurt：Global City-Local Politics*（作者：凯尔、利瑟）

《法朗吉》：*Phalanstère*（作者：傅立叶）

《防卫空间》：*Defensible Space*（作者：纽曼）

《费城黑人：社会研究》：*The Philadelphia Negro：A Social Study*（作者：杜波依斯）

《妇女的从属地位》：*The Subjection of Women*（作者：穆勒）

《复杂》：*Complexity*（作者：米歇尔·M）

《复杂城市系统的动态性：跨学科方法》：*The Dynamics of Complex Urban Systems：An Interdisciplinary Approach*（作者：巴蒂等）

《复杂性与规划：系统、装配与仿真》：*Complexity and Planning：Systems，Assemblages and Simulations*（作者：德罗、韦泽梅尔）

《赋权：另一种发展的政治学》：*Empowerment：The Politics of Alternative Development*（作者：弗里德曼）

G

《GaWC 视角下的世界》：*The World According to GaWC*（作者：全球化及世界城市研究网络/GaWC）

《哥德尔、艾舍尔、巴赫》：全名为《哥德尔、艾舍尔、巴赫：集异璧之大成》（*Gödel，Escher，Bach：An Eternal Golden Braid*）（作者：侯世达）

《给新拉纳克村民的新年致辞》：*An Address Delivered to the Inhabitants of New Lanarck*（作者：欧文）

《工业城市》：*Une Cité Industrielle*（作者：加涅）

《公共领域的规划》：全名为《公共领域的规划：从知识到行动》（*Planning in the Public Domain：From Knowledge to Action*）（作者：弗里德曼）

《公民的反抗》：*Civil Disobedience*（作者：索洛）

《公众参与与规划师的不良影响》：*Public Participation and Planners' Bligh*（作者：丹尼斯）

《功能主义理性批判》：*Zur Kritik der Funktionalistischen Vernunft*（作者：哈贝马斯）

《沟通规划理论》：*Communicative Planning Theory*（作者：萨格尔）

《关于伦敦的区域规划》：*Regional Planning with Reference to Greater London*（作者：昂温）

《光辉城市》（又译《辐射城市》）：*La Ville Radieuse*（作者：柯布西耶）

《规划的社会背景：米德尔斯伯勒研究》：*The Social Background of a Plan：A Study of Middlesbrough*（作者：格拉斯）

《规划的未来》：全名为《规划的未来：规划理论新方向》（*Planning Futures：

《规划新方向》(New Directions for Planning Theory)（作者：奥曼丁格、琼斯）

《规划的系统观：针对城市与区域规划过程的理论》(A Systems View of Planning: Towards a Theory of the Urban and Regional Planning Process)（作者：查德威克）

《规划发展经济学》：Economics of Planned Development（作者：利奇菲尔德）

《规划方法》：全名为《规划方法：当代规划理论、概念与议题导论》(Approaches to Planning: Introducing Current Planning Theories, Concepts and Issues)（作者：亚历山大）

《规划幻想》：全名为《规划幻想：彼得·霍尔与城市与区域规划研究》(The Planning Imagination: Peter Hall and the Study of Urban and Regional Planning)（作者：琼斯、菲尔普斯、弗里斯通）

《规划理论》：Planning Theory（作者：奥曼丁格）

《规划理论》：Planning Theory（作者：法鲁迪）

《规划理论》：全名为《规划理论：展望1980年代》(Planning Theory: Prospects for the 1980s)（作者：希利、麦克杜格尔、托马斯）

《规划理论读本》：Readings in Planning Theory（作者：坎贝尔、费恩斯坦）

《规划理论读物》：A Reader in Planning Theory（作者：法鲁迪）

《规划理论批判读本》：Critical Readings in Planning Theory（作者：帕里斯）

《规划理论与哲学》：Planning on Theory and Philosophy（作者：卡米斯）

《规划理论在中国与中国规划理论》：Planning Theory in China and Chinese Planning Theory（作者：曹康、希利尔）

《规划理论中的批判文集》：Critical Essays in Planning Theory（作者：希利、希利尔）

《规划伦理》：全名为《规划伦理：规划理论读物》(Planning Ethics: A Reader in Planning Theory, Practice, and Education)（作者：亨德勒）

《规划师邂逅复杂性》：A Planner's Encounter with Complexity（作者：德罗、席尔瓦）

《规划顺应复杂：公共政策的协作理性简介》：Planning with Complexity: An Introduction to Collaborative Rationality for Policy（作者：英尼斯、布赫）

《规划院校手册》：Planning Schools' Handbook

《规划知识与研究》：Planning Knowledge and Research（作者：桑切斯）

《国家罪恶与实践性救济》：National Evils and Practical Remedies（作者：白金汉）

H

《海吉亚：一座卫生城市》：Hygeia: A City of Health（作者：理查德逊）

《黑体理论和量子不连续性》：Black Body Theory and the Quantum Discontinuity（作者：库恩）

《后工业社会的来临》：The Coming of Post-Industrial Society（作者：贝尔）

《后结构地理学：关联空间指南》：Post-structuralist Geography: A Guide to Relational Space（作者：默多克）

《后现代的状况》:全名为《后现代的状况:对文化变迁之缘起的探究》(*The Condition of Postmodernity*:*An Enquiry into the Origins of Cultural Change*)(作者:哈维)

《后现代地理学》:全名为《后现代地理学:重申批判社会理论中的空间》(*Postmodern Geographies*:*The Reassertion of Spae in Critical Social Theory*)(作者:索亚)

《后现代状况:关于知识的报告》:*The Postmodern Condition*:*A Report on Knowledge*(作者:利奥塔)

《互助论》:*Mutual Aid*(作者:克鲁泡特金)

《回顾》:*Looking Backward*(作者:贝拉米)

I(无)

J

《积极的社会》:*The Active Society*(作者:埃齐奥尼)

《基督城》:*Christianopolis*(作者:安德里亚)

《基督新教伦理和资本主义精神》:*Protestant Ethic and the Spirit of Capitalism*(作者:韦伯)

《吉凡蒂亚》:*Giphantia*(作者:罗奇)

《技术与文明》:*Technics and Civilization*(作者:芒福德)

《寂静的春天》:*Silent Spring*(作者:卡森)

《家庭大革命:家庭、社区与城市的女性主义设计》:*The Grand Domestic Revolution*:*Feminist Designs for Homes*,*Neighbourhoods and Cities*(作者:海登)

《简洁的城市景观》:*The Concise Townscape*(作者:卡伦)

《建筑的复杂性与矛盾性》:*Complexity and Contradiction in Architecture*(作者:文丘里)

《交往行动理论》:*Theorie des Kommunikativen Handelns*(作者:哈贝马斯)

《交往与社会进化》:*Communication and the Evolution of Society*(作者:哈贝马斯)

《结构人类学》:*Anthropologie Structurale*(作者:斯特劳斯)

《结构稳定性与形态发生学》:*Stabilité Structurelle et Morphogenèse*(作者:托姆)

《紧缩城市:一种可持续发展的城市形态》:*The Compact City*:*A Sustainable Urban Form*(作者:詹克斯等)

《进步与贫困》:*Progress and Poverty*(作者:乔治)

《进化中的城市》:全名为《进化中的城市:城市规划与城市研究导论》(*Cities in Evolution*:*An Introduction to the Town Planning Movement and to the Study of Civics*)(作者:格迪斯)

《经过规划的城市扩展》:*Gross Stadterweiterungen*(作者:赫歇尔)

《巨人传》:*Gargantua*(作者:拉伯雷)

《距离消亡:通信革命怎样改变我们的生活》:*The Death of Distance*:*How the*

Communications Revolution Will Change Our Lives（作者：凯恩克罗斯）

K

《开放社会及其敌人》：The Open Society and Its Enemies（作者：波普尔）
《科学发现的逻辑》：The Logic of Scientific Discovery（作者：波普尔）
《科学革命的结构》：The Structure of Scientific Revolutions（作者：库恩）
《科学管理原理》：The Principles of Scientific Management（作者：泰勒）
《科学研究纲领方法论》：Methodology of Scientific Research Programmes（作者：拉卡托斯）
《科学与文化》：Science and Culture（作者：赫胥黎）
《可行的社会主义经济》：The Economics of Feasible Socialism（作者：诺夫）
《空间分工：社会结构和生产地理》：Spatial Divisions of Labour：Social Structures and the Geography of Production（作者：马西）
《控制论：或动物与机器的控制和通信的科学》：Cybernetics：On Control and Communication in the Animal and the Machine（作者：维纳）

L

《劳特累奇伴侣：南半球规划》：The Routledge Companion to Planning in the Global South（主编：贡德）
《劳特累奇手册：规划理论》：The Routledge Handbook of Planning Theory（主编：贡德）
《劳特累奇手册：国际规划教育》：The Routledge Handbook of International Planning Education（主编：贡德）
《理想国》：The Republic（作者：柏拉图）
《理想联邦》：Ideal Commonwealths（作者：莫利）
《历史的终结与最后的人》：The End of History and the Last Man（作者：福山）
《历史和地理图集》：Atlas Historique et Géographique（作者：白兰士）
《历史决定论的贫困》：The Poverty of Historicism（作者：波普尔）
《联结》：全名为《联结：与帕奇·希利一起探索当代规划理论与实践》（Connections：Exploring Contemporary Planning Theory and Practice with Patsy Healey）（作者：希利尔、梅茨格）
《量子物理学史料》：Historical Materials on Quantum Physics（作者：库恩）
《另一半如何生活》：全名为《另一半如何生活：对纽约廉价公寓的研究》（How the Other Half Lives：Studies among the Tenements of New York）（作者：里斯）
《另一个美国》：The Other America（作者：哈林）
《卢卡的冒险》：The Adventures of Gaudentio di Lucca（作者：贝林顿）
《伦敦的改变》：London：Aspects of Change（作者：格拉斯）
《伦敦东部的家庭与亲属关系》：Family and Kinship in East London（作者：迈克尔·杨、威尔莫特）
《伦敦郡规划》：County of London Plan（作者：艾伯克隆比、福尚）

《伦敦市民的生活与工作》：*Life and Labor of People in London*（作者：布思）

《论自由》（严复译为《群己权界论》）：*On Liberty*（作者：穆勒）

《逻辑体系》：*A System of Logic*（作者：穆勒）

《裸城》：*Naked City*（作者：佐金）

M

《美国城市居住社区的结构与成长》：*The Structure and Growth of Residential Neighborhoods in American Cities*（作者：霍伊特）

《美国大城市的死与生》：*Death and Life of Great American Cities*（作者：雅各布斯）

《美国国家顾问委员会关于1968年的民事骚乱》：*US National Advisory Committee on Civil Disorders 1968*

《美国建筑中的女性：历史与当代观》：*Women in American Architecture：A Historic and Contemporary Perspective*（作者：托雷）

《美国进退维谷：黑人问题和现代民主》：*An American Dilemma：The Negro Problem and Modern Democracy*（作者：缪尔达尔）

《美国农夫在英国的游历与谈话》：*Walks and Talks of an American Farmer in England*（作者：奥姆斯特德）

《美好社会：与整个社会规划所作斗争的个人陈述和对激进实践根源的辩证探求》：*The Good Society：A Personal Account of Its Struggle with the World of Social Planning and a Dialectical Inquiry into the Roots of Radical Practice*（作者：弗里德曼）

《面对权力时的规划》：*Planning in the Face of Power*（作者：福雷斯特）

《民众住房与环境的改良》：*The Improvement of the Dwellings and Surroundings of the People*（作者：霍斯福尔）

《民主：真或假》：*Democracy：False or True*（作者：里士满）

《民主建构时》：*When Democracy Builds*（作者：赖特）

《明日的田园城市》：*Garden City of Tomorrow*（作者：霍华德）

《明日之城》第三版：全名为《明日之城：一部关于20世纪城市规划与设计的思想史》（*Cities of Tomorrow：An Intellectual History of Urban Planning and Design in the Twentieth Century*）（作者：霍尔）

《明日之城》第四版：全名为《明日之城：1880年以来的城市规划与设计的思想史》（*Cities of Tomorrow：An Intellectual History of Urban Planning and Design Since 1880*）（作者：霍尔）

《明天：一条通往真正改革的和平之路》：*To-Morrow：A Peaceful Path to Real Reform*（作者：霍华德）

N

《纽约及其近郊的区域调查》：*The Regional Survey of New York and Its Environs*（作者：佩里）

《诺伊斯特里亚:个人主义乌托邦》:*Neustria:Utopie Individualiste*（作者:蒂里翁）

《女人的起源》:*The Descent of Woman*（作者:摩根）

《女性的奥秘》:*The Feminine Mystique*（作者:弗里丹）

《女性建筑》:*Building for Women*（作者:凯勒）

《女性新空间》:*New Space for Women*（作者:韦克勒）

《女性与城市》:*Women and the City*

《女性与美国城市》:*Women and the American City*（作者:斯廷普森等）

O

《欧美的衰落》:*The Decline of the West*（作者:斯宾格勒）

《欧洲的城市规划:国际竞争、国家体系与规划工程》:*Urban Planning in Europe:International Competition, National Systems and Planning Projects*（作者:纽曼·P、索恩利）

P

《叛逆》:全名为《叛逆:规划理论论文集》(*Insurgecies:Essays in Planning Theory*)（作者:弗里德曼）

《批判理论、公众政策与规划实践》:*Critical Theory, Public Policy, and Planning Practice*（作者:福雷斯特）

《拼贴城市》:*Collage City*（作者:柯林·罗、科特）

《贫困:城市生活研究》:*Poverty:A Study of Town Life*（作者:郎特里）

《普通语言学教程》:*Course in General Linguistics*（作者:索绪尔）

Q

《千高原》:全名为《资本主义与精神分裂(卷2):千高原》(*A Thousand Plateaus*)（作者:德勒兹、加塔利）

《亲属关系的基本结构》:*The Elementary Structures of Kinship*（作者:斯特劳斯）

《穷人的孩子》:*The Children of the Poor*（作者:里斯）

《权力的阴影:土地利用规划中审慎的寓言》:*Shadows of Power:An Allegory of Prudence in Land-use Planning*（作者:希利尔）

《权力精英》:*The Power Elite*（作者:米尔斯）

《全球城市》:全名为《全球城市:纽约·伦敦·东京》(*The Global City:New York, London, Tokyo*)（作者:萨森）

《确定性的终结:时间、混沌与新自然法则》:*The End of Certainty:Time, Chaos, and the New Laws of Nature*（作者:普里高津）

R

《人类的起源》:*The Descent of Man*（作者:达尔文）

《人类和地球》：*L'homme et la Terre*（作者：雷克吕）

《人类天性与社会秩序》：*Human Nature and the Social Order*（作者：库利）

《人类与大地母亲》：全名为《人类与大地母亲：一部叙事体世界历史》（*Mankind and Mother Earth：A Narrative History of the World*）（作者：汤因比）

《人生的开端》：*The Beginning of Life*（作者：巴尔扎克）

《人文地理学论著》（后易名为《人文地理学原理》：*Traitéde Géographie Humaine*（作者：白兰士）

《人有人的用处：控制论和社会》：*The Human Use of Human Beings：Cybernetics and Society*（作者：维纳）

《如此丰富的遗产》：*With Heritage So Rich*（作者：雷恩斯委员会）

S

《塞瓦兰人的历史》：*L'Histoire des Sevarambes*（作者：达莱）

《设防之镇》：*Walled Towns*（作者：克拉姆）

《设计城市》：*Design of Cities*（作者：培根·E）

《设计城市与郊区的艺术》：*The Art of Designing Cities and Suburbs*（作者：昂温）

《设计自然》：*Design with Nature*（作者：麦克哈格）

《社会的构成：结构化理论纲要》：*The Constitution of Society：Outline of the Theory of Structuration*（作者：吉登斯）

《社会正义与城市》：*Social Justice and the City*（作者：哈维）

《社区与社会》：*Gemeinschaft und Gesellschaft*（作者：滕尼斯）

《生活城市》：*The Living City*（作者：赖特）

《生计论》：*The Conquest of Bread*（作者：克鲁泡特金）

《生命支撑系统大百科全书》：*Encyclopedia of Life Support Systems*（组织：联合国教科文）

《十次小组启蒙》：*Team 10 Primer*（作者：十次小组）

《时间简史》：*A Brief History of Time*（作者：霍金）

《实践理论大纲》：*Outline of a Theory of Practice*（作者：布迪厄）

《实践中的城市规划》：*Town Planning in Practice*（作者：昂温）

《实施：华盛顿的巨大希望如何破灭于奥克兰》：*Implementation：How Great Expectations in Washington Are Dashed in Oakland*（作者：普雷斯曼、瓦尔达沃斯基）

《世界城市假说》：*The World City Hypothesis*（作者：弗里德曼）

《市场、国家和社区：市场社会主义的理论基础》：*Market，State，and Community：Theoretical Foundations of Market Socialism*（作者：米勒）

《市场社会主义》：*Market Socialism*（作者：勒格兰德、埃斯特林）

《市民的城市：全球化时代的规划以及市民社会的崛起》：*Cities for Citizens：Planning and the Rise of Civil Society in a Global Age*（作者：弗里德曼、道格拉斯）

《受控的城市:城市与区域政治经济学的研究》:*Captive Cities:Studies in the Political Economy of Cities and Regions*(作者:哈罗)

《谁的城市》:*Whose City*(作者:帕尔)

《水晶时代》:*A Crystal Age*(作者:哈德逊)

《斯本索尼亚情景》:*Description of Spensonia*(作者:斯宾司)

《斯凯芬顿报告》:*Skeffington Report*

T

《太阳城》:*The City of the Sun*(作者:康帕内拉)

《探索规划理论》:*Explorations in Planning Theory*(作者:曼德尔鲍姆、马扎、伯切尔)

《体制政治:管理亚特兰大(1946—1988)》:*Regime Politics:Governing Atlanta,1946—1988*(作者:斯通)

《田野、工厂与作坊》:*Fields,Factories,and Workshops*(作者:克鲁泡特金)

《通过文化重塑规划》:*Reshaping Planning with Culture*(作者:格里格·杨)

《通往奴役之路》:*The Road to Serfdom*(作者:哈耶克)

U(无)

V(无)

W

《瓦尔登湖》:*Walden*(作者:索洛)

《为人民规划:规划社会背景文集》:*Planning for People:Essays on the Social Context of Planning*(作者:布罗迪)

《未来城市:田园城市》:*Die Stadt der Zukunft:Gartenstadt*(作者:霍华德)

《文化、城市主义与规划》:*Culture,Urbanism and Planning*(作者:蒙克鲁斯、瓜尔迪亚)

《我们城市的荒芜》:*Die Unwirtlichkeit Unserer Städte*(作者:米切利希)

《我们共同的未来》:*Our Common Future*(主持:世界环境与发展委员会)

《乌托邦》:*Utopia*(作者:莫尔)

《乌托邦的故事》:全名为《乌托邦的故事:半部人类史》:*The Story of Utopias:Half the History of Mankind*(作者:芒福德)

《乌有乡消息》:*News from Nowhere*(作者:莫里斯)

《无政府、国家与乌托邦》:*Anarchy,State,and Utopia*(作者:诺齐克)

《物体系》:*Le Systéme des Obiets*(作者:鲍德里亚)

X

《西方文明史》:*Western Civilizations*(作者:勒纳等)

《系统方法在城市和区域规划中的应用》:*Urban and Regional Planning:A Systems Approach*(作者:麦克罗林)

《系统科学与控制论》:*Systems Science and Cybernetics*(作者:哈肯)

《现代乌托邦》:*A Modern Utopia*（作者:威尔斯）

《向拉斯维加斯学习》:*Learning from Las Vegas*（作者:布朗、伊泽诺尔）

《消费社会》:*La Société de Consummation*（作者:鲍德里亚）

《消失中的城市》:*The Disappearing City*（作者:赖特）

《协商实践者:促进参与式规划过程》:*The Deliberative Practitioner: Encouraging Participatory Planning Processes*（作者:福雷斯年）

《协作式规划:在碎片化社会中塑造场所》:*Collaborative Planning: Shaping Places in Fragmented*（作者:希利）

《新城市科学》:*The New Science of Cities*（作者:巴蒂）

《新大西岛》:*The New Atlantis*（作者:培根）

《新索莱马》:*Nova Solyma*（作者:戈特）

《行动的合理性》:*Handlungsrationalität und Gesellschaftliche Rationalisierung*（作者:哈贝马斯）

《信息社会理论》:*Theories of the Information Society*（作者:韦伯斯特）

《信仰的意愿》:*The Will to Believe*（作者:詹姆斯）

《幸福殖民地》:*The Happy Colony*（作者:本帕顿）

Y

《研究工作者的统计方法》:*Statistical Methods for Research Workers*（作者:费希曼）

《一般系统论:基础、发展与应用》:*General System Theory: Foundations, Development, Applications*（作者:贝塔朗菲）

《一般系统论》:*General System Theory*（作者:贝塔朗菲）

《伊加利亚旅行记》:*Voyage en Lcarie*（作者:卡贝）

《伊托邦:"城市生活——但非我们所知"》:*E-topia: "Urban Life, Jim-But Not As We Know It"*（作者:米歇尔廉·W）

《以不同的声音》:全名为《以不同的声音:心理学理论与妇女发展》（*In a Different Voice: Psychological Theory and Women's Development*）（作者:吉利根）

《意识形态的终结:50年代政治观念衰微之考察》:*The End of Ideology: On the Exhaustion of Political Ideas in the Fifties*（作者:贝尔）

《英国城乡规划》:*British Town and Country Planning*（作者:里德）

《英国工人阶级的生活状况》:*The Condition of Working Class in England*（作者:恩格斯）

《用十个或更少的术语来做规划:拉康视角下的空间规划》:*Planning in Ten Words or Less: A Lacanian Entanglement with Spatial Planning*（作者:希利尔、贡德）

《用系统论的观点看世界:科学新发现的自然哲学》:*The Systems View of the World: The Natural Philosophy of the New Developments in the Sciences*（作者:拉兹洛）

《与贫民窟斗争》:*Battle with the Slum*（作者:里斯）

《宇宙的琴弦》:*The Elegant Universe*(作者:格林)
《阅读资本主义》:*Reading Capital*(作者:阿尔都塞)

Z

《再访美国:互动式规划理论》:*Retracking America: A Theory of Transactive Planning*(作者:弗里德曼)
《在工厂》:*At the Works*(作者:贝尔夫人)
《增长的极限》:*The Limits to Growth*(作者:梅多斯等)
《正义论》:*A Theory of Justice*(作者:罗尔斯)
《政策分析与规划中的辩论转向》:*The Argumentative Turn in Policy Analysis and Planning*(作者:费舍尔、福雷斯特)
《政策与行动:公共政策实施文集》:*Policy and Action: Essays on the Implementation of Public Policy*(作者:巴雷特、富奇)
《政治、规划与公共利益》:全名为《政治、规划与公共利益:芝加哥公共住房案例》(*Politics, Planning and Public Interest: The Case of Public Housing in Chicago*)(作者:迈耶森、班菲尔德)
《政治经济学原理》:*Principles of Political Economy*(作者:穆勒)
《政治与市场》:全名为《政治与市场:世界的政治-经济制度》(*Politics and Markets: The Worlds Political-Economic Systems*)(作者:林德布鲁姆、布雷布鲁克)
《芝加哥的黑人家庭》:*The Negro Family in Chicago*(作者:弗雷泽)
《执行博弈:法案成立后发生了什么》:*The Implementation Game: What Happens After a Bill Becomes a Law*(作者:巴达克)
《直面规划思想》:全名为《直面规划思想:空间规划思想家的16篇自传》(*Encounters in Planning Thought: 16 Autobio-graphical Essays from Key Thinkers in Spatial Planning*)(作者:哈塞尔斯伯格)
《种族、社区与冲突》:*Race, Community and Conflict*(作者:雷克斯、摩尔)
《重建时代的人与社会》:全名为《重建时代的人与社会:现代社会结构研究》(*Man and Society in an Age of Reconstruction: Studies in Modern Social Structure*)(作者:曼海姆)
《资本与土地:英国资本的土地所有权》:*Capital and Land: Landownership by Capital in Great Britain*(作者:马西、卡塔拉诺)
《资本主义的幸存:生产关系的再生产》:*The Survival of Capitalism: Reproduction of the Relations of Production*(作者:列斐伏尔)
《资本主义与自由》:*Capitalism and Freedom*(作者:弗里德曼·M)
《自然》(哲学著作):*Nature*(作者:爱默生)
《自由之地:社会期盼》:*Freeland: A Social Anticipation*(作者:海尔卡)
《宗教经验种种》:*The Varieties of Religious Experience*(作者:詹姆斯)
《走向新建筑》:*Towards a New Architecture*(作者:柯布西耶)
《最初三分钟》:全名为《最初三分钟:关于宇宙起源的现代观点》:*The First*

Three Minutes: *Modern View of the Origin of the Universe*（作者：温伯格）

《遵循艺术原则的城市设计》：*Der Städtebau nach Seinen Künstlerischen Grundsätzen*（作者：西特）

书刊名·期刊篇

《城市规划协会期刊》：*Journal of Town Planning Institute*
《城市规划评论》：*Town Planning Review*
《城市与区域研究国际期刊》：*International Journal of Urban and Regional Research*
《带形城市》：*La Ciudad Lineal*
《规划教育与研究》：*Journal of Planning Education and Research*（JPER）
《规划理论》：*Planning Theory*（前任主编：马扎；主编：希利尔；后任主编：贡德）
《规划理论与实践》：*Planning Theory & Practice*（高级编辑：希利）
《建筑论坛》：*Architecture Forum*
《建筑师》：*Arkkitehti*
《建筑实录》：*Architectural Record*
《进步》：*Le Progress*
《欧洲规划研究》：*European Planning Studies*
《新精神》：*Esprit Nouveau*
《自然》：*Nature*

文章名中外对照

A（无）

B（无）

C

《超越共识的争胜：为何哈贝马斯的理念无法实现》："Agon"izing Over Consensus：Why Habermasian Ideals Cannot be "Real"（作者：希利尔）

《城市并非树型》：A City is Not a Tree（作者：亚历山大）

《城市的进化：格迪斯、艾伯克隆比与新物理主义》：The Evolution of Cities：Geddes，Abercrombie and the New Physicalism（作者：巴蒂、马歇尔）

《城市规划》：Urbanisme（作者：柯布西耶）

《城市社会运动之经验型研究的理论命题》：Theoretical Propositions for an Experimental Study of Urban Social Movements（作者：卡斯特尔）

《城市系统规划中智能系统的作用》：The Roles of Intelligence Systems in Urban-Systems Planning（作者：韦伯·M）

《城市形态》：Urban Form（作者：布朗）

《城乡规划法》：Town and Country Planning Act

《传统—现代性—现代主义：某些必要解释》：Tradition-modernity-modernism：Some Necessary Explanations（作者：克里尔）

《重温规划理论》：Planning Theory Revisited（作者：弗里德曼）

《重新思考规划理论？面向东南观》：Re-Engaging Planning Theory? Towards "South-Eastern" Perspectives（作者：伊夫塔切尔）

D

《从管理主义到企业主义：晚期资本主义中的城市管治转型》：From Managerialism to Entrepreneurialism：The Transformation in Urban Governance in Late Capitalism（作者：哈维）

《从南半球看过来：在全球核心城市问题中重新聚焦城市规划》：Seeing from the South：Refocusing Urban Planning on the Globe's Central Urban Issues（作者：沃森）

《大都市与精神生活》：Metropolitan and Mental Life（作者：齐美尔）

《大规模规划模式的挽歌》：Requiem for Large-scale Planning Models（作者：道格拉斯·李）

《对全球化进行分期：全球化的各种历史》：Periodizing Globalization：Histories of Globalization（作者：皮特尔斯）

《杜恩宣言》：Doorn Manifesto（作者：十次小组）

F

《非欧规划模式》：The Non-Euclidean Mode of Planning（作者：亚历山大·C）

G

《隔都》:*ghetto*（作者:沃思）

《公民参与的阶梯》:*A ladder of Citizen Participation*（作者:阿恩斯坦）

《公民学:作为应用社会学》:*Civics*:*As Applied Sociology*（作者:格迪斯）

《公园与城市扩展》:*Public Parks and the Enlargement of Towns*（作者:奥姆斯特德）

《共识建立与复杂适应系统:评估共识的框架》:*Consensus Building and Complex Adaptive Systems*:*A Framework for Evaluating Collaborative Planning*（作者:英尼斯、布赫）

《关注物质变化的本质:面向物质规划观》:*Notes on the Nature of Physical Change-toward a View of Physical Planning*（作者:麦克罗林）

《广亩城:一个新的社区规划》:*Broadacre City*:*A New Community Plan*（作者:赖特）

《规划的实用主义姿态》:*A Pragmatic Attitude to Planning*（作者:哈里森）

《规划的系统观》:*A System View of Planning*（作者:查德威克）

《规划的选择理论》:*A Choice Theory of Planning*（作者:戴维多夫、莱纳）

《规划理论的沟通转向及其对空间战略拟定的启示》:*The Communicative Turn in Planning Theory and Its Implications for Spatial Strategy Formulation*（作者:希利）

《规划理论回顾:范式转换进程》:*Planning Theory in Retrospect*:*The Process of Paradigm Change*（作者:加洛韦、马海尼）

《规划理论新方向》:*New Directions in Planning Theory*（作者:费因斯坦）

《规划理论再访》:*Planning Theory Revisited*（作者:弗里德曼）

《规划理论正在出现的范式:沟通行为与交互实践》:*Planning Theory's Emerging Paradigm*:*Communicative Action and Interactive Practice*（作者:英尼斯）

《规划一般理论中的难题》:*Dilemmas in a General Theory of Planning*（作者:韦伯·M、里特尔）

《规划已经成熟:自由主义观》:*Planning Comes of Age*:*A Liberal Perspective*（作者:索伦森）

《规划与权力的实用主义探析》:*A Pragmatic Inquiry of Planning and Power*（作者:霍克）

《规划职业:新的方向》:*The Planning Profession*:*New Directions*（作者:麦克罗林）

《规划中的倡导与多元化》:*Advocacy and Pluralism in Planning*（作者:戴维多夫）

《国际古迹遗址保护与修复宪章》:*International Charter for the Conservation and Restoration of Monuments and Sites*（组织:历史古迹的建筑师与技术人员第二届国际会议）

H

《混合审视：决策的第三条道路》：*Mixed-scanning：A "Third" Approach to Decision-making*（作者：埃齐奥尼）

《即将成为宇宙飞船的地球的经济学》：*The Economics of the Coming Spaceship Earth*（作者：鲍尔丁）

I(无)

J

《假说、解释与行为：城市规划案例》：*Hypothesis, Explanation and Action：The Example of Urban Planning*（作者：伍尔夫）

《建议对城市中的人类行为进行调查》：*The Suggestions for the Investigation of Human Behavior in the City Environment*（作者：帕克）

《里约热内卢环境与发展宣言》：*Rio Declaration*

《论〈数学原理〉及有关系统中的形式不可判定命题Ⅰ》：*Über Formal Unentscheidbare Sätze der Principia Mathematica und Verwandter Systeme Ⅰ*（作者：哥德尔）

K

《克利夫兰市公平规划回顾》：*A Retrospective View of Equity Planning Cleveland, 1969—1979*（作者：克鲁姆雷尔茨）

L(无)

M

《美好城市：护卫乌托邦思想》：*The Good City：In Defense of Utopian Thinking*（作者：弗里德曼）

《面向非欧规划模式》：*Towards a Non-Euclidean Mode of Planning*（作者：弗里德曼）

《面向政治城市社会学》：*Towards a Political Urban Sociology*（作者：卡斯特尔）

N(无)

O(无)

P

《评估共识：在现实中织梦》：(*Evaluating Consensus-building：Making Dreams into Realities*（作者：英尼斯、布赫）

Q

《全球化与正在浮现的规划文化》：*Globalization and the Emerging Culture of Planning*（作者：弗里德曼）

R(无)

S

《社会行动短评》：*Notes on Social Action*（作者：弗里德曼）

《社会实践的认识论：客观知识批判》：*The Epistemology of Social Practice：A Critique of Objective Knowledge*（作者：弗里德曼）

T

《通过辩论做规划：规划理论中的交往转向》：*Planning Through Debate：The Communicative Turn in Planning Theory*（作者：希利）

《通信的数学理论》：*A Mathematical Theory of Communication*（作者：玻尔兹曼）

《透视协作规划》：*Collaborative Planning in Perspective*（作者：希利）

U（无）

V（无）

W

《为何做规划理论》：*Why Do Planning Theory*（作者：弗里德曼）

X

《现代破坏行为：赫尔辛基城市规划》：*Modern Vandalism：Helsingfors Stadsplan*（作者：桑克）

《协同学能被用于管理学吗》：*Can Synergetics be of Use to Management Theory*（作者：哈肯）

《新兴规划观》：*Emerging Views of Planning*（作者：博兰）

《性别：规划理论新议程》：*Gender：A New Agenda for Planning Theory*（作者：桑德考克、福赛斯）

Y

《以不同的声音做规划》：*Planning in a Different Voice*（作者：费因斯坦）

《应付过去的科学》：*The Science of Muddling Through*（作者：林德布鲁姆）

Z

《正义即公平》：*Just as Fairness*（作者：罗尔斯）

《知识与行动：规划理论指南》：*Knowledge and Action：A Guide to Planning Theory*（作者：弗里德曼、哈德逊）

《置规划于世界中：作为实践与批判的跨国主义》：*Placing Planning in the World：Transnationalism as Practice and Critique*（作者：茹依）

《〈自然〉的可及范围：狭窄的成果有着广泛的影响》：*Nature's Reach：Narrow Work Has Broad Impact*（作者：盖茨·A）

《综合规划与社会职责：面向职业角色与目的的美国规划师协会共识》：*Comprehensive Planning and Social Responsibility：Toward an AIP Consensus on the Profession's Roles and Purposes*（作者：韦伯）

《作为一种生活方式的城市主义》：*Urbanism as a Way of Life*（作者：沃思）

参考文献

·中文文献·

巴蒂,2019.新城市科学[M].刘朝晖,吕荟,译.北京:中信出版集团股份有限公司.

弗兰姆普敦,2002.现代建筑:一部批判的历史[M].张钦楠,译.北京:生活·读书·新知三联书店.

格林,2018.宇宙的琴弦[M].李泳,译.长沙:湖南科学技术出版社.

古德菲尔德,2018.美国城市史百科全书[M].陈恒,李文硕,曹升生,等译.上海:上海三联书店.

顾朝林,2000.论城市管治研究[J].城市规划,24(9):710.

哈丁,布劳克兰德,2016.城市理论:对21世纪权力、城市和城市主义的批判性介绍[M].王岩,译.北京:社会科学文献出版社.

哈维,2003.后现代的状况:对文化变迁之缘起的探究[M].阎嘉,译.北京:商务印书馆.

洪亮平,2002.城市设计历程[M].北京:中国建筑工业出版社.

霍华德,2000.明日的田园城市[M].金经元,译.北京:商务印书馆.

加来道雄,2009.超越时空:通过平行宇宙、时间卷曲和第十维度的科学之旅[M].刘玉玺,曹志良,译.上海:上海科技教育出版社.

勒纳,米查姆,伯恩斯,2003.西方文明史[M].王觉非,等译.北京:中国青年出版社.

里德雷,2018.时间、空间和万物[M].李泳,译.长沙:湖南科学技术出版社.

马休尼斯,帕里罗,2016.城市社会学:城市与城市生活[M].6版.姚伟,王佳,等译.北京:中国人民大学出版社.

芒福德,2019.乌托邦的故事:半部人类史[M].梁本彬,王社国,译.北京:北京大学出版社.

米歇尔·M,2018.复杂[M].唐璐,译.长沙:湖南科学技术出版社.

桑德斯,2018.社会理论与城市问题[M].郭秋来,译.南京:江苏凤凰教育出版社.

沙恩,2017.1945年以来的世界城市设计[M].边兰春,唐燕,等译.北京:中国建筑工业出版社.

沙里宁,1986.城市:它的发展、衰败与未来[M].顾启源,译.北京:中国建筑工业出版社.

斯特恩斯,艾达思,施瓦茨,等,2006.全球文明史[M].赵轶峰,等译.3版.北京:中华书局.

斯特龙伯格,2005.西方现代思想史[M].刘北成,赵国新,译.北京:中央编译出版社.

孙施文,2007.现代城市规划理论[M].北京:中国建筑工业出版社.

所罗门,2004.大问题:简明哲学导论[M].张卜天,译.桂林:广西师范大学出版社.

王受之,1999. 世界现代建筑史[M]. 北京:中国建筑工业出版社.

希利尔,希利,2017. 规划理论传统的国际化释读[M]. 曹康,刘昭,孙飞扬,等译. 南京:东南大学出版社.

于涛方,王珂,涂英时,2001. 西方城市规划中的技术乌托邦主义[J]. 现代城市研究,16(5):1113.

张京祥,2005. 西方城市规划思想史纲[M]. 南京:东南大学出版社.

张庭伟,Richard LeGates,2009. 后新自由主义时代中国规划理论的范式转变[J]. 城市规划学刊(5):113.

赵和生,1999. 城市规划与城市发展[M]. 南京:东南大学出版社.

·外文文献·

ALLMENDINGER P,2002. Planning theory[M]. Hampshire:Palgrave.

BATTY M,1979. On planning processes[M]//GOODALL B, KIRBY A. Resources and planning. Oxford:Pergamon.

BATTY M,2017. A science of cities:prologue to a science of planning[M]//HASELSBERGER B. Encounters in planning thought:16 autobiographical essays from key thinkers in spatial planning. New York:Routledge:242-259.

BRYSON V,1992. Feminist political theory:an introduction[M]. London:Macmillan Education UK.

BURTENSHAW D, BATEMAN M, ASHWORTH G J,1981. The city in West Europe[M]. Chichester:John Wiley & Sons.

CAMHIS M,1979. Planning theory and philosophy[M]. London:Tavistock Publications.

CAMPBELL S,FAINSTEIN S S,2003a. Part III planning types:introduction[M]//CAMPBELL S,FAINSTEIN S S. Readings in planning theory. 2nd ed. Malden:MA Blackwell Publishers.

CAMPBELL S,FAINSTEIN S S,2003b. Part VI ethics,professionalism,and value hierarchies:introduction[M]//CAMPBELL S, FAINSTEIN S S. Readings in planning theory. 2nd ed. Malden:MA Blackwell Publishers:477-478.

CHECKOWAY B,1994. Paul Davidoff and advocacy planning in retrospect[J]. Journal of American planning association,60(2):139-143.

DAVIDOFF P,1965. Advocacy and pluralism in planning[J]. Journal of the American institute of planners,31(4):331-338.

DELEUZE G, GUATTARI F,1987. A thousand plateaus:capitalism and schizophrenia[M]. London:Athlone Press.

DELEUZE G,GUATTARI F,1994. What is philosophy[M]. London:Verso.

FAINSTEIN N I,FAINSTEIN S S,1979. New debates in urban planning:the impact of Marxist theory within the United States[J]. International journal of urban and regional research,3(3):381-403.

FAINSTEIN S S, 2000. New directions in planning theory[J]. European planning studies,35(4):451-478.

FALUDI A,1973. Planning theory[M]. Oxford:Pergamon Press.

FALUDI A,1987. A decision-centred view of environmental planning[M]. Oxford:Pergamon Press.

FISHMAN R, 1982. Urban Utopias in the twentieth century: Ebenezer Howard, Frank Lloyd Wright, and Le Corbusier[M]. Cambridge: The MIT Press.

FORESTER J,1989. Planning in the face of power[M]. Berkeley:University of California Press.

FRIEDMANN J, 1987. Planning in the public domain: from knowledge to action[M]. Princeton:Princeton University Press.

FRIEDMANN J,HUDSON B,1974. Knowledge and action:a guide to planning theory[J]. Journal of the American institute of planners,40(1):2-16.

GEDDES P,1925. The valley in the town[J]. The survey,54:396-400.

GIDDENS A,1990. The consequences of modernity[M]. Oxford:Polity Press.

GRAHAM S,HEALEY P,1999. Relational concepts of space and place:issues for planning theory and practice[J]. European planning studies,7(5):623-646.

GREED C, ROBERTS M, 1998. Introducing urban design: interventions and responses[M]. Harlow:Longmans.

GRENVILLE J A S,2000. A history of the world in the 20th century[M]. Cambridge:The Belknap Press of Harvard University Press.

GUNDER M, MADANIPOUR A, WATSON V, 2018. Planning theory: an introduction[M]//GUNDER M,MADANIPOUR A,WATSON V. The Routledge handbook of planning theory. New York and London: Routledge:1-12.

HABERMAS J, 1987. The philosophical discourse of modernity [M]. Cambridge:Polity Press.

HALL P,2002. Cities of tomorrow:an intellectual history of urban planning and design in the twentieth century [M]. 3rd ed. Oxford: Blackwell Publishers.

HALL T,1997. Planning Europe's capital cities:aspects of nineteenth-century urban development[M]. London:E & FN Spon.

HEALEY P, 1996. The communicative turn in planning theory and its implications for spatial strategy formulation [J]. Environment and planning B:planning and design,23:217-234.

HEALEY P, 1997. Collaborative planning: shaping places in fragmented societies[M]. Houndsmills: Macmillan.

HEALEY P, MCDOUGALL G, THOMAS M J, 1982. Planning theory prospects for the 1980s: selected papers from a conference held in Oxford, 2-4 April 1981[M]. Oxford: Pergamon Press.

HELD D, 1987. Models of democracy[M]. Cambridge: Polity Press.

HILLIER J, HEALEY P, 2010. The Ashgate research companion to planning theory: conceptual challenges for spatial planning[M]. Farnham: Ashgate.

HOOKS B, 1984. Feminist theory: from margin to centre[M]. Boston: Southend Press.

LEAVITT J, 1986. Feminist advocacy planning in the 1980s[M]//CHECKOWAY B. Strategic perspectives in planning practice. Lexington: Lexington Books: 183-194.

LEGATES R T, STOUT F, 1996. Part 6 introduction[M]//LEGATES R T, STOUT F. The city reader. London: Routledge: 359-361.

LEVY J M, 2000. Contemporary urban planning[M]. New Jersey: Prentice-Hall, Inc.

LYOTARD J F, 1986. The postmodern condition: a report on knowledge[M]. Minneapolis, MN: University of Minnesota Press.

MäNTYSALO R, 2002. Dilemmas in critical planning theory[J]. Town planning review, 73(4): 417-436.

MCLOUGHLIN J B, 1969. Urban and regional planning: a system's approach[M]. London: Faber & Faber.

MELLER H, 1993. Patrick Geddes: social evolutionist and city planner[M]. New York: Routledge.

MILROY B M, 1996. Some thoughts about difference and pluralism[M]//CAMPBELL S, FAINSTEIN S S. Readings in planning theory. Cambridge: Blackwell: 461-466.

POWELL J E, 1969. Freedom and reality[M]. London: Elliot Right Way Books.

READE E, 1987. British town and country planning[M]. Milton Keynes: Open University Press.

RITTEL H W J, WEBBER M M, 1973. Dilemmas of a general theory of planning[J]. Policy sciences, 4: 155-169.

RITZDORF M, 1996. Feminist thoughts on the theory and practice of planning[M]//CAMPBELL S, FAINSTEIN S S. Readings in planning theory. Cambridge: Blackwell: 445-450.

ROO G D, HILLIER J, WEZEMAEL J V, 2012. Complexity and spatial planning: introducing systems, assemblages and simulations[M]//ROO G D, HILLIER J, WEZEMAEL J V. Complexity and planning: systems, assemblages and simulations. Farnham: Ashgate.

SANDERCOCK L,1998a. The death of modernist planning:radical praxis for post-modern age[M]//DOUGLASS M, FRIEDMANN J. Cities for citizens:planning and the rise of civil society in a global age. Chichester: Wiley:163-184.

SANDERCOCK L,1998b. Making the invisible visible:a multicultural planning history[M]. Berkeley:University of California Press.

SANDERCOCK L,FORSYTH A,1996. Feminist theory and planning theory: the epistemological linkages[M]//CAMPBELL S, FAINSTEIN S S. Readings in planning theory. Cambridge:Blackwell:471-474.

SOJA E W, 1997. Planning in/for postmodernity[M]//BENKO G, STROHMAYER U. Space and social theory,in interpreting modernity and postmodernity. Oxford:Blackwell.

SORENSEN A D,DAY R A,1981. Libertarian planning[J]. Town planning review,52(4):390-402.

SUNDMAN M,1991. Urban planning in Finland after 1850[M]//HALL T. Planning and urban growth in the Nordic Countries. London:Routledge: 60-115.

SUTCLIFFE A,1981. Towards the planned city:Germany,Britain,the United States and France,1780—1914[M]. Oxford:Basil Blackwell Publisher.

TAYLOR N, 1998. Urban planning theory since 1945[M]. London:SAGE Publications.

TEWDWR-JONES M,ALLMENDINGER P,2002. Conclusion:communicative planning, collaborative planning and the post-positivist planning theory landscape[M]//TEWDWR-JONES M, ALLMENDINGER P. Planning futures:new direction for planning theory. London:Routledge:206-216.

TRUDEAU R J,1987. The non-Euclidean revolution[M]. Boston:Birkhäuser.

WARD S V,2002. Planning the twentieth-century city:the advanced capitalist world[M]. Chichester:Wiley.

WASSERMANN K,2012. Urbanstrings[DB/OL]. (2012-11-17)[2023-06-13]. The "Putnam Program".

WHITE D F, 1988. Frederick Law Olmsted, the placemaker[M]// SCHAFFER D. Two centuries of American planning. London:Mansell Publishing Limited:87-112.

WILSON W H, 1988. The Seattle park system and the ideal of the city beautiful[M]//SCHAFFER D. Two centuries of American planning. London:Mansell Publishing Limited:113-138.

图表来源

图 2-0 源自：笔者绘制.

图 4-1 源自：BRAYBROOKE D, LINDBLOM C E, 1963. A strategy of decision: policy evaluations as a social process[M]. New York: The Free Press.

图 4-2 源自：CAMHIS M, 1979. Planning theory and philosophy[M]. London: Tavistock Publications: 58-59.

图 5-1 源自：CHADWICK G, 1971. A systems view of planning[M]. Oxford: Pergamon: 68.

图 5-2 源自：ARNSTEIN S R, 1969. A ladder of citizen participation[J]. Journal of the American institute of planners, 35: 216-224.

图 5-3 源自：笔者绘制.

图 7-1、图 7-2 源自：笔者绘制.

表 1-1 至表 1-8 源自：笔者绘制.

表 2-1 源自：笔者绘制.

表 2-2 源自：LAGASSÉ P, 2007. Columbia encyclopedia[M]. 6th ed. New York: Columbia University Press.

表 2-3 源自：笔者绘制.

表 4-1 源自：笔者绘制.

表 4-2 源自：LINDBLOM C E, 1959. The science of "muddling through"[J]. Publicadministration review, 19: 79-88.

表 4-3 源自：CAMHIS M, 1979. Planning theory and philosophy[M]. London: Tavistock Publications: 58-59.

表 6-1 至表 6-3 源自：笔者绘制.

表 6-4 源自：希利尔, 2009. 平面言说：空间规划的多平面理论[J]. 国际城市规划, 24: 37-44.

表 7-1、表 7-2 源自：笔者绘制.

表 7-3 源自：曹康, 吴晓春, 2009. 规划理论文献的集大成者：评简·希利尔与帕齐·希利主编的《规划理论中的批判文集》[J]. 国际城市规划, 24: 110-114（简·希利尔即琼·希利尔, 简称希利尔）.

表 7-4 源自：笔者绘制.

后记

> 在这里我想透露(反正没有人阅读序言)一点秘密,正是在这些背景知识回顾和散布在某些章节中的背景材料中,反映了我写这本书的个人动机。
> ——温伯格《亚原子粒子》序言

我想写一部有趣的书。

我热爱物理学、热爱理论研究、热爱城市规划。我想把这些让我兴奋、让我一直孜孜以求的知识与真理,通过某种方式结合起来。所以有了这部《理论之弦:欧美现代城市规划理论漫游》。

我最爱的科普读物是加来道雄的《超越时空》以及美国复杂性科学家米歇尔·M的《复杂》。我几乎是夜以继日地读完这两本书的,不忍释卷。本书的副标题正是对加来道雄的科学之旅(a scientific odyssey)的致敬。我觉得,规划理论研究的发展与奥德修斯的旅程一样波折、艰辛,充满坎坷与奇遇,也同样是一种穿越时空的旅行。但它最终会通向某种终点——或者某种起点,如果我们遵循循环宇宙论,也就是弦论的升级版M理论有关于宇宙起源的假说。

M. 米歇尔的《复杂》则给我提供了以另一个视角来思考规划理论演变的可能性。《复杂》这本书一共14章,起码提供了10个以上的视角来思考复杂性的含义及其计算。当然,复杂性本身就是一个跨学科、多学科及交叉学科的研究领域。复杂性的世界研究圣地、美国的圣塔菲研究所,就汇聚了世界上最好的物理学、生物学、数学、计算机科学等领域的学者。本书谈的虽然是规划理论,但我认为它也有很多的维度与视角。如果视规划理论为复杂性本身,那么就需要多个学科或分析视角来逼近它。在近20年的规划理论研究中,我不断感受着规划理论研究与物理学、历史学和生物学相关研究的共振。这些理论之外的高维世界,对于理解与发展理论本身是不可或缺的。

本书的雏形是我于2005年完成的博士论文。至今仍然记得在南京大学鼓楼校区图书馆中写博士论文的那段快乐时光,一种单纯的每天只需要做一件事——理论思辨——的快乐。但本书补充了大量的新的理论学说,是我在其后的理论探索道路上遇到或分析过的,不少已经作为期刊论文发表。重新整理这些年的理论思索,让我产生了一个大胆的想法,用类比将理论物理和规划理论相联系。当然,这种做法很有可能是失败的。美国数学家索卡尔与比利时物理学家布里克蒙曾经合著了一部《时髦的空话:后现代知识分子对科学的滥用》,对德勒兹、鲍德里亚、拉康等后现代哲学家的作品进行分析,并认为其中充斥着滥用及乱用的物理学与数学术语,其目的是故作高深,让哲学更高冷、更令人生畏。深深引以为戒,并希望本书的这种类比并不是在玩弄辞藻,而是为了将规划理论及其研究的演变更加简洁,直接地展示给读者。

奥德修斯在路上遇到了独眼巨人、旧日战友的亡灵、美丽而惑人的塞壬、帮助返乡的风神。对我而言,近20年的旅途上有各种阻碍,亦有各种奇遇。

有时感觉已经眺望到了故乡的剪影,有时又觉得仍置身于前途未明的茫茫大海之中。

溯洄从之,道阻且长。

成书之际,我要向我多年的好友、澳大利亚规划理论学家希利尔教授致谢。在长期学术交往中她对我影响至深,帮助我领略理论研究的乐趣,带我跨越理论研究之路上的障碍。在我冒昧提出想请她为本书作序时,她也慨然应允,尽管作为规划理论界大牛,她的学术邀请很多,时间也十分珍贵。

我还要感谢我的父母、姐姐、导师和朋友。作为数学家的父亲在数学与物理学上对我进行了启蒙及思维引导,尤其是关于黎曼几何与广义相对论。母亲与姐姐给予了我无条件的温暖、关怀与支持,使我能够无后顾之忧地走理论探索这条荆棘之路。博士生导师顾朝林教授帮我选定了规划理论研究这条让我毕生受用不尽的道路。张庭伟教授与赵民教授也对我从事规划理论研究帮助良多。朋友金昊旻就物理学、数学与几何学方面对本书做了很多有益的指导与纠误。我们仔细探讨了弦论是否能够与规划理论类比以及如何类比,物理与数学术语如何准确选取等问题。当然,如果出现错误则相关责任在我。

本书在撰写过程中得到了王金金老师、李琴诗女士、章怡女士以及林新悦、谢温博、李亿恒、张恺岚四位同学的鼎力帮助。王金金老师提供了"世界城市规划思想与实践史丛书"的第一分册《规划理论传统的国际化释读》以及本分册的封面初稿。李琴诗女士绘制了本文的所有插图,并对插图与内容的匹配提供了许多建设性提议。章怡女士协助修订了本文的参考文献格式。林新悦、谢温博、李亿恒、张恺岚四位同学帮助我录入了数百篇文献并检索、核校了所有文献的信息。没有他们帮助承担这些烦琐的工作,本书很难成稿。

同时,亦要向东南大学出版社的徐步政荣誉编审和孙惠玉副编审致谢。他们提供了非常好的创作环境,尤其是孙惠玉副编审编制了近30页的人名中外对照、书刊名中外对照、文章名中外对照三个重要辅件,并对全书的出版规范进行整体统稿,对本书这样的纯理论书籍的撰写与出版给予了最大的耐心与支持。

本书谬误与不当之处,还望读者斧正。

曹康
2023年4月于杭州紫金西苑